高等职业教育 数字媒体技术专业教材

图形图像处理 Photoshop 2020 实战教程

主　编　贺海英
副主编　张丽娟　徐　亮　陶化举　袁文昊
　　　　刘静雯　徐　琪　牛佳宇　柳雲莉
主　审　王树军

中国水利水电出版社
www.waterpub.com.cn
·北京·

内 容 提 要

本书采用任务式案例教学方法，系统介绍了Photoshop 2020的基础知识和基本操作，将基础知识与实际应用技能有机结合，选取的案例由浅入深、循序渐进，可调动学生的学习积极性，使其快速掌握软件的新功能和操作技巧。内容设计坚持以就业为导向，以培养职业能力为根本，以提高就业竞争力和综合素质为课程教学目标，坚持“工学结合”的原则，充分做好市场调研，从企业和市场中发掘教学项目，将企业项目转化为教学资源，让学生在学习中提高自主学习、自主实践、服务社会的能力，全面锻炼学生的沟通能力和团队合作能力。

本书可作为高等院校艺术设计类专业的教材，也可供相关专业学生及艺术设计爱好者学习参考。

图书在版编目（CIP）数据

图形图像处理Photoshop 2020实战教程 / 贺海英主编. -- 北京 : 中国水利水电出版社, 2022.10（2024.1 重印）
高等职业教育数字媒体技术专业教材
ISBN 978-7-5226-0923-2

Ⅰ. ①图… Ⅱ. ①贺… Ⅲ. ①图像处理软件－高等职业教育－教材 Ⅳ. ①TP391.413

中国版本图书馆CIP数据核字(2022)第153158号

策划编辑：崔新勃　责任编辑：魏渊源　加工编辑：白绍昀　封面设计：梁　燕

书　名	高等职业教育数字媒体技术专业教材 图形图像处理 Photoshop 2020 实战教程 TUXING TUXIANG CHULI Photoshop 2020 SHIZHAN JIAOCHENG
作　者	主　编　贺海英 副主编　张丽娟　徐　亮　陶化举　袁文昊 　　　　刘静雯　徐　琪　牛佳宇　柳雲莉 主　审　王树军
出版发行	中国水利水电出版社 （北京市海淀区玉渊潭南路1号D座　100038） 网址：www.waterpub.com.cn E-mail：mchannel@263.net（答疑） 　　　　sales@mwr.gov.cn 电话：（010）68545888（营销中心）、82562819（组稿）
经　售	北京科水图书销售有限公司 电话：（010）68545874、63202643 全国各地新华书店和相关出版物销售网点
排　版	北京万水电子信息有限公司
印　刷	三河市德贤弘印务有限公司
规　格	184mm×260mm　16开本　16.75印张　418千字
版　次	2022年10月第1版　2024年1月第2次印刷
印　数	2001—5000册
定　价	45.00元

凡购买我社图书，如有缺页、倒页、脱页的，本社营销中心负责调换

前　言

Photoshop 是 Adobe 公司的明星产品，也是世界上非常畅销的图形图像处理软件，功能强大、易学易用，深受图形图像处理爱好者和平面设计师的喜爱，被广泛应用于平面设计、照片处理、书籍装帧、VI 设计、网店美工、UI 界面美工、电脑游戏美工、美术编辑等领域，堪称“设计师必备工具”。Photoshop 与时俱进，一直走在技术前沿。作为互联网、数字信息技术高速发展时代的设计工作者，不仅要有技术，还要有持续的创新力和学习力，应像 Photoshop 那样顺应并引领市场需求，吸收精华并加以转化，以服务社会，实现自身价值。

本书旨在培养学生的学习兴趣，使之构建适合自身的数字艺术知识体系。全书采用任务式案例教学方法，系统介绍了 Photoshop 2020 的基础知识和基本操作，将基础知识与实际应用技能有机结合，选取的案例由浅入深、循序渐进，可调动学生的学习积极性，使其快速掌握软件的新功能和操作技巧。

本书主要内容如下：

（1）Photoshop 2020 概述：主要介绍 Photoshop 的相关概念、常用的色彩模式、常用的存储格式和工作环境。通过本章的学习，学生可熟悉 Photoshop 2020 的工作界面，了解矢量图与位图的概念，知道如何正确地设置分辨率，掌握 Photoshop 的色彩模式和文件格式。

（2）创建选区：重点介绍在 Photoshop 2020 中创建选区的相关知识，使学生熟练掌握常用选取工具的使用方法和选区的编辑方法，为日后的抠图、图像处理、图像合成等设计工作打下坚实的基础。

（3）创建图层：重点介绍图层应用知识。通过本章的学习，学生可熟悉图层的基本概念，掌握图层混合模式及图层样式的设置和使用方法，制作出效果各异的图像及文字效果。

（4）绘制与修饰：重点介绍画笔工具、铅笔工具、颜色替换工具、自定义画笔工具的使用。通过本章的学习，学生可熟悉画笔面板，掌握绘图及修饰工具的用法和自定义画笔的使用。

（5）色彩调整：主要介绍图像明暗和色彩的调整方法。

（6）文字创建与编辑：重点介绍 Photoshop 软件的文字工具及编辑功能。通过本章的学习，学生可掌握文字的类型、属性和各种编辑方法，灵活运用文字工具创建特殊的文字效果，学会输入、编辑和转换文字对象的方法。

（7）蒙版与通道：重点介绍蒙版（图层蒙版、矢量蒙版、剪贴蒙版、快速蒙版）的应用技巧和通道的基本操作方法。

（8）滤镜：重点介绍 Photoshop 滤镜的基本概念和应用技巧。

本书配有教学视频，涵盖全书重要知识点、任务讲解和项目拓展讲解。学生可以课前观看微课视频，掌握任务所需的重要知识点、技能操作要点，并完成相关课前作业；课堂上根据给出的任务实现步骤完成企业真实项目，达到预期效果；课后可以通过微课视频学习项目拓展内容。

本书由贺海英任主编，张丽娟、徐亮、陶化举、袁文昊、刘静雯、徐琪、牛佳宇、柳雲莉任副主编，王树军任主审。具体编写分工如下：贺海英编写第 1～3 章，陶化举、徐琪、柳雲莉编写第 4 章，袁文昊编写第 5 章，张丽娟、牛佳宇编写第 6 章，徐亮编写第 7 章，刘静雯编写第 8 章。

在本书编写过程中，编者参考了相关文献资料，在此对其作者表示感谢。由于时间仓促，加之编者水平有限，书中疏漏之处在所难免，恳请读者批评指正。

编　者

2022 年 8 月

目　　录

第 1 章　Photoshop 2020 概述

本章导读

Photoshop 是 Adobe 公司推出的图像处理软件。作为视觉设计师最常用的工具之一，它的应用领域广泛。它可以帮你提高工作效率，让你尝试新的创作方式，以及制作适用于打印、印刷、Web 和其他任何用途的最佳品质的图像。它支持多种图像格式和颜色模式，能同时进行多图层处理。它的绘画功能与选取功能使编辑图像变得十分方便，它的图像变形功能可用来制造特殊的视觉效果。

本章主要介绍 Photoshop 的基本概念、Photoshop 常用的色彩模式、Photoshop 常用的存储格式、Photoshop 的工作环境，通过学习使读者熟悉 Photoshop 2020 的工作界面、了解矢量图与位图的概念并知道如何正确地设置分辨率。掌握 Photoshop 的色彩模式和文件格式。

本章要点

- Photoshop 的基本概念。
- Photoshop 常用的色彩模式。
- Photoshop 常用的存储格式。
- Photoshop 的工作环境。
- 了解矢量图与位图的概念。

1.1　Photoshop 的应用领域

Photoshop 的应用领域广泛，包含广告设计、标志设计、品牌形象设计、UI 设计、字体设计、摄影艺术、建筑效果图后期修饰、插画、绘制和处理三维贴图、网页设计等，如图 1-1、图 1-2 所示。

图 1-1　Photoshop 在广告中的应用

图 1-2　Photoshop 在摄影艺术中的应用

1.2 位图与矢量图

1.2.1 位图

位图（Bitmap）也称点阵图，是由多个不同颜色的像素点组成的，位图的每个像素点都包含位置和颜色等数据信息，成千上万的像素点构成了一张位图。

当放大位图图像时，我们会发现位图由一个个的色块构成，这些就是像素点。整个图像变得模糊，图像中的轮廓线变成锯齿状，如图 1-3、图 1-4 所示。

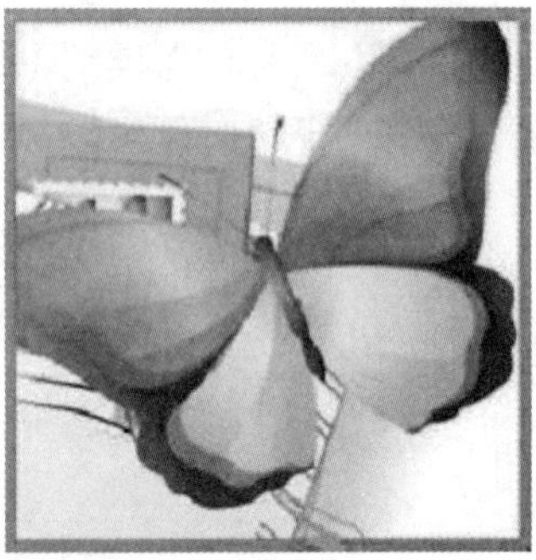

图 1-3 位图图像

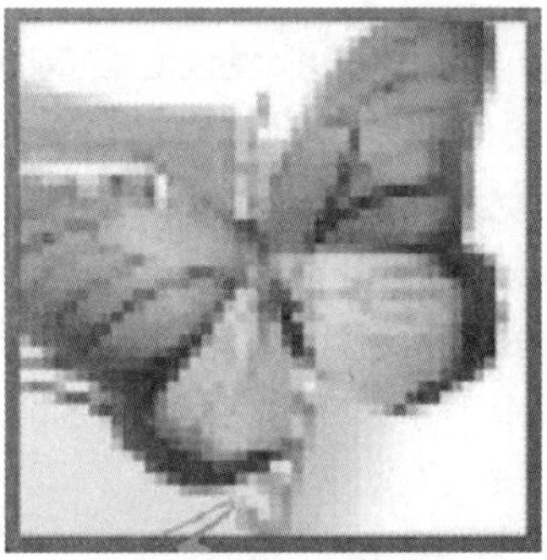

图 1-4 位图图像放大效果

位图图像色彩过渡自然，尤其在细微处层次丰富，接近自然中真实的色彩。目前在照片和数字绘画应用上主流的位图图像处理软件有 Photoshop、Painter、SAI。

1.2.2 矢量图

矢量图（Vectorgraph）使用直线和曲线来描绘图形，是面向对象的图像。对象就是矢量图中的图形元素，每个对象都是独立的个体，具有颜色、形状、轮廓、大小和屏幕位置等属性。由于对象的独立性，移动和改变其属性不影响其他对象。

无论将矢量图放大多少倍，图像都同样清晰，具有同样平滑的边缘和清晰的视觉效果，因此可以任意缩放，如图 1-5、图 1-6 所示。目前主流的矢量图形处理软件有 Illustrator、CorelDRAW、Freehand、AutoCAD。

图 1-5 矢量图图像

图 1-6 矢量图图像放大效果

1.3 像素与分辨率

1.3.1 像素

像素是构成位图图像的最小单位，形态为正方形。图像的品质和像素的大小成正比，一个图像中包含的像素越多，其颜色信息就越丰富。Photoshop 支持的最大像素大小是 300000 像素×300000 像素，这也限制了图像的打印尺寸和分辨率。

1.3.2 分辨率

分辨率是指单位长度内包含的像素数量，通常用“像素/英寸”和“像素/厘米”表示。

位图图像是由像素组成，因此分辨率的大小对位图图像的清晰度有绝对的影响，图像分辨率和图像的尺寸一起决定了文件的大小，且这两个值越大，图形文件所占用的磁盘空间也就越大。分辨率提高 1 倍，图像文件增大 4 倍，所以在对图像进行处理前，首先必须确定图像的最终发布媒介，以免因图像文件太大而无法正常发布。

设计中不同输出领域的分辨率设置如下：

- 印刷品：300dpi，低于此数值印刷出来不够清晰。
- 喷绘/打印：72dpi。
- 网页等屏幕显示图像：72dpi。

1.4 常用文件格式

了解图像应存储为哪种格式相当重要，其一，Photoshop 作为图像处理软件，其制作出来的成品最终目的是应用，而不同的应用领域，对于图像的要求也不同，如果选择了不恰当的文件格式，可能会使应用效果大打折扣。例如，网页图片由于强调传输速度，且屏幕分辨率仅有 72dpi，因此 JPEG、GIF、PNG 格式常用于网络，而 TIFF 格式则不太适合；又如用于彩色印刷领域的图像，BMP 格式的文件因无法分为四色，无法得到正确的分色结果，而不适用。其二，如果将 Photoshop 作为图像处理的中间环节，不是最终输出软件，就需要考虑存储格式的兼容性。因为每种图像软件都有其兼容和不兼容的格式，应根据使用环境，决定将图像存储为哪种图像格式。

下面介绍几种 Photoshop 中常用的文件格式。

1.4.1 PSD 格式

PSD 是 Photoshop 软件专用和默认的文件格式，可以支持图层、Alpha 通道、蒙版和颜色模式等信息，可以重复修改和编辑，所以是没有制作完成的图像文件的首选保存格式。PSD 文件格式的缺点就是占用的存储空间较大，越大的文件运行速度越慢。

PSD 格式是唯一支持全部颜色模式的文件格式。当需要创建 2GB 以上的图像文件时，可以使用 PSD 格式，这种文件格式最高支持 300000 像素×300000 像素的文件。

1.4.2 JPEG 格式

JPEG 格式普遍应用于图像显示和网络图像中，是所有图像格式中压缩率最高的一种文件格式。JPEG 格式支持 RGB、CMYK 和灰度色彩模式，同时支持路径的存储和调用，但不支持 Alpha 通道。

JPEG 格式是有损压缩，每次 JPEG 格式的转换都会降低图像品质。所以尽可能不要反复进行 JPEG 格式的转换，一般在设计制作完成，需要输出或者发送时再进行文件格式的转换，如图 1-7、图 1-8 所示。在存储为 JPEG 文件时，可以选择压缩级别，级别越高图像的质量越高，图像损失越小，但相应的图像文件也就越大。

图 1-7　转存前

图 1-8　转存后

1.4.3 TIFF 格式

TIFF 格式是一种通用的图像文件格式，几乎所有的图像和排版软件都支持该格式。TIFF 格式支持有损压缩和无损压缩，可以存储图层、通道、路径和透明度，但只有在 Photoshop 里打开才能看见并修改其图层，使用其他软件打开含有图层的 TIFF 文件，只显示图层合并效果。

1.4.4 GIF 格式

GIF 格式的文件比较小，被广泛应用于网页文档中，它可以保留索引颜色，支持透明背景。此外，GIF 格式可以在一个文件中保存多幅图像，可以构建一幅简单的动画图片。

1.4.5 BMP 格式

BMP 格式不压缩文件，因此占用空间较大，但是对于图像来说，它不丢失信息，能够完整保存图像信息。

1.4.6 PNG 格式

PNG 格式常用于网络图像，支持透明背景并且可以消除锯齿边缘。它采用无损压缩的方法，既能有效减小图像大小，又能毫不失真地保证图像的品质。此外，PNG 格式的显示速度快，只需要下载 1/64 就可以预览图片，因此有利于网络传输。

1.4.7 PDF 格式

PDF 格式是由 Adobe 公司推出的支持跨平台的、多媒体集成的信息出版和发布的电子文件格式，可以保存多页信息，同时支持电子链接。其优点是灵活、跨平台、跨应用程序。

在 PDF 文件中，如果文字没有被栅格化，那么仍可以被改动。

1.4.8　EPS 格式

EPS 格式用于印刷和打印，可以存储 Alpha 通道和路径。EPS 格式应用广泛，几乎所有的图形软件和排版软件都支持该种文件格式，因为它可以同时包含矢量图形和位图图形。EPS 格式支持 Photoshop 所有的色彩模式。

1.5　常用色彩模式

在 Photoshop 中，了解色彩模式十分重要，因为色彩模式对于图像的输出至关重要。它不仅决定了图像中显示的色数量，还影响着图像的大小和通道数量。一般而言，色彩模式的选择很大程度上取决于输出的媒介。

1.5.1　位图模式

位图模式只有黑色和白色两种颜色，除了“灰度”和“双色调”模式的图像能够转换为位图模式外，其他模式的图像都不能直接转换。因此如果需要将其他模式的图像转换为位图模式，需要先将图像转换为“灰度”或者“双色调”模式后再进行转换。位图模式的图像只支持一个图层，在转换的过程中所有的图层会被自动合并。同时，因为位图只有“一位”颜色，因此它也只有一个位图通道。在所有的色彩模式中，位图模式的图像尺寸最小，大约是灰度模式的 1/7 和 RGB 模式的 1/22，如图 1-9～图 1-11 所示。

图 1-9　原图

图 1-10　转换为位图模式后

图 1-11　位图模式通道

“位图”对话框中的“输入”分辨率是原始图像的分辨率，而“输出”分辨率是转换为位图后的分辨率大小。在“方法”中提供了五种可供选择的图像处理方式：

（1）50%阈值：表示在转换过程中，色彩中大于 50%灰度的像素全部变成黑色，小于和等于 50%灰度的像素全部变成白色，形成一种强烈的黑白对比效果，如图 1-12、图 1-13 所示。

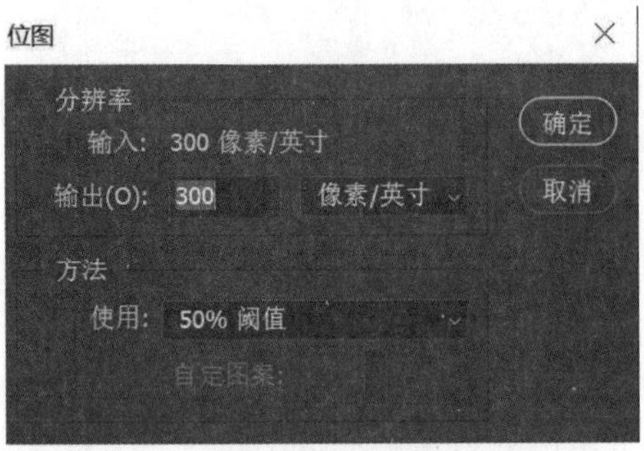

图 1-12　50%阈值

图 1-13　“50%阈值”效果

（2）图案仿色：使用一些随机的黑白像素点来转换图像。使用这种方法生成的图像效果通常不太理想，而且像素之间几乎没有什么空隙，如图 1-14 所示。

图 1-14　“图案仿色”效果

（3）扩散仿色：它是转换位图过程中保留图像细节最多的一种方式，它由无数的细小黑点组成图像，其转换过程比图案仿色更精确，最终形成的效果具有颗粒感，类似一种金属版效果，如图 1-15 所示。

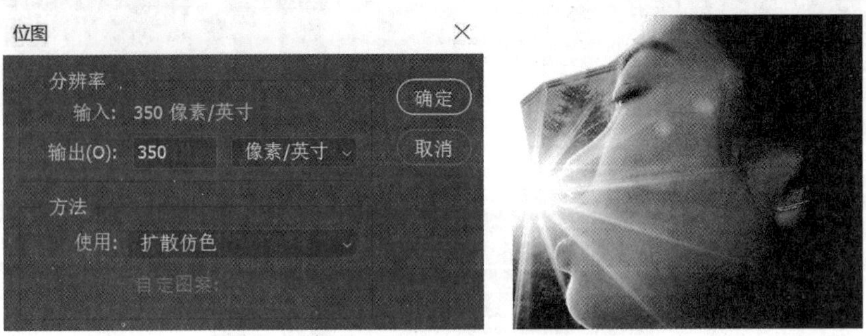

图 1-15　“扩散仿色”效果

（4）半调网屏：半调网屏常用于黑白报纸的印刷，通过调整频率调整点的疏密来构建图像。在“半调网屏”对话框中可以设置网线的频率、角度及形状，类似印刷过程中的加网方式，如图 1-16、图 1-17 所示。有些设计师也通过使用“半调网屏”制作网点效果。

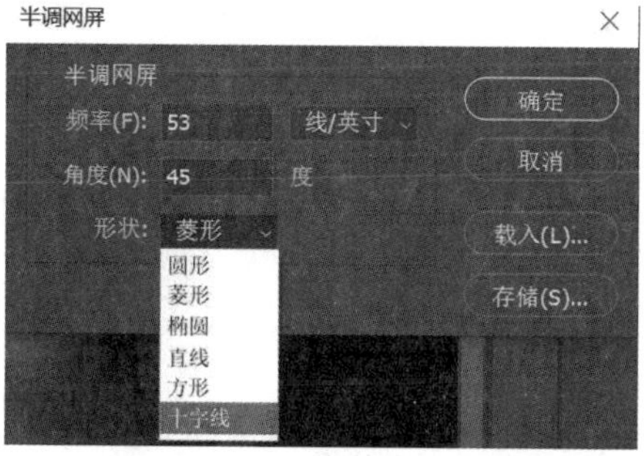

图 1-16　“半调网屏”对话框

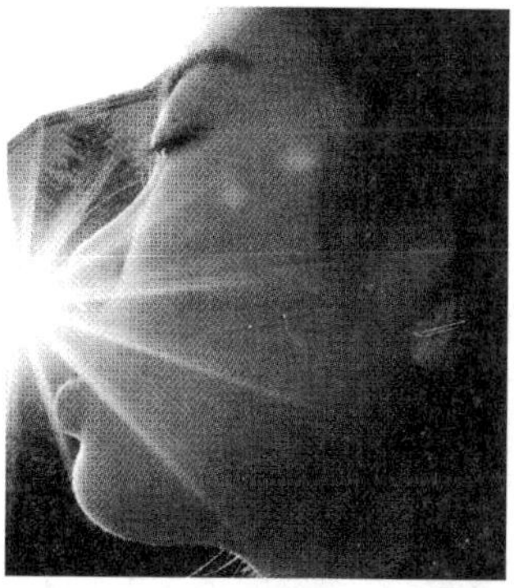

图 1-17　“半调网屏”效果

（5）自定图案：在转换为位图模式的过程中，可以以一个自定的图案进行填充，来模拟图像样式，如图 1-18、图 1-19 所示。

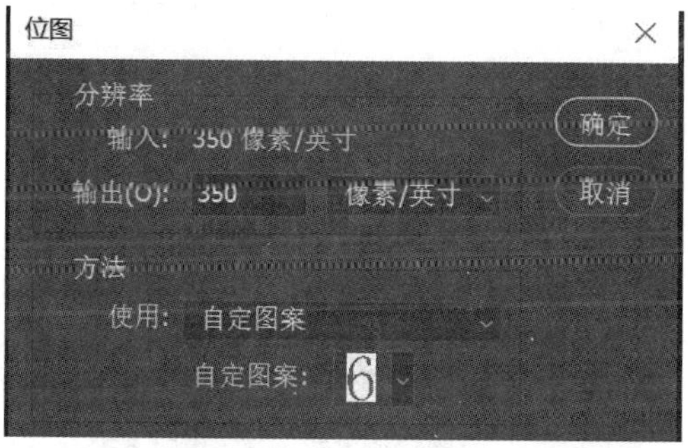

图 1-18　自定义图案

图 1-19　“自定义图案”效果

位图模式常用于黑白印刷或黑白显示设备中，如黑白报纸中的图像印刷。此外，设计师也可用位图模式制作一些特殊的图像效果。

1.5.2　灰度模式

灰度模式主要以黑、白、灰来表现图形，当一个彩色的图像被转换为灰度模式时，所有的色彩信息全部丢失，变成一张黑白图像，而灰度模式的 256 级灰色调使图像的过渡更为细腻，如图 1-20、图 1-21 所示。

图 1-20　原图

图 1-21　“灰度”模式

1.5.3 双色调模式

只有灰度模式能直接转换为双色调模式，将一个彩色图像转换为双色调图形时，必须先转换为灰度模式，然后转换为双色调模式。双色调模式可以将灰度模式中的灰色以 1～4 种色彩替换，当它用双色、三色、四色来混合图像时，是模拟了印刷中的“套印”，如图 1-22～图 1-26 所示。

双色调模式支持多个图层，但它只有一个通道。

图 1-22 单色调

图 1-23 双色调

图 1-24 三色调

图 1-25 四色调

图 1-26 双色调模式通道

双色调模式是一种专色印刷模式，它可以用尽可能少的色彩表现尽可能多的色彩层次，从而降低印刷成本。因为设计师无论选择单色还是四色，最终只有一个通道，只出一张片子。

1.5.4 索引颜色模式

索引颜色模式是单通道模式，是网页图像中常用的图像模式，色彩范围是 0～255，共计 256 种颜色。当图像转换为索引颜色模式后，Photoshop 会根据图像自动生成一张颜色查找表（用户可以指定生成的色彩数量，最多不超过 256 种颜色），Photoshop 对照图像色彩在颜色表中选择最为接近的色彩加以替换，这样就有效地降低了文件的大小。此外，索引颜色表的色彩是可以自定义的，如图 1-27～图 1-30 所示。

图 1-27　原图

图 1-28　索引模式（5 色）

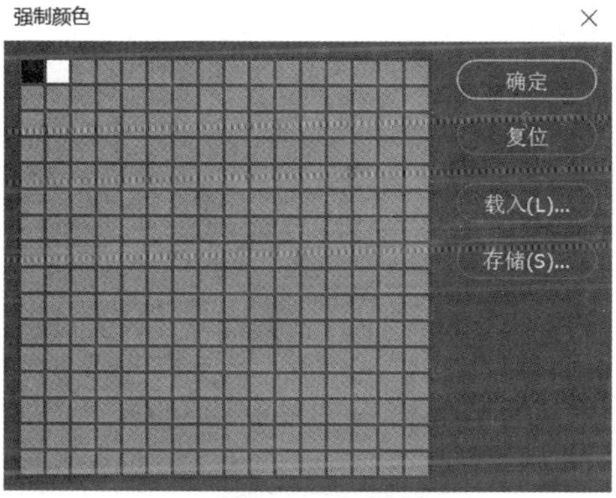

图 1-29　颜色表

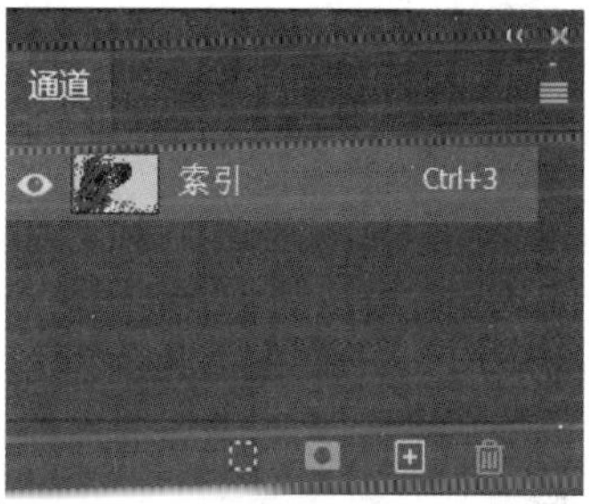

图 1-30　索引模式通道

索引颜色模式不支持图层和滤镜，只有 RGB 模式、灰度模式和双色调模式才能转换为索引颜色模式。

1.5.5　RGB 模式

RGB 模式是在 Photoshop 中应用非常广泛的模式。RGB 模式是基于加光混合原理，通过混合 Red（红）、Green（绿）、Blue（蓝）这三种光来产生各种色彩。将这三种光色同时增加到最大值（R255，G255，B255）时，可以产生白色；当这三种光色同时减少到最小值时（R0，G0，B0），可以产生黑色，如图 1-31、图 1-32 所示。

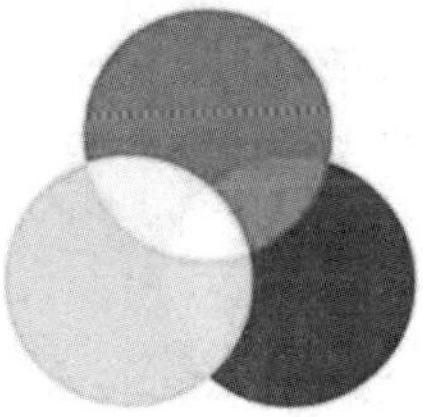

图 1-31　RGB 颜色模型

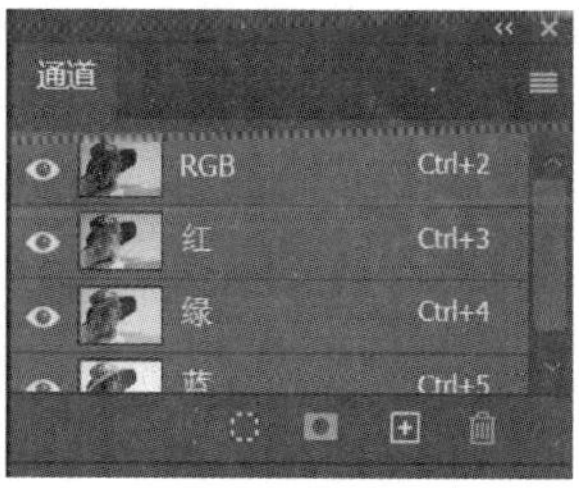

图 1-32　RGB 颜色通道

RGB 模式色域广泛，颜色丰富，适用于屏幕显示。因此网页、UI 界面等均可使用该种图像模式。

1.5.6 CMYK 模式

CMYK 模式与 RGB 模式相反，是一种基于加色混合的色彩模式，主要用于制作印刷品；也是一种印刷模式，色值越高颜色越深。其中 C 代表青色、M 代表品红色、Y 代表黄色、K 代表黑色，色彩取值范围是 0%～100%（0%为白色，100%为黑色），代表油墨的深浅程度。虽然理论上 100%C（青）+100%M（品红）+100%Y（黄）的色料三原色混合能得到 100%的黑色，但是由于技术原因，无法得到纯粹的黑色，最多是褐色而已。因此专门增加了一个黑色通道，这一通道强化了暗部调，使 CMYK 图像在纵深感上更加稳定。那是否基于印刷的设计，必须使用 CMYK 色彩模式来处理呢？答案是否定的。第一，我们的工作环境是计算机屏幕，所以即使在 CMYK 模式下工作，Photoshop 依然要将其转换为计算机能够识别的 RGB 模式，而且在 CMYK 模式下，很多滤镜都无法使用；第二，CMYK 模式相较于 RGB 模式，同样的命令需要多处理一个通道，因此在运算时间上没有优势。

由于 RGB 模式的色域要大于 CMYK 模式，因此 RGB 模式下一些较为鲜艳的颜色是无法被印刷出来的，如果在 RGB 模式下进行设计制作，最后转换为 CMYK 模式，可能会丢失部分色彩。直观的表现就是画面色彩变暗、变灰。因此，更科学的方式是，在新建印刷文件时，将其设置为 RGB 模式，然后执行“视图”→“校样设置”→“工作中的 CMYK”命令，这时在文档末尾会出现 RGB/8/CMYK，如图 1-33～图 1-35 所示，这意味着在 RGB 模式下工作，以 CMYK 模式预览。

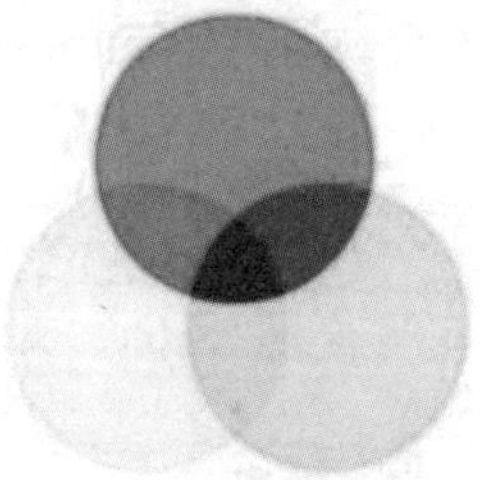

图 1-33　CMYK 颜色模型

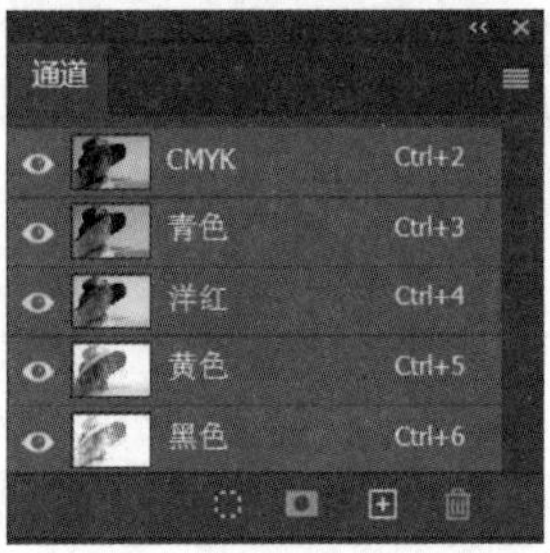

图 1-34　CMYK 颜色通道

图 1-35　CMYK 模式工作中

当拾色器色板颜色显示⚠时，表示溢色，即超出 CMYK 色域之外是不能被印刷出来的色彩，这时只需要单击“警告”图标，将自动替换为相近的安全色彩。

由于在常规的四色印刷中，一张白纸进入印刷机后要以 C、M、Y、K 的顺序被印刷四次，因此对于字号较小的文字、细线等的色彩设置就要避免使用多个颜色，最好使用单色，以减少套印失误对画面带来的影响。

1.5.7　LAB 模式

LAB 模式由三个通道组成，即 L（亮度）和两个色彩通道——A 通道和 B 通道，如图 1-36 所示。A 通道是从绿色到红色；B 通道则是从蓝色到黄色。其中 L 的取值范围是 0～100，A 和 B 的颜色值取值范围都是-120～120，因此，这种色彩混合后将产生明亮的色彩。LAB 通道能创造理论上所有的色彩，涵盖了 RGB 和 CMYK 中的所有色彩。

由于 LAB 模式的色彩和明暗是分开的，因此在调整图像亮度时不影响画面色彩，而调整画面色彩时也不会破坏画面整体的明暗关系。所以资深的设计师和摄影师常用它来调色。

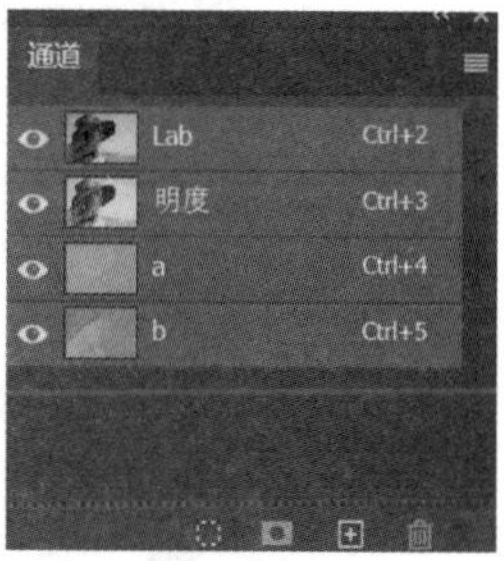

图 1-36　LAB 通道

1.5.8　多通道模式

将彩色图像转换为多通道模式后，Photoshop 2020 将根据原图像产生相同数目的新通道，并且各通道会变成灰度 256 色。

多通道模式常用于印刷的分色，可用于常规印刷和特殊印刷。在常规印刷中，可以将一个 CMYK 文件最终分成四色，以便于直接出片。当一个图像仅使用了 1～3 色时，可以在印刷色彩不受影响的前提下使用多通道模式进行印刷，以降低印刷成本。当一个图像需要特殊印刷时，如烫金、印金等，则可以用多通道模式建立专色通道，该模式最多支持 24 个专色通道。

将一个 CMYK 模式图像文件转换为分色文件做法如下：

（1）执行“图像”→“模式”→“多通道”命令，将文件由 CMYK 模式转换为多通道模式。

（2）执行“文件”→“存储为”命令，将文件存储为 Photoshop DCS 2.0（*.EPS）文件，在弹出对话框中选择“单文件 DCS，无复合”命令，最终生成四个分色文件和一个索引文件，可连接输出设备直接出片，如图 1-37、图 1-38 所示。

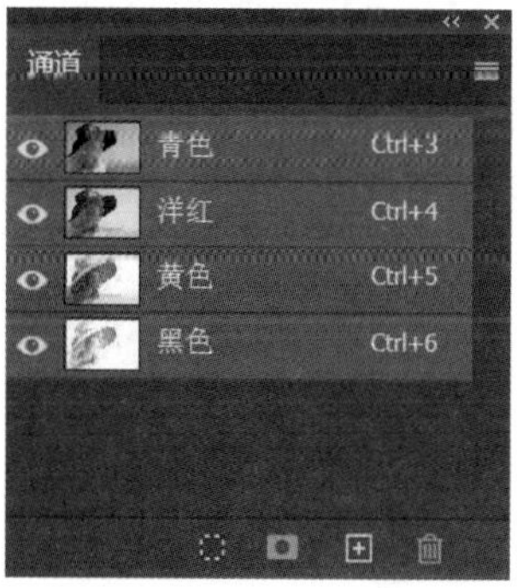

图 1-37　多通道模式

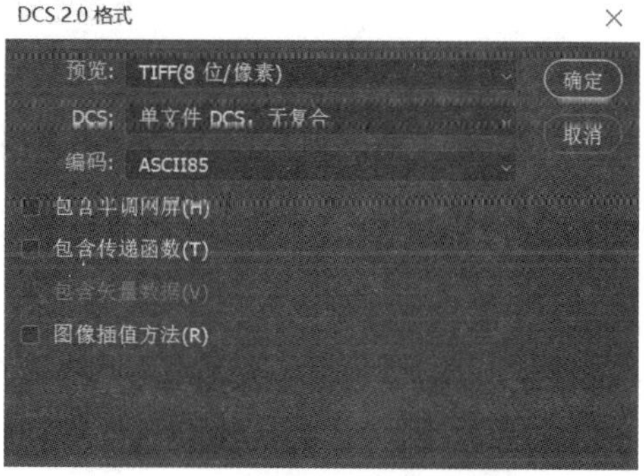

图 1-38　多通道模式对话框

1.6 Photoshop 2020 的工作界面

Photoshop 2020 的工作界面如图 1-39 所示。

图 1-39 工作界面

（1）菜单栏：菜单栏中包含可以执行的各种命令，单击菜单名称可以打开相应的菜单。

“文件”菜单：该菜单命令包含多项基础命令，如新建、打开、关闭、存储、置入等命令。

“编辑”菜单：该菜单命令用于文件的编辑，如还原、剪切、选择性粘贴、定义画笔预设、定义图案、首选项等命令。

“图像”菜单：该菜单命令用于图像编辑，如模式、调整、图像大小、应用图像、计算等命令。

“图层”菜单：该菜单命令用于图像中图层的操作，如新建、复制图层、图层蒙版、智能对象、图层编组、排列、链接图层、合并图层等命令。

“文字”菜单：该菜单命令用于图像中文字和文本的操作，如文本排列方向、创建 3D 文字、转换为段落文本等命令。

“选择”菜单：该菜单命令用于图像选区的选取操作，如全选、反向、色彩范围、扩大选区、变换选区、载入选区等命令。

“滤镜”菜单：该菜单命令用于 Photoshop 中滤镜的操作。

“3D”菜单：该菜单命令用于 Photoshop 中 3D 文件的导入及 3D 对象的系列操作。如从文件新建 3D 图层、在目标纹理上绘画、从 3D 图层生成工作路径等命令。

“视图”菜单：该菜单命令用于查看图像，如色域警告、放大、缩小、对齐、锁定参考线等命令。

“窗口”菜单：该菜单命令用于帮助用户了解 Photoshop 2020 软件的功能。

（2）工具属性栏：工具属性栏位于菜单栏下方，用户选择工具箱中的任一工具后，工具属性栏都会显示与该工具相关的信息和参数。用户可针对不同设计需求设置相应的参数。

（3）标题栏：标题栏位于图像窗口的顶部，显示当前文件的文件名缩放比例、色彩模式、当前工作图层及通道位数。

（4）工具栏：工具栏在默认状态下位于 Photoshop 2020 工作界面的左侧，其中集合了图像处理过程中最为常用的工具，使用它们可以进行创建选区、修饰图像、绘制图形以及辅助操作。通过拖动工具栏顶部可以将其拖放到工作界面的任意位置。工具栏中标注有黑色小三角的工具按钮表示该工具位于一个工具组中，其下还有一些隐藏工具，在该工具按钮上单击，可显示该工具组中隐藏的工具，如图 1-40、图 1-41 所示。

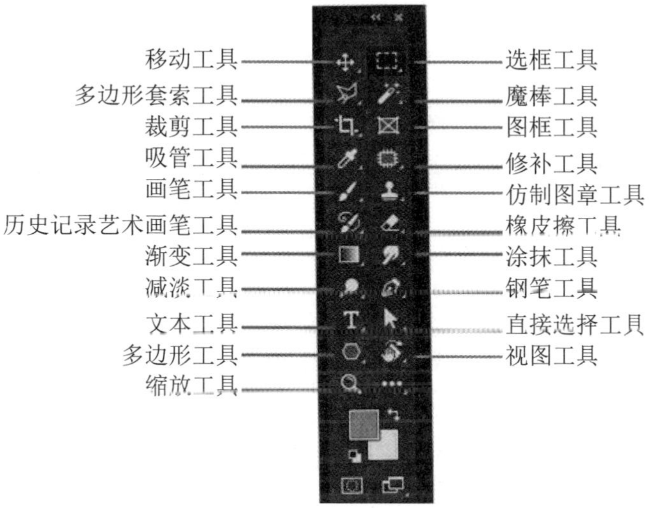

图 1-40　工具栏

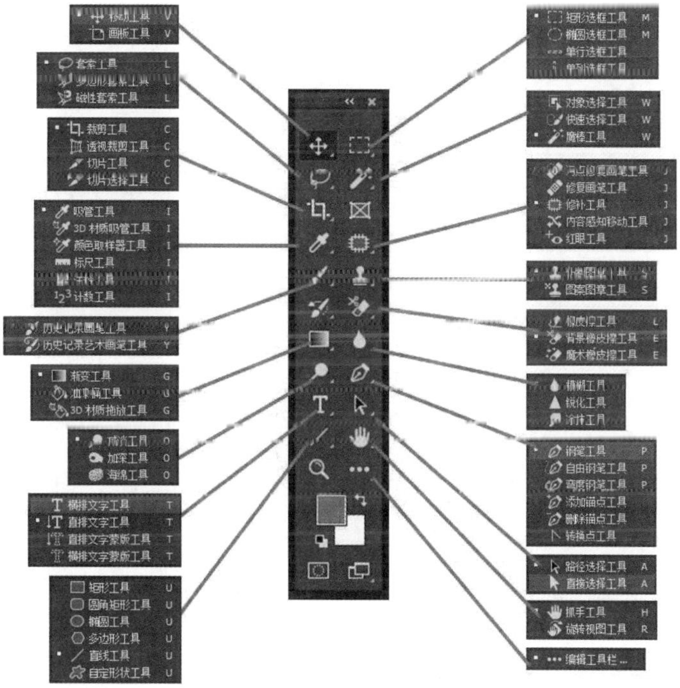

图 1-41　工具栏展开

（5）状态栏：可以显示文档大小、文档尺寸、当前使用的工具和窗口缩放比例等信息。

（6）工作场所切换器：可以切换工作场所。

（7）控制面板：控制面板位于工作界面右侧，可以用于图像及其应用工具的属性显示与参数设置，而且设置起来相当直观。每个面板可以显示、隐藏和缩小为面板按钮。

（8）面板按钮：面板按钮是控制面板的微缩图标，为保持工作界面的有序和整洁，用户可以将不使用的控制面板折叠为面板按钮，使用时单击此按钮即可弹出相对应的控制面板。

（9）图像窗口：图像窗口是编辑和处理图像文件的工作区域。

本章小结

本章重点介绍了 Photoshop 软件的相关基础知识，使读者能在学习软件技术的开始阶段就明白软件的特点和应用领域。通过本章的学习，读者可熟悉 Photoshop 的软件界面，掌握 Photoshop 的色彩模式和文件格式。

思考与练习

1. CMYK 模式和 RGB 模式分别用于哪些输出环境？
2. 哪些文件格式适用于网页图像？
3. 设计一个宣传册，应该设置多大的分辨率？

第 2 章　创建选区

本章导读

Photoshop 是基于选区来进行编辑图片的，在 Photoshop 常用的工具里，不夸张地说选区工具就占了一半。在 Photoshop 中建立并编辑选区是一项最基本的技能，本章从零开始，循序渐进地讲解各种选区工具类型，尽可能地让每一位读者都能学会如何运用。

本章重点介绍了在 Photoshop 2020 中创建选区的相关应用知识，使读者能够熟练地掌握常用选区工具的使用方法及选区的编辑方法，为日后的图像处理、图像合成等设计制作任务打下坚实的基础。

本章要点

- 掌握常用选区工具的使用方法。
- 掌握选区的编辑方法和形态编辑命令。
- 使用选区控制操作区域并应用于“图像的合成”。

2.1　了解选区及其用途

在 Photoshop 2020 中处理局部图像时，首先需要学会如何选取图像，即如何在指定的图像区域内创建选区。选区可以将编辑限定在一定的范围内，这样就可以处理局部图像而不影响其他内容。创建和编辑选区是图像处理的首要任务，无论是图像修复、色彩调整还是影像合成，都与选区有着密切的关系。因此，只有掌握好创建选区的工具，才能真正学好、用好 Photoshop。

例如，给一张图片更换背景，首要和关键的一步便是创建选区。打开素材文件“第 2 章\素材文件\女孩.jpg”，如图 2-1 所示，我们为图片背景换一个颜色，那么首先要针对背景创建一个选区，如图 2-2 所示，然后将背景从整个图像中分离出来，填充新的背景色，效果如图 2-3 所示。

图 2-1　原图

图 2-2　创建选区

图 2-3　更换背景颜色

2.1.1 认识选区

选区是指使用选择工具和命令创建的可以限定操作范围的区域。在 Photoshop 2020 中对图像的选取有多种方法，也有很多用于形态编辑的命令，在本章中我们会做详细的介绍。

2.1.2 选区的分类

Photoshop 中可以创建两种类型的选区：普通选区和羽化的选区。普通选区具有明确的边界，使用它选出的图像边界清晰、准确，如图 2-4 所示；使用羽化的选区选出的图像，其边界会呈现逐渐透明的效果，如图 2-5 所示。将选中对象与其他图像合成时，适当设置羽化值可以使合成效果更加自然。

图 2-4 普通选区

图 2-5 “羽化”选区

2.2 常用选区工具

在 Photoshop 中可以通过多种选区工具创建图像选区，本节主要介绍工具栏中常用选区工具的使用方法。

2.2.1 规则选择工具

在工具栏中，最常用的规则选择工具主要包含以下四个：“矩形选框工具”“椭圆选框工具”“单行选框工具”“单列选框工具”。使用这些工具可以创建方形、圆形以及细线的选区。

1. 矩形选框工具

“矩形选框工具”主要用于选择规则的矩形物体或图像。

打开素材文件“第 2 章\素材文件\巧克力 1.jpg”，单击工具栏中的“矩形选框工具”，在画面的左上角单击并拖动鼠标指针至右下角即可创建矩形选区，如图 2-6 所示；按住 Shift 键可以创建正方形选区，如图 2-7 所示。“矩形选框工具”属性栏如图 2-8 所示。

（1）选区范围设置：设置选区范围有四种方式，包括“新建选区”“添加到选区”“从选区减去”“与选区交叉”，如图 2-9 所示。“新建选区”按钮，可以创建一个新的选区；“添加到选区”按钮，可以在原有选区的基础上添加新创建的选区；“从选区减去”按钮，可以在原有选区的基础上减去当前绘制的选区，“与选区交叉”按钮，可以设置与原有选区有部分交叉的选区。

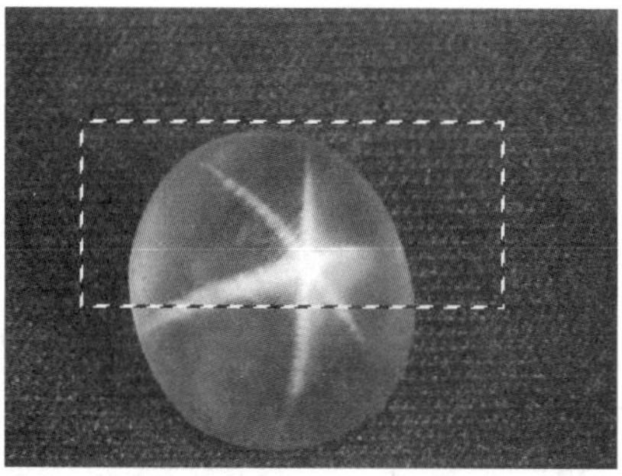

图 2-6　矩形选区

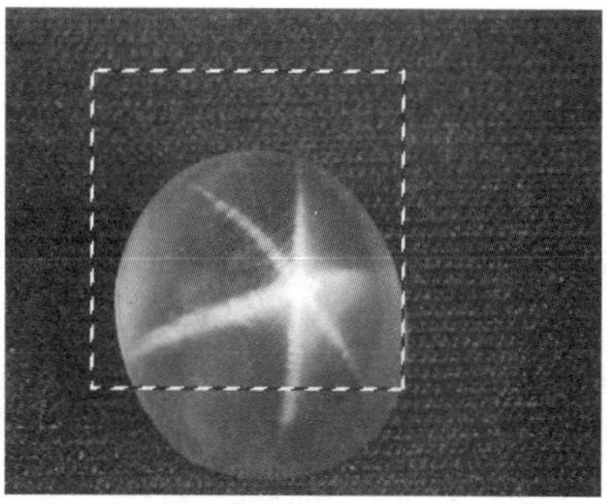

图 2-7　正方形选区

图 2-8　“矩形选框工具”属性栏

图 2-9　选区范围设置按钮

打开素材文件“第 2 章\素材文件\素材 3.jpg”，选择“矩形选框工具”，单击属性栏的“新建选区”按钮，在画面中拖拽创建出一个矩形选区，如图 2-10 所示。接下来单击属性栏的“添加到选区”按钮，在画面中再拖拽一个矩形选区，此时画面中添加了一个选区，如图 2-11 所示。单击属性栏的“从选区减去”按钮，在画面已有的部分选区上进行拖拽可减去选区，如图 2-12 所示。单击属性栏的“与选区交叉”按钮，在画面已有的选区上进行拖拽可创建与原选区交叉的选区，如图 2-13 所示。

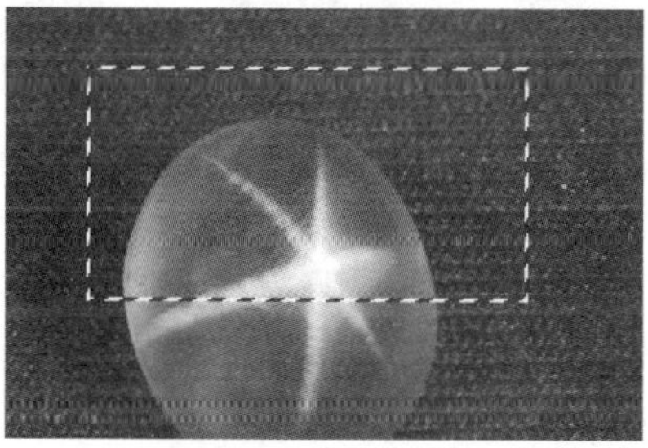

图 2-10　新建选区

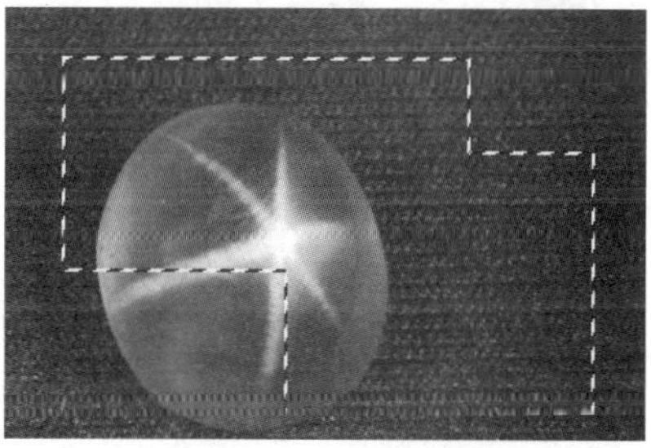

图 2-11　添加到选区

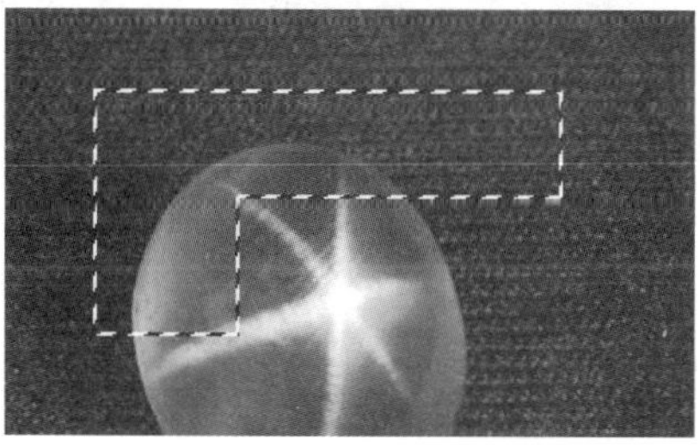

图 2-12　从选区减去

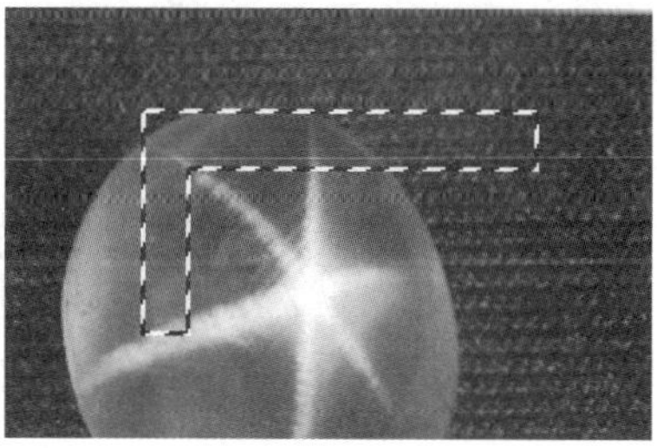

图 2-13　与选区交叉

（2）羽化：主要用来设置选区边缘的虚化程度。羽化值越大，虚化范围越宽；羽化值越小，虚化范围越窄。图 2-14、图 2-15 的羽化数值分别为 0 像素与 30 像素时的边界效果。

图 2-14　羽化值为 0 像素

图 2-15　羽化值为 30 像素

（3）确定样式：用来设置矩形选区的创建方法。当选择“正常”选项时，可创建任意大小的矩形选区；当选择“固定比例”选项时，可在“右侧”的“宽度”和“高度”输入框中输入数值，以创建固定比例的选区。当选择“固定大小”选项时，可以在右侧的“宽度”和“高度”输入框中输入数值，然后单击即可创建一个固定大小的选区。

2. 椭圆选框工具

单击并拖动鼠标指针即可绘制选区，如图 2-16 所示。按住 Shift 键可以创建正圆选区，如图 2-17 所示。

图 2-16　椭圆选区

图 2-17　正圆选区

“椭圆选框工具”与“矩形选框工具”的参数设置基本一致，这里主要介绍它们的不同之处，如图 2-18 所示。

图 2-18　“椭圆选框工具”属性栏

（1）平滑边缘转化：用于柔化边缘像素与背景像素之间的颜色过渡效果，由于“平滑边缘转化”只影响边缘像素，因此不会丢失细节，在剪切、复制和粘贴选区图像时非常有用。在系统默认的状态下，“消除锯齿”复选框自动处于开启状态。

3. 单行选框工具和单列选框工具

主要用来创建高度或宽度为 1 像素的选区。操作方法如下：单击工具栏中的“单行选框工具”或“单列选框工具”按钮，在画布中单击即可创建高度或者宽度为 1 像素的选区，如图 2-19、图 2-20 所示。

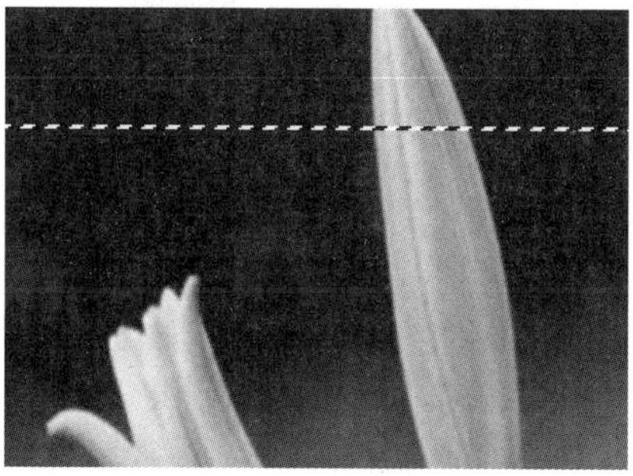
图 2-19　单行选区工具

图 2-20　单列选区工具

2.2.2　不规则选择工具

1. 套索工具

“套索工具”可以以手绘形式自由地创建出形状不规则的选区。单击“套索工具”按钮，将图像上的任意一点作为起始点，按住鼠标左键绘制出需要选择的区域，鼠标指针到达合适的位置后松开鼠标，选区将自动闭合，如图 2-21 所示。如果释放鼠标时起点和终点没有重合，系统会在它们之间创建一条直线来连接选区，如图 2-22 所示。

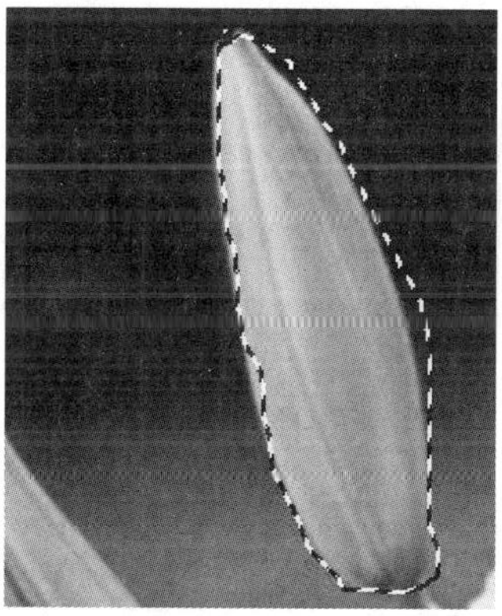
图 2-21　绘制选区

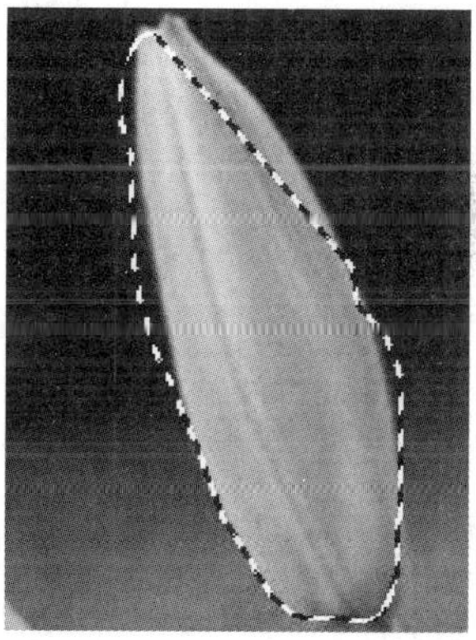
图 2-22　直线连接选区

使用“套索工具”创建选区时，按住 Alt 键后松开鼠标左键可自动切换到“多边形套索工具”，松开 Alt 键可恢复为“套索工具”。

2. 多边形套索工具

“多边形套索工具”可绘制直线边框，适合于随意地创建一些棱角分明的多边形选区。单击“多边形套索工具”按钮，以花的一个角为起点，如图 2-23 所示，沿着边缘拖动鼠标指针，在转角处单击确定转角，最后回到起始点或者双击就可以自动闭合选区，完成选区的创建，如图 2-24 所示。

使用“多边形套索工具”创建选区时，按住 Shift 键可以在水平方向、垂直方向或 45° 方向上绘制直线。另外，按 Delete 键可以删除最近绘制的直线。

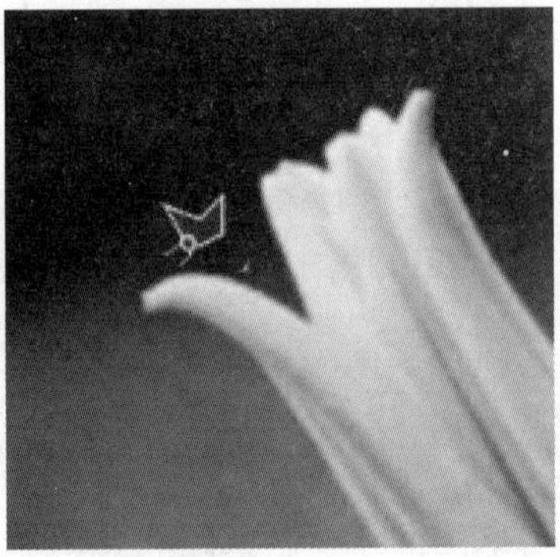

图 2-23 确定起点

图 2-24 完成创建

3. 磁性套索工具

“磁性套索工具”可以智能地自动选取选区，特别适合快速选择与背景对比强烈且边缘复杂的对象。单击“磁性套索工具”按钮，在选项栏中可以对该工具的参数进行设置，如图 2-25 所示。

图 2-25 “磁性套索工具”属性栏

（1）宽度：宽度值决定了选区的细致与否。如果选取对象的边缘与背景比较清晰，可以设置较大的值；如果边缘比较模糊，可以设置较小的值。

（2）对比度：主要用来设置“磁性套索工具”感应图像边缘的灵敏度。如果对象的边缘比较清晰，可以将该值设置得高一些；如果对象的边缘比较模糊，可以将该值设置得低一些。

（3）频率：在使用“磁性套索工具”创建选区时，Photoshop 2020 会生成很多锚点，“频率”选项就是用来设置锚点的数量的。数值越高，生成的锚点越多，捕捉到的边缘越准确。

打开一张图，在图像上单击以确定起点，将鼠标指针沿着要选择图像的边缘慢慢移动，选取的点会自动吸附到色彩差异的边缘，如图 2-26 所示；拖拽鼠标指针使线条移动至起点，单击即可闭合选区，如图 2-27 所示。

图 2-26 确定起点

图 2-27 建立选区

如果想取消使用“磁性套索工具”，可按 Esc 键。如果要删除刚绘制的线条和锚点，可按 Delete 键，连续按 Delete 键可以倒序依次删除锚点。

4. 魔棒工具

“魔棒工具”是一种基于颜色进行选择的工具，适合选择颜色相近的区域。使用“魔棒工具”直接在某个颜色区域上单击，即可自动获取附近区域相同的颜色，使它们处于选择状态。

单击“魔棒工具”按钮，在属性栏中可对其参数进行设置，如图 2-28 所示。

图 2-28　“魔棒工具”属性栏

（1）容差：其取值范围为 0～255。输入数值越低，对像素的相似程度要求越高，所选的颜色范围就越小；输入数值越高，对像素的相似程度要求越低，所选的颜色范围就越广，如图 2-29、图 2-30 所示。

图 2-29　容差值 32

图 2-30　容差值 10

（2）连续：当勾选该复选框时，只选择颜色连接的区域；当取消该复选框时，可以选择图像中所有与所选像素颜色接近的所有区域，如图 2-31、图 2-32 所示。

图 2-31　勾选“连续”按钮

图 2-32　不勾选“连续”按钮

（3）对所有图层取样：如果文档中包含多个图层，当勾选该复选框时，可以选择所有可见图层上颜色相近的区域；当取消该复选框时，仅选择当前图层上颜色相近的区域。

5. 快速选择工具

“快速选择工具”可以通过使用笔尖涂抹的方式迅速地绘制出选区，是一种典型的基于颜色差异选择区域的工具。当拖动笔尖时，选区范围不但会向外扩张，而且还可以自动寻找并沿着图像的边缘来描绘边界，如图 2-33 所示。

图 2-33 快速选择工具

使用“快速选择工具”进行选择的过程中，每次拖动鼠标指针选择区域的大小都是由选项栏中的参数进行控制的。单击“快速选择工具”按钮，对属性栏参数进行设置，如图 2-34 所示。

图 2-34 “快速选择工具”属性栏

（1）“画笔”选择器：单击倒三角按钮，可以在弹出的“画笔”选择器中设置画笔的大小、硬度、间距、角度以及圆度。在绘制选区的过程中，可以按]键和[键增大或减小画笔的大小。

（2）对所有图层取样：如果勾选该复选框，Photoshop 2020 会根据所有的图层建立选区范围。其与“魔棒工具”的“对所有图层取样”效果相同。

（3）增强边缘：降低选区范围边界的粗糙度。

2.3 使用菜单命令创建选区

2.3.1 使用“选择”命令

在“选择”菜单中也包含选择对象的命令，包括“全部”“取消选择”“重新选择”和“反选”四个选项。

（1）全部：打开一张图片，执行“选择”→“全部”命令或者按 Ctrl+A 组合键，可以选择当前图层中的全部图像，如图 2-35 所示。

（2）取消选择：执行“选择”→“取消选择”命令或者按 Ctrl+D 组合键，可以取消对当前图层中图像的选择，如图 2-36 所示。

图 2-35　Ctrl+ A 全选

图 2-36　Ctrl+D 取消全选

（3）重新选择：执行“选择”→“重新选择”命令或者按 Shift+Ctrl+D 组合键，可重新选择已取消的选项。

（4）反选：执行“选择”→“反选”命令或者按 Shift+Ctrl+I 组合键，可以选择图像中除选中区域以外的所有区域。例如，打开图 2-37，使用“魔棒工具”选中白色背景；之后执行“选择”→“反选”命令，从而选中画面中物体以外的所有区域，如图 2-38 所示。

图 2-37　建立选区

图 2-38　反向效果

2.3.2　使用“色彩范围”命令

“色彩范围”命令可以根据图像的颜色范围创建选区，某种程度上与“魔棒工具”类似，但其提供了更多的参数选项，创建出的选区会更加细腻精准，如图 2-39 所示。

（1）取样颜色：使用“吸管工具”在图片上选取需要的颜色，选取后色彩范围面板中的图片发生变化：白色部分代表已选择区域，黑色部分代表未选择区域，灰色代表被部分选择的区域，如图 2-40 所示。

（2）选择范围：在“选择”下拉菜单中可以选择不同的颜色，通过这些颜色选取范围，我们也可以给定颜色的容差对选区内容进行调整。同样，我们也可以在下拉菜单中选择阴影、高光和中间调，如图 2-41 所示。

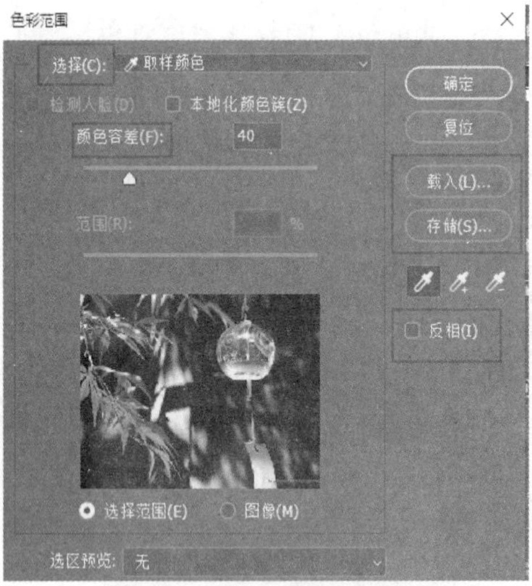

图 2-39 “色彩范围”对话框

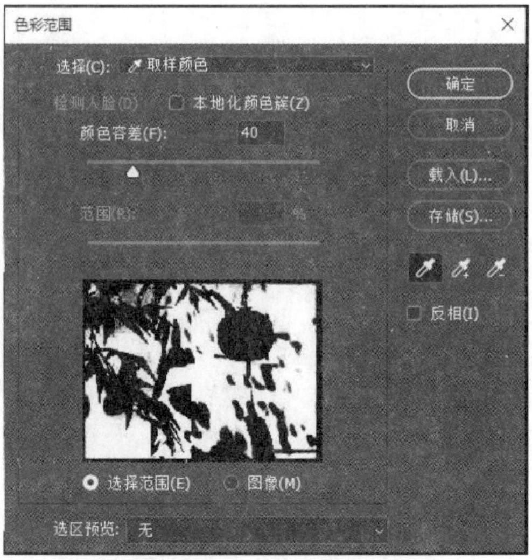

图 2-40 吸管取样颜色

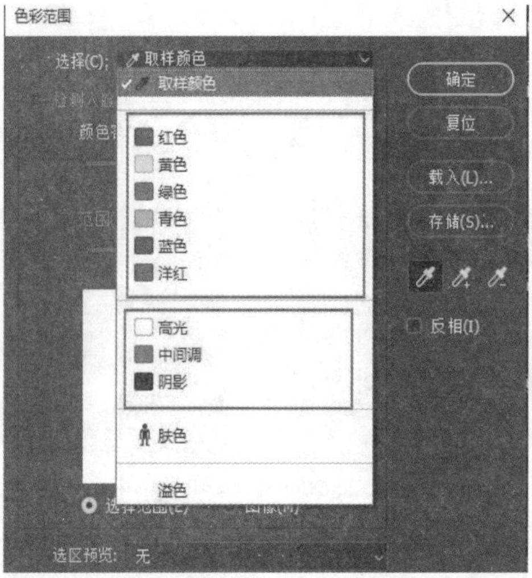

图 2-41 选择范围

（3）颜色容差：用来控制颜色的选择范围，值越大表示选择的颜色范围越广，值越小表示选择的颜色范围越小。

（4）反相：可以勾选“反相”，作用与“选择→反选”命令相同。

（5）存储/载入：单击“存储”按钮，可以将当前的设置状态保存为选区预设；单击“载入”按钮，可以载入存储的选区预设文件。

2.4 使用快速蒙版模式创建选区

快速蒙版模式是另外一种快捷、有效的创建选区的方法，它能够将选区转换成一种临时的蒙版图像，这样就可以使用画笔、滤镜、钢笔等工具编辑蒙版，之后将蒙版图像转换为选区，从而实现创建或者编辑选区的目的。

2.4.1　使用快速蒙版

在“工具栏”中单击“以快速蒙版模式编辑”按钮或按 Q 键可以进入（退出）快速蒙版编辑模式，如图 2-42 所示。

图 2-42　“以快捷蒙版编辑”按钮

2.4.2　编辑快速蒙版

当画面没有选区并进入“快速蒙版”状态时，可以使用“绘图工具”进行绘制。用白色涂抹快速蒙版时，被涂抹的区域不会产生变化；用黑色涂抹的区域会覆盖一层半透明的红色，当退出“快速蒙版”模式时会转换成选区；用灰色涂抹的区域在退出“快速蒙版”模式时可以得到羽化的选区，如图 2-43、图 2-44 所示。

图 2-43　用白色涂抹

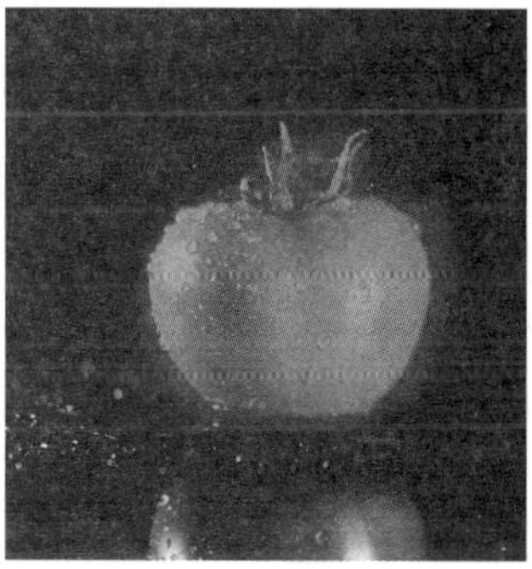

图 2-44　用黑色涂抹

当画面有选区并进入“快速蒙版”状态时，选区以外的部分会被覆盖上半透明的红色蒙版；如果想修改选区，可以使用“绘图工具”对图像进行绘制，用白色涂抹快速蒙版时，被涂抹的区域会显示出图像，这样可以扩展选区；用黑色涂抹的区域会覆盖一层半透明的宝石红色，这样可以收缩选区；用灰色涂抹的区域可以得到羽化的选区。

2.5　使用路径创建选区

工具栏中的“钢笔工具”“形状工具”组中的六个工具都可以创建路径，“路径工具”主要用于绘制线条、图形以及辅助抠图。路径是由一个或多个直线段或曲线段组成的，它可以闭合并进行填充，也可以转化成选区。在对复杂物体进行抠图选择时，使用“路径工具”能够比其他选区工具更加精细、准确地完成任务。

2.5.1　路径工具

1. 钢笔工具

“钢笔工具”可以绘制直线或曲线路径。“自由钢笔工具”与“钢笔工具”略有不同，在使用“自由钢笔工具”绘制选区时，需要单击该工具，然后按住鼠标左键并拖动来绘制选区。当勾选选项栏中“磁性的”复选框时，其效果与“磁性套索工具”类似，如图 2-45、图 2-46 所示。

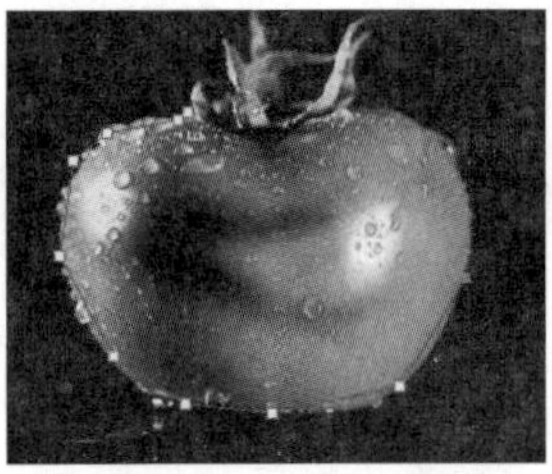

图 2-45　钢笔工具

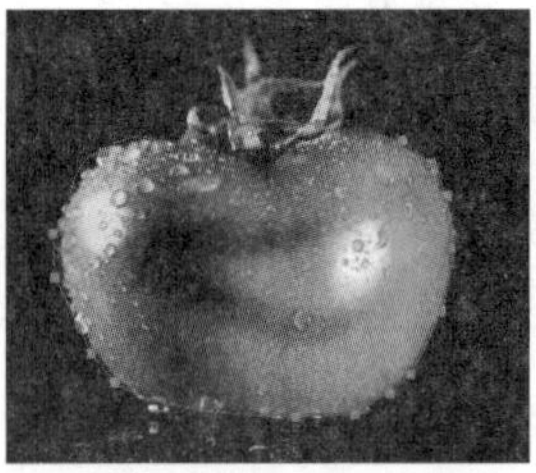

图 2-46　自由钢笔工具

2. 形状工具

形状工具包括“矩形工具”“圆角矩形工具”“椭圆工具”“多边形工具”“直线工具”和“自定形状工具”。熟练掌握这些工具可以绘制出我们所需要的各种图形，如图 2-47 所示。

（1）“矩形工具”：可以绘制矩形，在绘制时按住 Shift 键可绘制正方形；按住 Shift+Alt 组合键可以以单击点为中心绘制正方形。

（2）“圆角矩形工具”：可以创建出带有圆角的矩形效果。

（3）“椭圆工具”：既可以创建椭圆也可以创建正圆。使用“椭圆工具”并按住鼠标左键拖动即可绘制椭圆，在拖动的过程中按住 Shift 键或 Shift+Alt 组合键可以创建正圆。

（4）“多边形工具”：可以创建出正多边形和星形。

（5）“直线工具”：可以创建出直线和带有箭头的路径。

（6）“自定形状工具”：功能非常强大，既可以使用 Photoshop 的很多内置形状，也可以使用外置的形状，如图 2-48 所示。

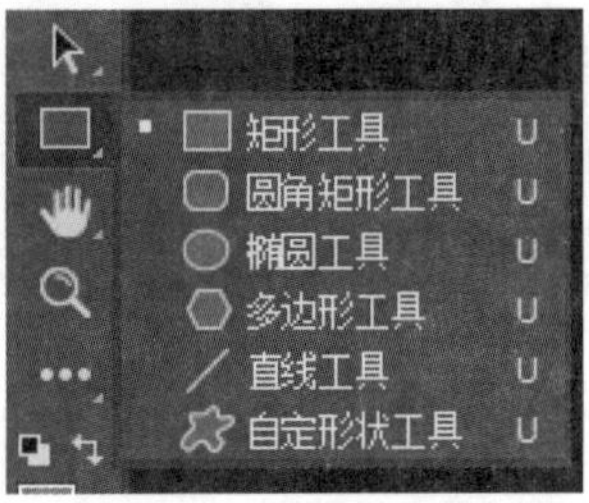

图 2-47　形状工具

图 2-48　自定形状工具

2.5.2　编辑路径

路径绘制完成后，很多时候需要对路径进行编辑，如移动锚点位置、添加锚点、删除锚点等。通过这些调整可以使原本不标准的形状符合要求，也可以使原本简单的形态变得更加丰富。

1. 选择路径

“路径选择工具”组包括“路径选择工具”和“直接选择工具”两个工具，主要用来选择和调整路径的形状，如图 2-49 所示。

图 2-49　路径选择工具

（1）“路径选择工具”：可以选择单个路径或多个路径，其属性栏如图 2-50 所示。

图 2-50　“路径选择工具”属性栏

填充和描边：对当前的路径进行填充颜色和设置描边颜色和厚度。

路径操作：可以对两条以上的路径，以不同的方式进行路径组合，如合并形状、减去顶层形状、与形状区域相交、排除重叠形状。

路径对齐方式：可以设置路径对齐与分布的选项。

路径排列方式：可以设置路径的层级排列关系。

约束路径拖动：勾选此复选框后，只能编辑选中锚点之间的路径线段。

（2）“直接选择工具”：可以选择路径上的单个或多个锚点，可以移动锚点、调整方向线。选择并拖动锚点或路径线可以调整路径形状。拖动路径时，只有被选中的路径发生变化。

2. 编辑路径锚点

通过编辑路径锚点，可以对路径的形状进行改变，如可以添加或减少路径锚点来改变路径的形状。

（1）添加锚点：使用“添加锚点工具”可以直接在路径上添加锚点，或者在使用“钢笔工具”的状态下，将光标放在路径上并单击即可添加一个锚点，如图 2-51 所示。

（2）删除锚点：使用“删除锚点工具”，可以删除路径上的锚点，或者在使用“钢笔工具”的状态下，将光标放在锚点上并单击也可删除一个锚点，如图 2-52 所示。

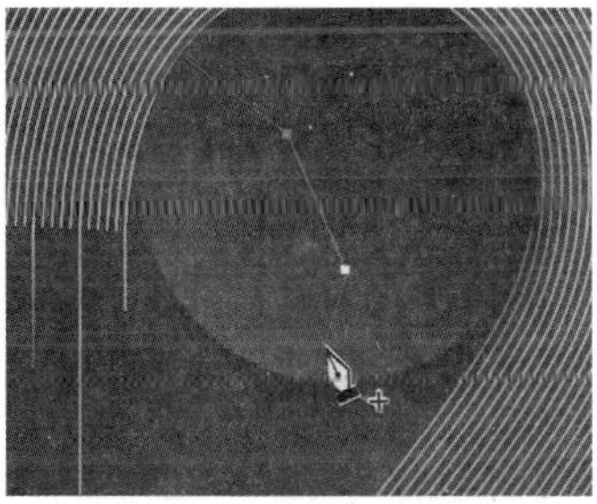

图 2-51　添加锚点

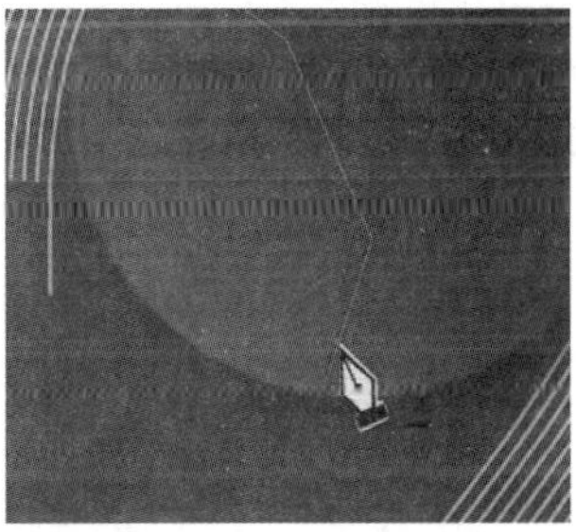

图 2-52　删除锚点

3. 路径与选区的转换

打开一张图片并绘制路径，完成后，在路径内右击，在弹出的菜单中执行“建立选区”命令，即可创建选区，如图 2-53 所示。或在“路径”面板中单击“将路径作为选区载入”按钮，也可以将路径转换为选区，如图 2-54 所示。

“路径”面板可以储存、管理和调用路径。执行“窗口”→“路径”命令，即可打开“路径”面板。面板下方的按钮分别是：

- 用前景色填充路径：用前景色填充路径区域。
- 用画笔描边路径：用设置好的“画笔工具”对路径进行描边。
- 将路径作为选区载入：可以将路径转换为选区。
- 从选区生成工作路径：若当前文档中存在选区，可将选区转换为工作路径。
- 添加图层蒙版：可以以当前选区为图层添加图层蒙版。

图 2-53 “建立选区”命令

图 2-54 将路径作为选区载入

2.6 选区的编辑与修改

在选区创建之后，往往需要对其进行修改调整才能更加符合要求。“选择”菜单中包含了多个可以用于对选区进行修改编辑的命令。

2.6.1 修改选区

1. 修改选区

使用“边界”命令可以使当前选区的边缘产生一个边框。执行“选择”→“修改”→“边界”命令，即可弹出“边界选区”对话框，其中“宽度”用于设置选区扩展的像素值，如图 2-55、图 2-56 所示。

图 2-55 原图

图 2-56 “边界”效果

2. 平滑选区

使用“平滑”命令可以使尖锐的边缘变得平滑。执行“选择”→“修改”→“平滑”命令，即可弹出“平滑选区”对话框，在“取样半径”文本框中输入数值，可以让选区边缘变平滑，如图 2-57、图 2-58 所示。

图 2-57　原图

图 2-58　“平滑”效果

3. 扩展选区

使用“扩展”命令可以对已有选区进行扩展。执行“选择”→“修改”→“扩展”命令，即可弹出“扩展选区”对话框，在“扩展量”文本框中输入数值，可以让图像的边缘得到扩展，如图 2-59、图 2-60 所示。

图 2-59　原图

图 2-60　“扩展”效果

4. 收缩选区

使用“收缩”命令可以使选区收缩。执行“选择”→“修改”→“收缩”命令，即可弹出“收缩选区”对话框，在“收缩量”文本框中输入数值，可以让图像的边缘得到收缩，如图 2-61、图 2-62 所示。

图 2-61　原图

图 2-62　“收缩”效果

5. 羽化选区

使用“羽化”命令，可以通过羽化使选区边缘变得平滑，与背景更贴合。执行“选择”→“修改”→“羽化”命令，即可弹出“羽化选区”对话框，在“羽化半径”文本框中输入数值，单击“确定”按钮，然后对选区填充颜色，即可看到羽化效果，如图 2-63、图 2-64 所示。

图 2-63 原图

图 2-64 “羽化”效果

6. 扩大选取选区

使用“扩大选取”命令，可以选择所有和现有选区颜色相同或相近的相邻像素。执行“选择”→“扩大选取”命令，可以看到与选区内颜色相近的相邻像素都被选中了，如图 2-65、图 2-66 所示。

图 2-65 原图

图 2-66 “扩大选区”效果

7. 选取相似选区

使用“选取相似”命令，可以选择整个图像中的与现有选区颜色相邻或相近的所有像素，而不只是相邻的像素。执行“选择”→“选取相似”命令，可以看到整个图像中与当前选区内颜色相近或相邻的像素都被选中了，如图 2-67、图 2-68 所示。

图 2-67 原图

图 2-68 “选取相似”效果

2.6.2　变换选区

Photoshop 2020 除了能够对图像进行自由变换，也可以对选区进行相同的操作，因此，我们可以创建更多特殊形状的选区并加以利用。

执行“选择”→“变换选区”命令或按 Alt+S+T 组合键，即可对选区进行自由变换，右击选区，可得到更多调整选项，其使用方法与“自由变换”命令类似，效果如图 2-69、图 2-70 所示。

图 2-69　原图

图 2-70　“变换选区”效果

2.6.3　增减选区

选区的增加或减少可以通过“选区运算”命令来实现。我们在使用选取工具时，其工具栏中通常会出现选区运算的相关工具：新建选区、添加到选区、从选区中减去、与选区交叉。选择不同的选项将会绘制出不同的选区，其使用方法我们已在“矩形工具”的使用方法中进行了讲解，在此不再赘述。

2.6.4　隐藏/显示选区

执行“视图”→“显示”命令，在弹出的子菜单中，执行“选区边缘”命令，将其左侧的 √ 去掉，即可隐藏选区；重复操作，将 √ 显示，即可显示选区，如图 2-71 所示。

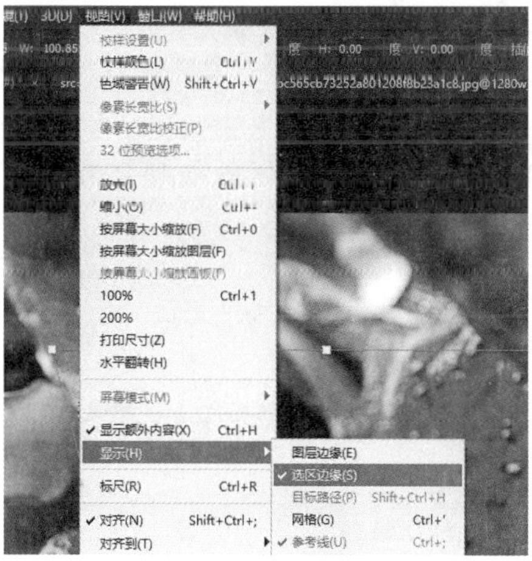

图 2-71　显示\隐藏选区边缘

隐藏选区可以使我们更加清楚地看到对选区应用“滤镜”等命令时，图像边缘的变化情况；需要注意的是，选区虽然隐藏，但它仍然存在，并限制着命令操作的有效区域。

2.6.5 存储选区

使用“存储选区”命令可以将选区进行存储。执行“选择”→“存储选区”命令，即可弹出“存储选区”对话框，在“名称”文本框中输入选区名称，单击“确定”按钮，即可在“通道”面板中看到新建立的通道，如图 2-72、图 2-73 所示。

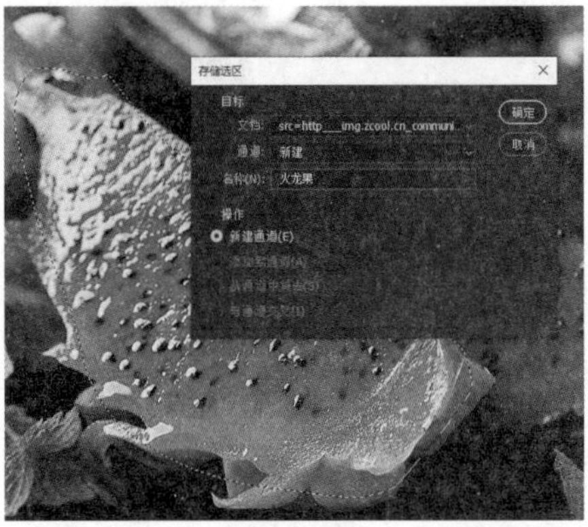

图 2-72 “存储选区”对话框

图 2-73 “通道”面板

2.6.6 载入选区

存储选区后，就可以根据需要随时载入已保存选区。执行“选择”→“载入选区”命令，即可弹出“载入选区”对话框，此时在“通道”下拉列表中会出现所有存储通道的名称，选择合适的选区并单击“确定”按钮，即可载入选区，如图 2-74 所示。

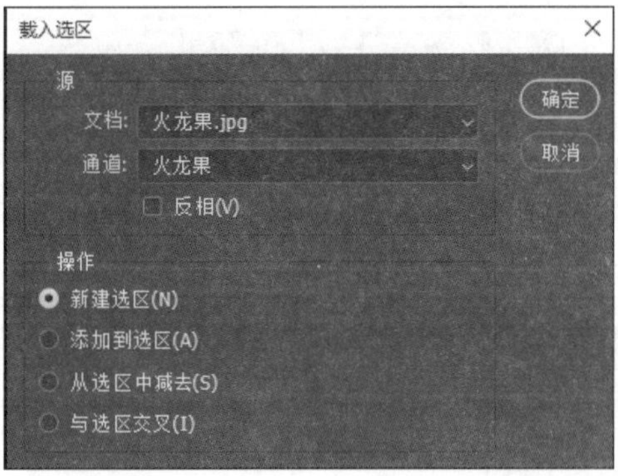

图 2-74 载入选区

2.7 实战演练：制作桃花出屏实例

（1）新建文档，在 Photoshop 2020 软件中，选择“文件”→“新建”命令，创建一个“名称”为“桃花出屏”、“宽度”为 20 厘米、“高度”为 16 厘米、“分辨率”为 300 像素/英寸、

“颜色模式”为 RGB 颜色的空白文档，如图 2-75 所示。

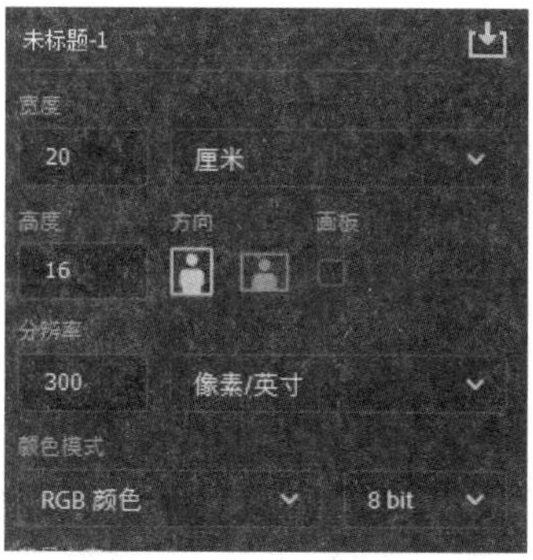

图 2-75　新建文档

（2）导入“墙面”，打开“墙面.jpg”文件，执行“全部”命令选中所有内容，用“移动工具”拖动选区到“桃花出屏.psd”文件中，选中“图层”面板中的“图层 1”，双击“图层 1”文字，将该图层重命名为“墙面”，最终效果如图 2-76、图 2-77 所示。

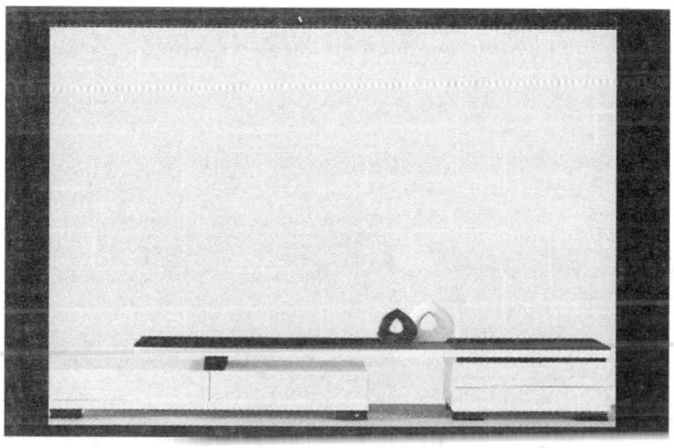

图 2-76　墙面最终效果

图 2-77　“图层”面板

（3）导入“显示器”，打开“显示器.jpg”文件。用“魔术棒工具”单击图层的白色区域，则白色区域被选中，然后执行“选择”→“反选”命令，则当前选区变为显示器，用“移动工具”拖动选区到“桃花出屏.psd”文件中，将图层命令为“显示器”，最终效果如图 2-78、图 2-79 所示。

图 2-78　显示器最终效果

图 2-79　“图层”面板

（4）导入“桃花”，打开“桃花.jpg”文件，用如上方法拖动选区到“桃花出屏.psd”文件中，执行“编辑”→“自由变换”命令，调整大小，将图层重命名为“桃花”，最终效果如图 2-80、图 2-81 所示。

图 2-80　桃花最终效果

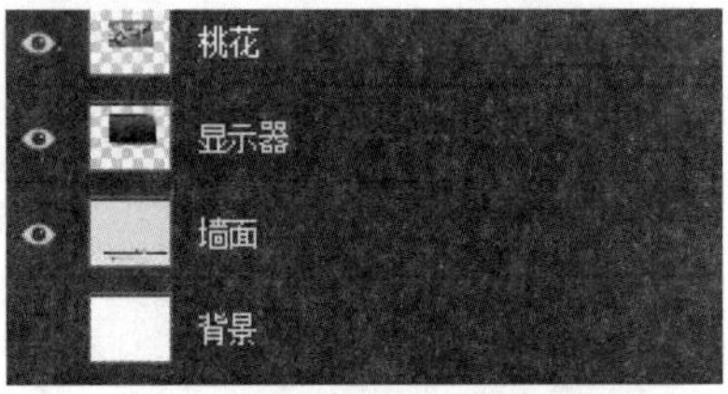

图 2-81　“图层”面板

（5）导入“蝴蝶”，打开“蝴蝶.jpg”文件，选择工具箱中的“磁性套索工具”，鼠标移动到蝴蝶边缘，单击创建关键点（起点），沿对象轮廓缓慢移动鼠标自动创建关键点。从起点移动回起点，再次单击，这时的选区就会自动地闭合为我们常见的蚂蚁线，如图 2-82～图 2-84 所示。

图 2-82　导入“蝴蝶”

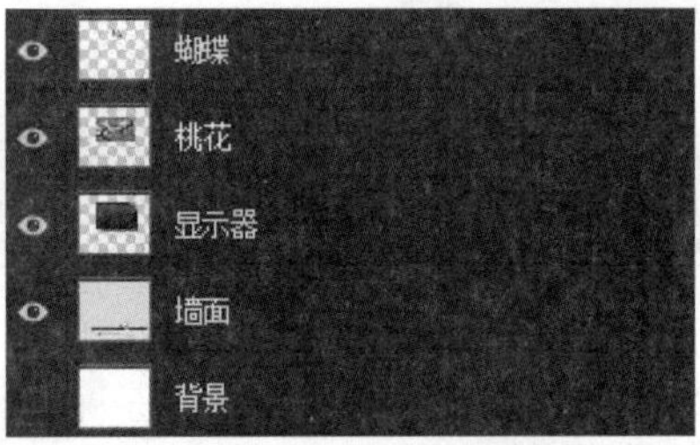

图 2-83　“图层”面板

图 2-84　创建选区

（6）制作“桃花出屏”特效，选择“图层”面板中“桃花”图层，单击工具箱中的“矩形选框工具”，选择工具箱中的“魔棒工具”，选中工具选项栏中的“与选区交叉”选项，并设置“容差”为 30。然后单击选中选区中的蓝色部分，最后按 Delete 键删除选区内容，如图 2-85～图 2-87 所示。

图 2-85　创建选区

图 2-86　选中蓝色部分

图 2-87　最终效果

（7）制作“蝴蝶”特效，选择“图层”面板中“蝴蝶”图层，按住鼠标左键不放拖动至“创建新图层”按钮，“图层”面板中会自动增加一个名为“蝴蝶拷贝”的新图层，由于两只蝴蝶是重合的，接下来单击工具箱中的“移动工具”，将“蝴蝶拷贝”图层的蝴蝶移出，执行“编辑”→“变换”→“水平翻转”命令，最后执行“编辑”→“变换”→“缩放”命令，调整蝴蝶的位置大小，如图 2-88、图 2-89 所示。

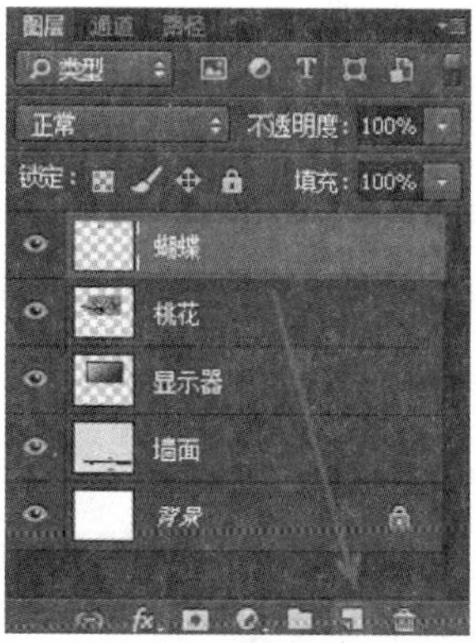

图 2-88　“创建新图层”按钮

图 2-89　“蝴蝶拷贝”图层

（8）保存文档，最终效果如图 2-90 所示。

图 2-90　最终完成效果

本章小结

通过本章的学习，读者应熟练掌握 Photoshop 2020 中创建选区的相关应用知识，掌握常用选区工具的使用方法及选区的编辑方法，为以后图形图像处理工作中，如抠图、图像处理、图像合成等设计制作任务打下坚实的基础。

思考与练习

1. 常用的选区工具有哪些？各有什么特点？
2. 选区的编辑与修改方法有哪些？
3. 打开一张图片，为画面中的物体更换背景。

第 3 章　创建图层

本章导读

图层就像是含有文字或图形等元素的胶片一张张按顺序叠放在一起，组合起来形成页面的最终效果。图层可以将页面上的元素精确定位，也可以加入文本、图片、表格、插件，还可以在里面再嵌套图层。

本章重点介绍了图层的相关基础及应用知识，例如图层面板，如何新建，复制与删除图层，显示，隐藏与锁定图层，合并与盖印图层等。通过本章的学习，可熟悉图层的基本概念，掌握图层混合模式及图层样式的设置及使用方法，制作出效果各异的图像及文字效果。

本章要点

- 熟悉图层面板。
- 掌握图层及图层组的创建及使用方法。
- 掌握图层编辑基础操作。
- 了解图层的类型。
- 掌握图层混合模式的设置方法。
- 学会图层样式的设置及使用方法。

3.1　认识图层

图层在 Photoshop 中非常重要。如果不能掌握图层的应用方法，也基本无法在 Photoshop 中制作、修改以及合成任何图形或图像。作为初学者，对图层的认识及了解尤为重要。

通俗地讲，图层就像是含有文字或图形等元素的透明“玻璃”，每一块“玻璃”上都有不同的内容。将一块块透明的“玻璃”通过上下叠加的方式放在一起，从上往下俯瞰——我们便看到了整个图像的内容。如果“玻璃”上什么都没有，那就是个透明的空白图层。在 Photoshop 中，每个图层都具有独立性，各图层中的对象都可以进行单独编辑而不影响其他图层中的内容。另外，各个图层之间也可以互相调整顺序，如果图层顺序调整了，那么图像的内容也会随之发生变化。利用图层功能可以做出丰富的画面效果，如图 3-1、图 3-2 所示。

图 3-1 效果图

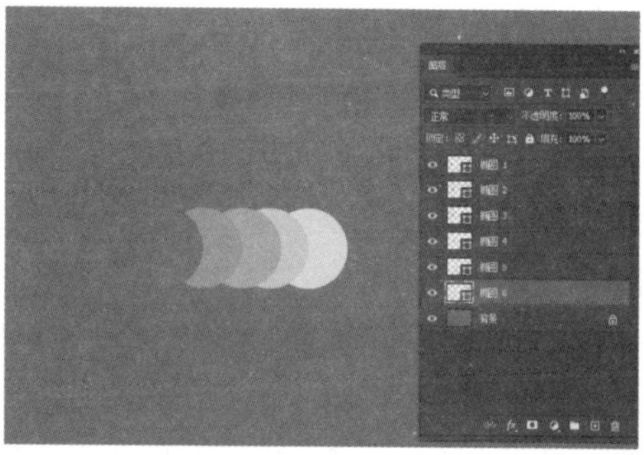

图 3-2 图层界面

3.1.1 图层面板

“图层”面板中包含了多个对图层进行编辑设置的命令，功能极其强大。它不但集中展示了当前文档中图层的缩览图，而且还可以对图层进行创建、编辑、管理以及添加图层样式等操作。

打开 Photoshop 2020，默认情况下，“图层”面板是开启的，如果当前界面中没有该面板，可执行“窗口”→“图层”命令，即可弹出“图层”面板，如图 3-3 所示。

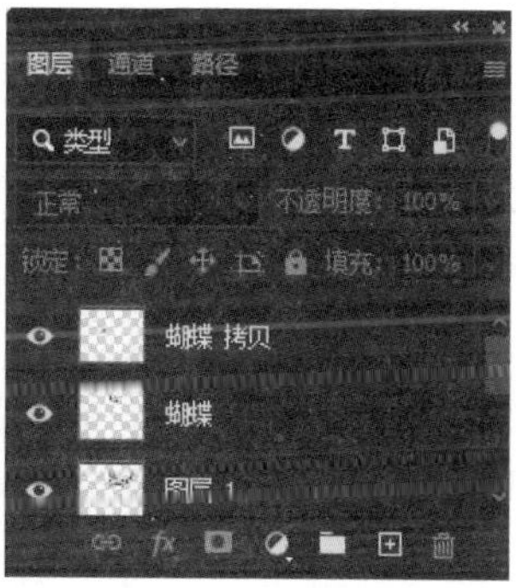

图 3-3 图层面板

注：想要显示或隐藏“图层”面板，可按 F7 键。

对画面中的图像进行调整时，必须先选中图像所在的相应图层，才可进行编辑操作。

（1）锁定透明像素：将图层中的透明区域锁定，只能对画面中的图像进行编辑修改。

（2）锁定图像像素：与“锁定透明像素”有异曲同工之意，锁定图层中有像素的地方，防止被修改。

（3）锁定位置：防止图层像素被移动。

（4）锁定全部：用来锁定图层的属性，使图层不能做任何编辑，包括对透明像素、图像像素和位置的编辑。

（5）设置图层混合模式：用来设置当前图层的混合模式，使之与下面图像产生混合。

（6）设置图层不透明度：用来设置当前图层的不透明度，不透明度值的大小，决定了图层中图像内容显示的清晰程序。

（7）显示/隐藏图层：显示“眼睛”图标的图层为可见图层，隐藏“眼睛”图标的图层为不可见图层。单击该图标可以使图层在显示与隐藏状态之间切换。

注：隐藏图层后不能够进行编辑操作，若想操作被隐藏图层上的内容，应先将该图层显示。

（8）链接图层：用来链接当前选择的多个图层。

（9）添加图层样式：单击该按钮，可以在下拉菜单中为当前图层添加一个图层样式。

（10）添加图层蒙版：单击该按钮，可以为当前图层添加图层蒙版。蒙版用于遮盖图像，不会将画面破坏。

（11）创建新的填充或调整图层：单击该按钮，在打开的下拉菜单中可以选择创建新的填充图层或调整图层，如图 3-4 所示。

（12）创建新组：单击该按钮可以创建一个图层组。可以将很多图层放置在一个图层组内。

（13）创建新图层：单击该按钮可以创建一个图层。

（14）删除图层：单击该按钮可将选择的图层或图层组删除。

（15）当前图层：当前选择和正在编辑的图层。

（16）图层缩览图：图层名称左侧的图像是该图层的缩览图，它显示了图层中包含的图像内容，缩览图中的棋盘格代表了图层中的透明区域。在图层缩览图上右击，即可在打开的快捷菜单中调整缩览图的大小，如图 3-5 所示。

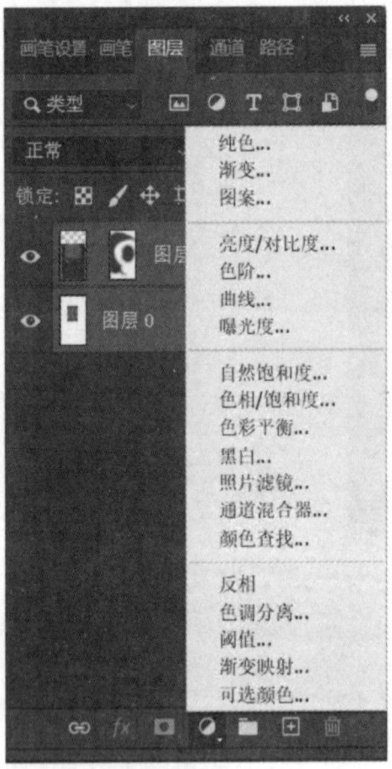

图 3-4　创建新的填充图层

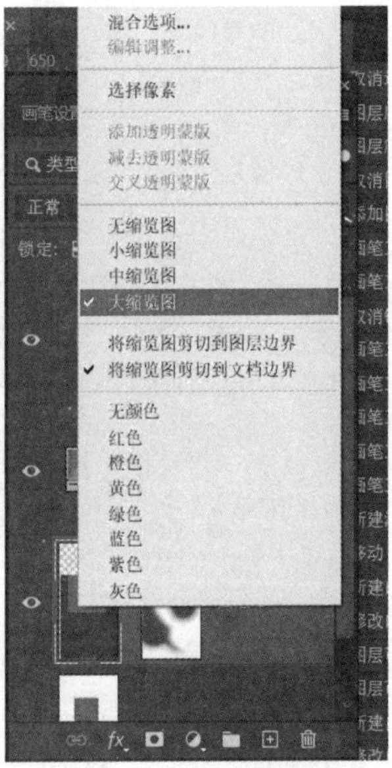

图 3-5　调整缩览图大小

3.1.2　新建、复制与删除图层

在 Photoshop 中，图层的编辑方法有很多种，如新建、复制、删除、移动等，下面介绍具体操作方法。

1. 新建图层

（1）在图层面板中创建图层：单击“图层”面板中的“创建新图层”按钮，即可在当前图层上面新建一个图层，新建的图层会自动成为当前图层。如果要在当前图层的下面新建图层，可以按住 Ctrl 键单击“创建新图层”按钮。

注：“背景”图层下面不能创建图层。

（2）用“新建”命令创建图层：执行“图层”→“新建”→“图层”命令或按 Shift+Ctrl+N 组合键，可打开“新建图层”对话框，在该对话框中可以对图层的属性，如名称、颜色和模式等进行设置，如图 3-6、图 3-7 所示。

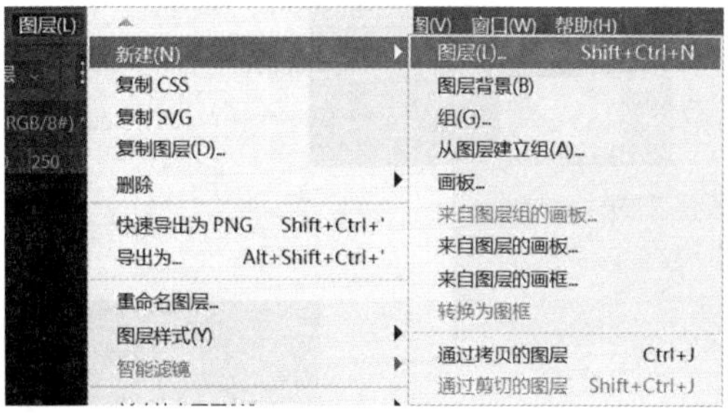

图 3-6　“新建图层”命令

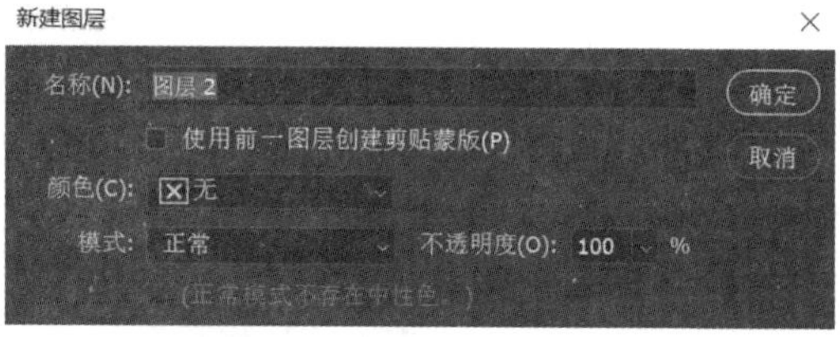

图 3-7　“新建图层”对话框

（3）用“通过拷贝的图层”命令创建图层：执行“图层”→“新建”→“通过拷贝的图层”命令或按下 Ctrl+J 组合键，可以将当前图层内容复制到一个新的图层中，原图层内容保持不变，如图 3-8 所示。

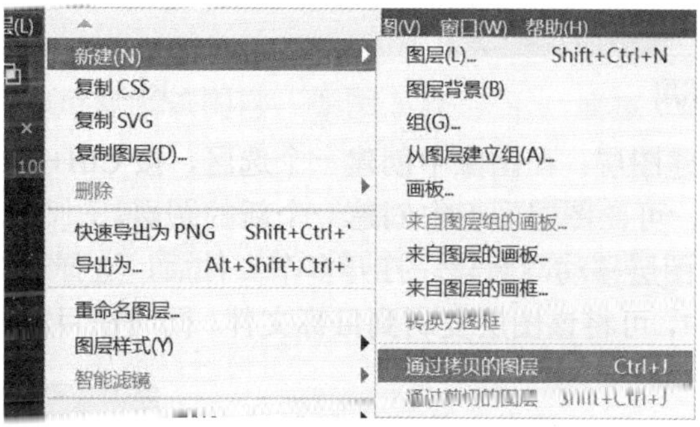

图 3-8　“通过拷贝图层”命令

如果当前图层中有选区，执行该命令时，可以将选区内的图像复制为一个新的图层，如图 3-9、图 3-10 所示。

（4）用“通过剪切的图层”命令创建图层：在图像中创建选区以后，执行“图层”→“新建”→“通过剪切的图层”命令或按 Shift+Ctrl+J 组合键，可将选区内的图像从原图层中剪切到一个新的图层中，原图层内容将发生改变，如图 3-11、图 3-12 所示。

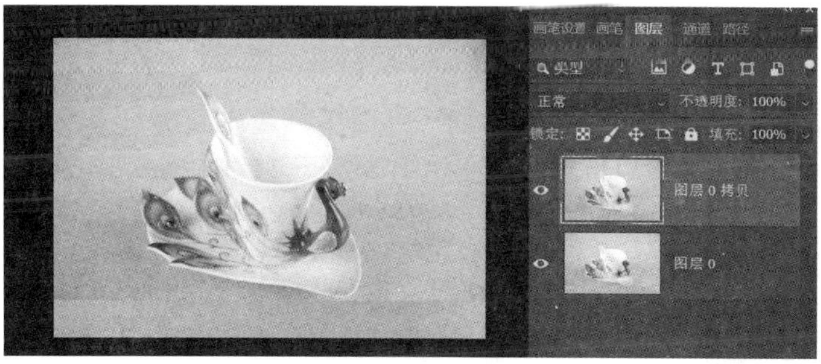

图 3-9　无选区效果

会显示淡灰色，如图 3-18 所示。

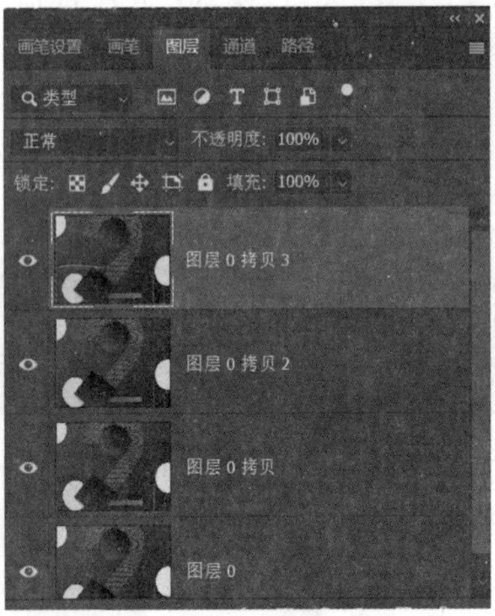

图 3-18　选中图层

（2）选择多个图层：如果选择多个相邻的图层，可以单击第一个图层，然后按住 Shift 键单击最后一个图层，如图 3-19 所示。如果要选择多个不相邻的图层，可按住 Ctrl 键单击需要选择的图层，如图 3-20 所示。

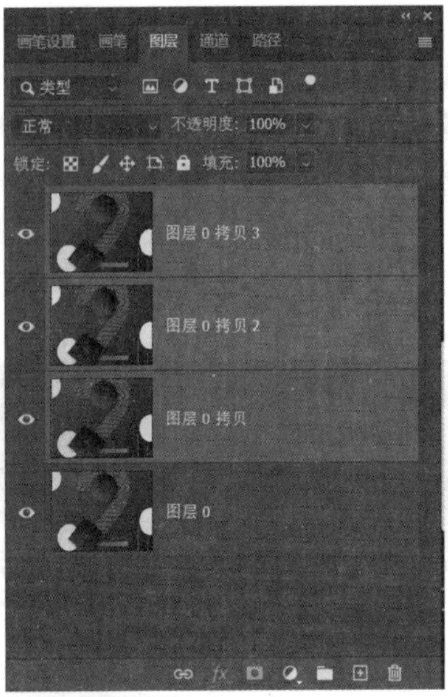

图 3-19　按 Shift 键选中多个图层

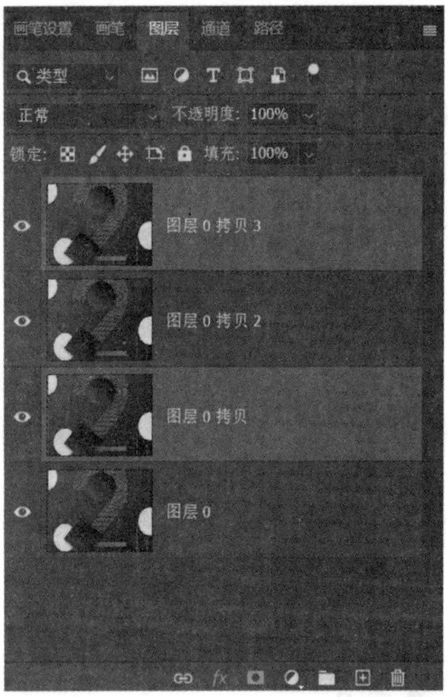

图 3-20　按 Ctrl 键选中多个图层

（3）选择所有图层：执行“选择”→“所有图层”命令，可以选择“图层”面板中所有的图层。

（4）选择链接图层：选择一个链接的图层，执行“图层”→“选择链接图层”命令，可以选择与之链接的所有图层。

（5）取消选择图层：如果不想选择任何图层，可单击“图层”面板最下方的空白处，如图 3-21 所示，或执行“选择”→“取消选择图层”命令来取消选择，如图 3-22 所示。

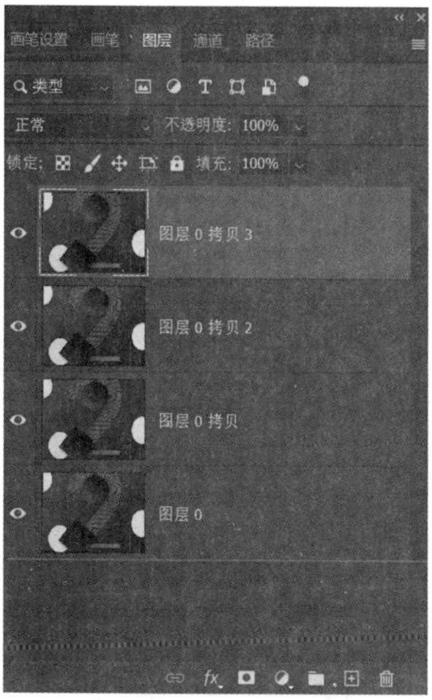

图 3-21　取消选择图层

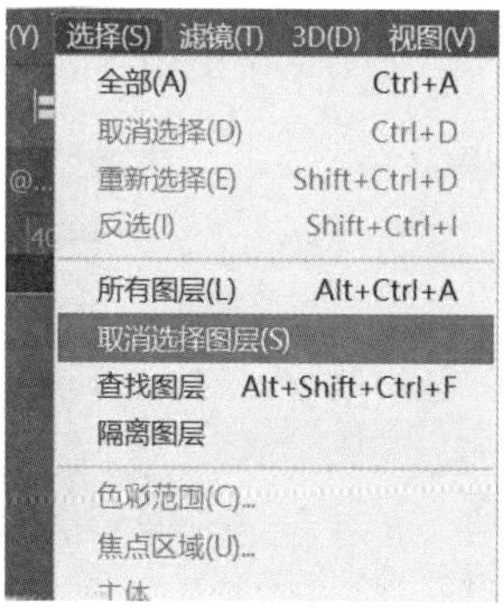

图 3-22　“取消选择图层”命令

2. 调整图层顺序

（1）在“图层”面板中改变顺序：图层是按照创建的先后顺序堆叠排列在“图层”面板中的。使用“移动工具”将一个图层拖拽到另外一个图层的上面（或下面），即可调整图层的堆叠顺序。改变图层顺序会影响图像的显示效果，如图 3-23、图 3-24 所示。

图 3-23　原图层顺序

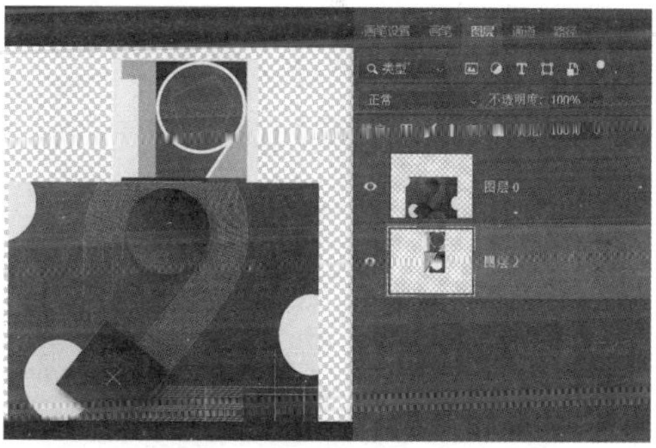

图 3-24　改变图层顺序后

（2）通过命令改变顺序：执行“图层”→“排列”子菜单中的命令，也可以调整图层的堆叠顺序，如图 3-25 所示。

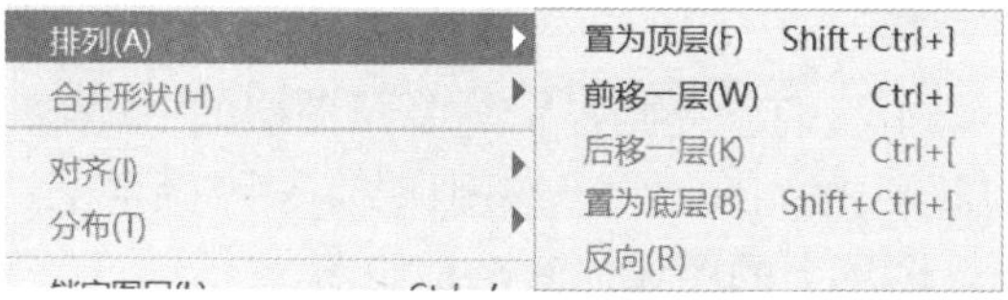

图 3-25　图层的“排列”命令

置为顶层：将所选图层调整到最顶层。

前移一层/后移一层：可以将所选的图层向上或向下移动一个堆叠顺序。

置为底层：将所选图层调整到最底层。

反向：执行该命令可以反转多个选中图层的堆叠顺序。

3. 图层的对齐与分布

通过菜单命令选中多个图层，执行“图层”→“对齐”子菜单中的命令如图 3-26 所示，可使多个图层内的物体对齐。

在画面中创建一个选区，然后在“图层”面板中选择一个图层，执行“图层”→“将图层与选区对齐”子菜单中的命令，可基于选区对齐所选图层，如图 3-27 所示。

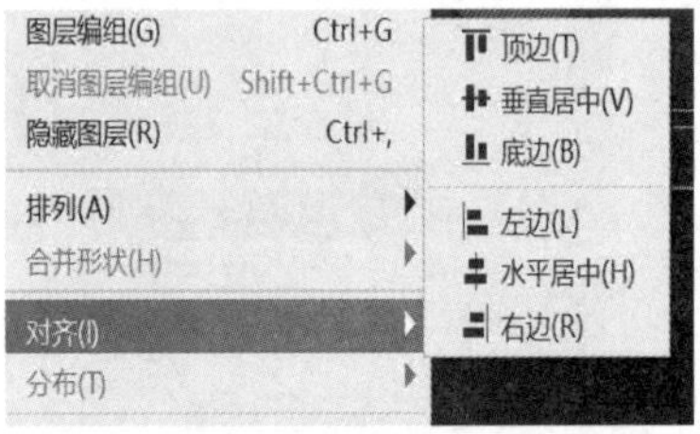

图 3-26 “对齐”子菜单

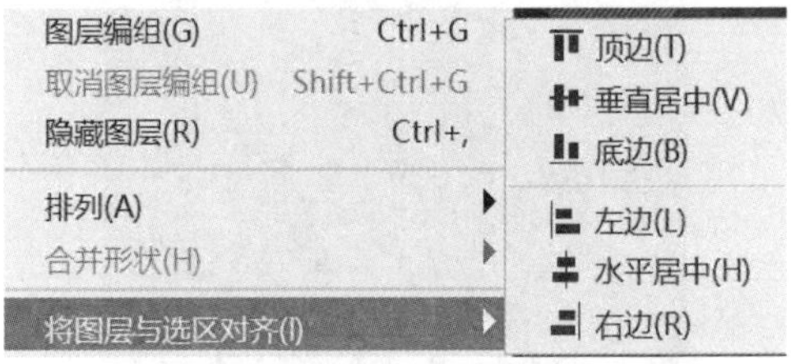

图 3-27 “将图层与选区对齐”子菜单

选择“移动工具”时，其属性栏也会显示“对齐/分布”命令按钮，功能与菜单命令相同。

4. 链接图层

选中两个或多个图层，执行“图层”→“链接图层”命令或单击“图层”面板底部的“链接图层”按钮，即可使被选中的图层完成链接，如图 3-28、图 3-29 所示。图层的链接可以使多个图层内的物体同时进行移动、变换等操作，以节省编辑操作的时间，提高作图效率。

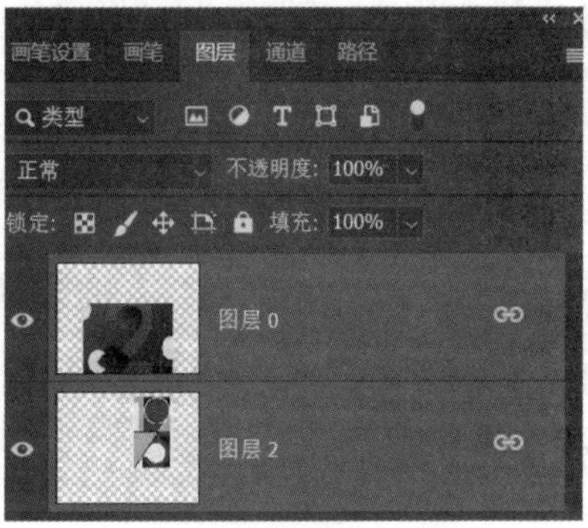

图 3-28 “图层”面板

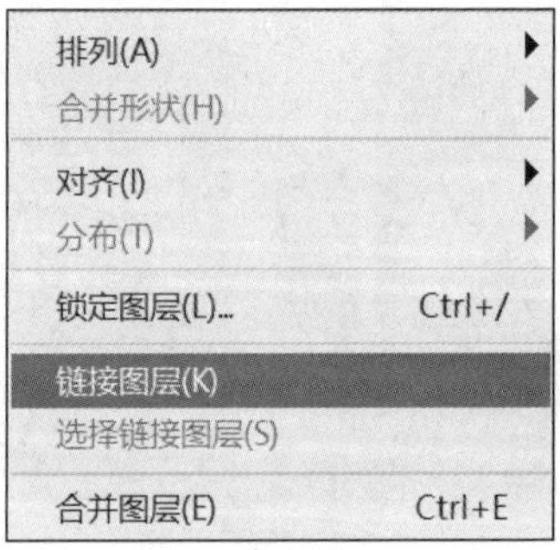

图 3-29 “链接图层”命令

3.1.4 显示、隐藏与锁定图层

1. 显示与隐藏图层

在“图层”面板的介绍中我们曾提到显示与隐藏图层的“眼睛”图标，这个图标位于图层缩略图的前面，用来控制图层的可见性。当该图标显示时，图层上的图像可以在画布中显示；当单击“眼睛”图标时，该图层上的图像内容会被隐藏。

执行“图层”→“显示图层/隐藏图层”命令，可以显示/隐藏当前选择的一个或多个图层，如图 3-30 所示。当需要显示或隐藏的图层较多时，最快捷的方法是按住 Alt 键，然后在某一图层的“眼睛”图标上进行单击，便可隐藏/显示多个图层的内容。也可以在某图层的“眼睛”

图标上单击并拖动，向上或向下移动来快速隐藏或显示图层内容。

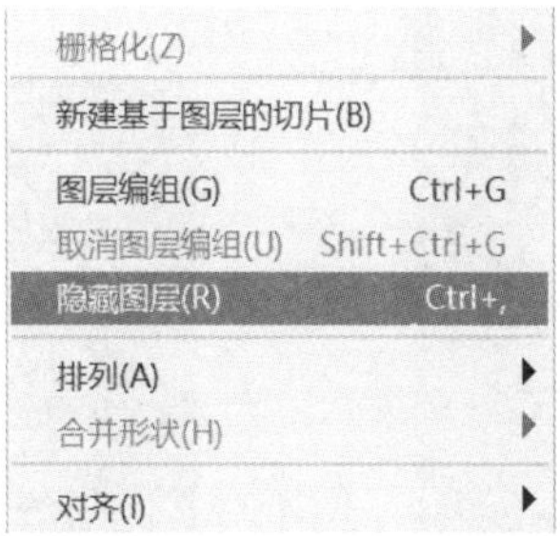

图 3-30　“隐藏图层”命令

2. 锁定图层

“图层”面板中提供了用于保护图层透明区域、图像像素和位置等属性的锁定功能，我们在前面的内容中也有所介绍。

3.1.5 合并与盖印图层

在使用 Photoshop 进行设计制作的过程中，为了制作效果及设计程序等需要，我们通常对多个图层进行合并或盖印处理。

1. 合并图层

首先在“图层”面板中选中需要合并的两个或多个图层，然后执行“图层”→“合并图层”命令，即可合并图层。合并后的图层名称会使用合并前的最上面的图层名称来命名；合并后，参与合并的所有图层都会消失，如图 3-31、图 3-32 所示。

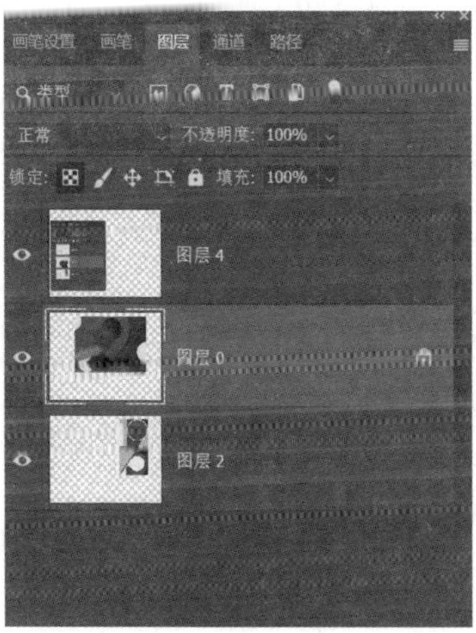

图 3-31　图层合并前

图 3-32　图层合并后

2. 向下合并图层

若将一个图层与它下面的图层合并，可以先选择该图层，然后执行“图层”→“向下合并”命令或按 Ctrl+E 组合键即可向下合并图层，合并后的图层使用下面图层的名称来命名，如图 3-33、图 3-34 所示。此外，单击“图层”面板右上角的快捷菜单按钮或直接在“图层”上右击，在弹出的快捷菜单中选择“向下合并”命令，也可完成向下合并图层任务。

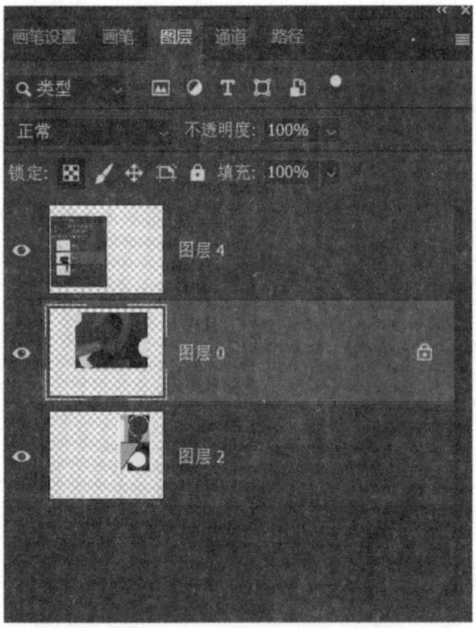

图 3-33　图层合并前

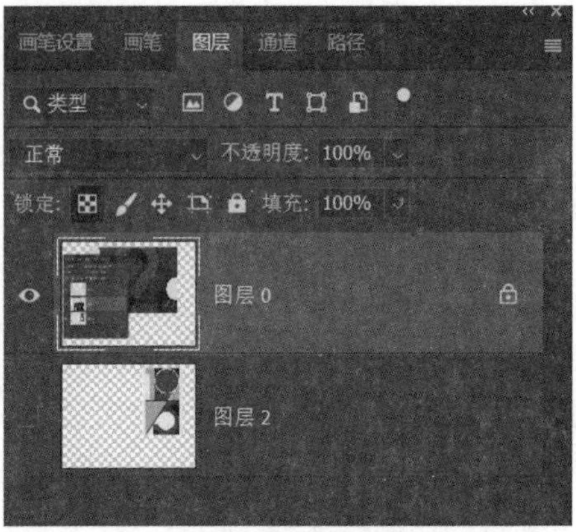

图 3-34　图层向下合并后

3. 合并可见图层

执行“图层”→“合并可见图层”命令或按 Shift+Ctrl+E 组合键，可以将“图层”面板中的所有可见图层进行合并，隐藏图层不会被合并，如图 3-35、图 3-36 所示。此外，单击“图层”面板右上角的快捷菜单按钮，在弹出的快捷菜单中选择“合并可见图层”命令，也可完成该任务。

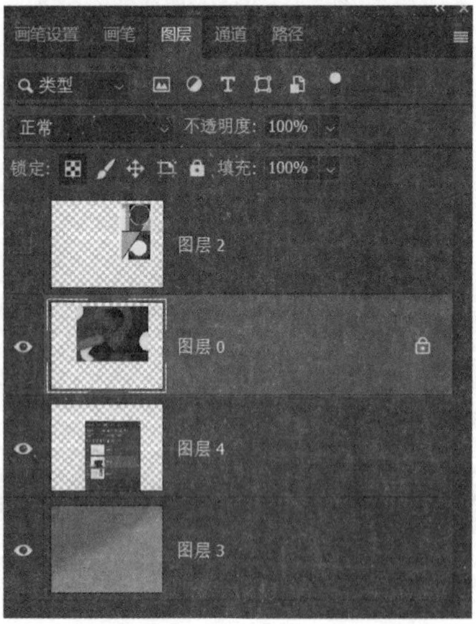

图 3-35　合并可见图层前

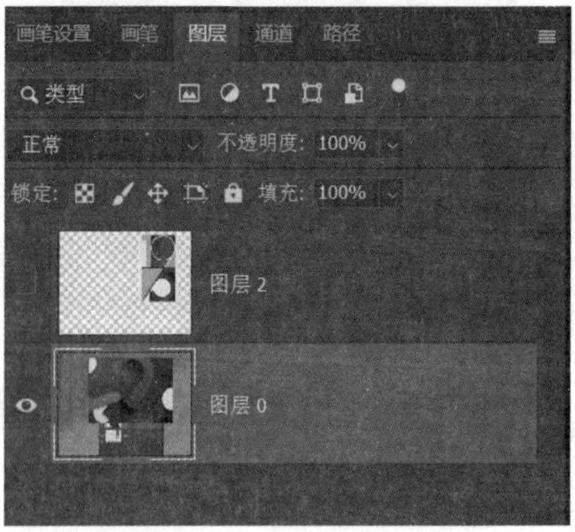

图 3-36　合并可见图层后

4. 拼合图像

执行“图层”→“拼合图像”命令，可以将所有图层都拼合到“背景”图层中，如果有隐藏的图层，那么会弹出一个提示框，询问是否扔掉隐藏的图层，如图 3-37 所示。此任务也可以通过单击“图层”面板右上角的快捷菜单按钮，在弹出的快捷菜单中选择“拼合图像”命令来完成，如图 3-38 所示。

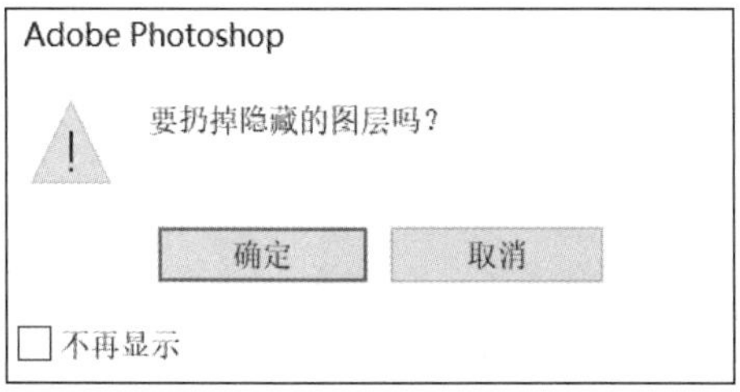

图 3-37 提示框

图 3-38 拼合图像命令

5. 盖印图层

盖印是一种比较特殊的图层合并方法，多用于合成图像，它可以在不更改其他图层内容的基础上，将多个图层中的图像内容合并到一个新的图层。如果想要得到某些图层的合并效果，而又要保持原图层完整时，那么盖印是最佳的解决办法。

（1）向下盖印：选择一个图层，按 Ctrl+Alt+E 组合键，可以将该图层中的图像盖印到下面的图层，原图层内容保持不变。

（2）盖印可见图层：按 Shift+Ctrl+E 组合键，可以将所有可见图层中的图像盖印到一个新的图层，原图层内容保持不变。

3.1.6 图层的不透明度

除了改变位置和顺序以外，图层还有一个很重要的特性就是可以设置不透明度，“不透明度”选项控制着图层的全部透明度，包括图层的本身以及图层样式，如图 3-39、图 3-40 所示；其值的大小，决定了图层中像素的清晰与否。通过该命令的设置及使用，可以制作出丰富的画面效果。

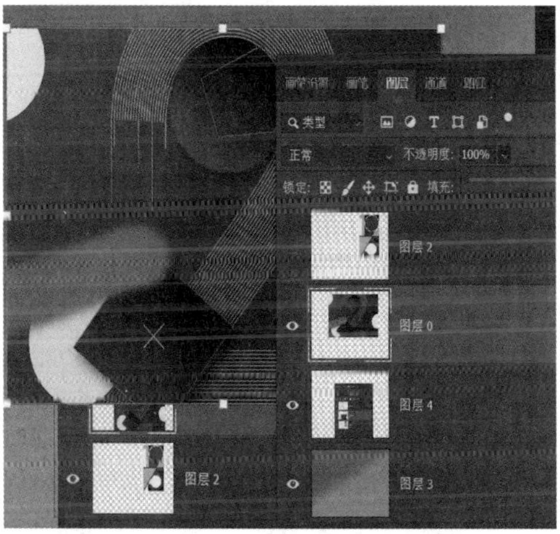

图 3-39 原图

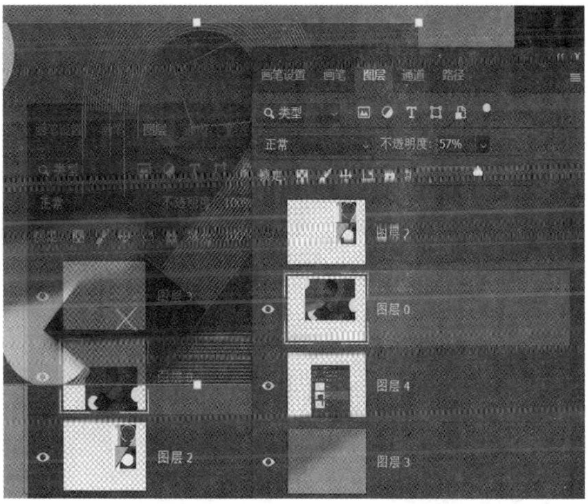

图 3-40 改变透明度

在“图层”面板中，还有一个“填充”选项，它只针对图层本身内容的透明度起作用，对图层所添加的样式没有影响，如图 3-41 所示。

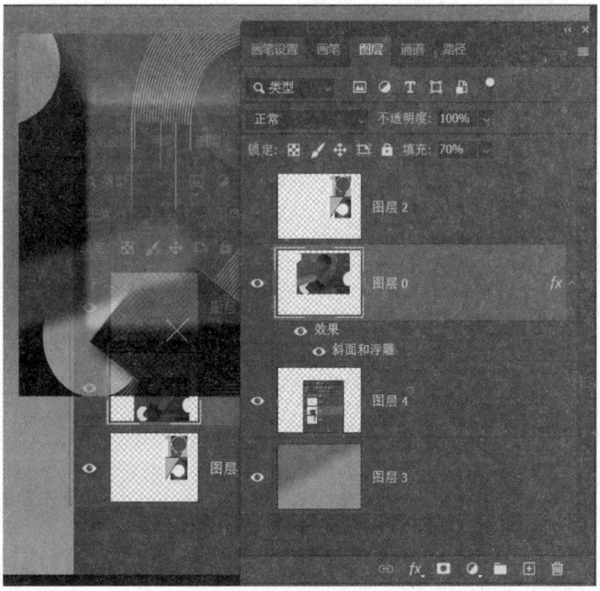

图 3-41　不改变图层样式

3.1.7　中性色图层

通常我们称黑色、白色和 50%灰色为中性色。在创建中性色图层时，系统会首先使用预设的中性色来填充图层，然后根据图层的混合模式来分配这种不可见的中性色。如果不应用效果，那么中性色图层不会对其他图层产生任何影响。

换句话说，中性色图层就是一个辅助的操作图层，它可通过添加滤镜等方式对下面的图像产生影响，但不会破坏其他图层上的图像，如图 3-42 所示。执行“图层”→“新建图层”命令，打开“新建图层”对话框，选择一种图层模式并勾选“填充颜色变暗中性色”复选框，然后单击“确定”按钮即可创建中性色图层，如图 3-43 所示。

图 3-42　中性色图层不影响图像

图 3-43　新建中性色图层

3.1.8 图层组

1. 创建图层组

（1）在“图层”面板中创建图层组。单击“图层”面板中的“创建新组”按钮，可以创建一个空的图层组，此后新创建的图层都位于该组中，如图 3-44 所示。

（2）通过菜单命令创建图层组。执行“图层”→“新建”→“组”命令，在打开的“新建组”对话框中可以设置组的名称、颜色、模式、不透明度等属性，如图 3-45 所示。

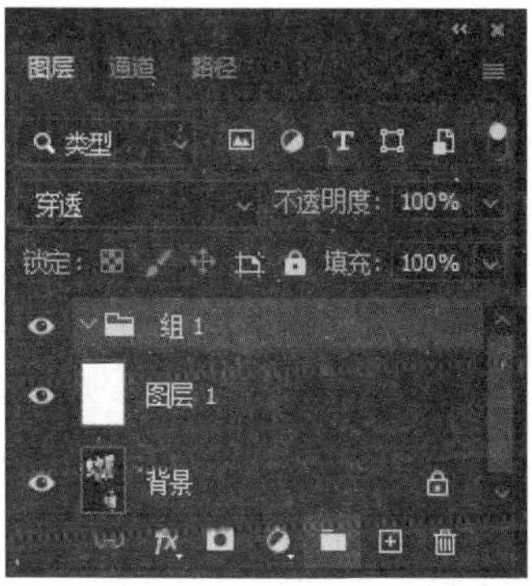

图 3-44 “创建新组”按钮

图 3-45 “新建组”对话框

2. 图层组的嵌套

在图层组内还可以继续创建新的图层组，这种多级结构的图层组被称为嵌套图层组，如图 3-46 所示。

图 3-46 图层组嵌套

3. 图层组内图层的移入或移出

选中图层，用鼠标拖拽至相应的图层组内，可将其添加到该图层组中；同理，若要将图层组中的图层移出，则可选中图层后用鼠标拖拽到图层组外即可。

4. 取消图层编组

若要将图层组取消并保留组中图层，则可执行“图层”→“取消图层编组”命令或按 Shift+Ctrl+G 组合键；如果要删除图层组及组中的图层，那么将图层组拖拽到“图层”面板中的“删除图层”按钮上即可。

3.2 图层的类型

Photoshop 2020 中的图层类型有很多，常用的图层类型大致包括普通图层、背景图层、文字图层、形状图层、填充图层、调整图层等。各类图层最基本的操作大致类似，例如，可以进行复制、移动、设置混合模式、添加图层样式等操作，但也有各自不同的属性。

3.2.1 普通图层

普通图层是 Photoshop 中最基本的图层类型，单击“图层”面板下方的“新建图层”按钮即可创建出普通图层。它在图像中的作用相当于一张透明的纸，在“图层”面板上其缩略图显示为灰白相间的方格。在没有选择锁定选项的情况下，我们可对图层中的像素内容进行任意编辑。

3.2.2 背景图层

背景图层相当于绘画时最下层的不透明纸，可以当作图像的背景。首次在 Photoshop 中打开一张图片时，该图片所在的图层会被自动设置为背景图层。一幅图像中只有一个背景图层，它无法与其他图层交换堆叠次序，永远在“图层”面板的最后一层；也无法调节不透明度、图层样式以及图层混合模式等，但可以使用画笔、渐变、图章和修饰工具等进行操作。

3.2.3 文字图层

使用“文字工具”在图像中单击或键入文字，系统将会自动新建一个文字图层，如图 3-47 所示。文字图层可以转换为普通图层或者形状图层，但转换之后将不再具有文字图层的属性，也无法对文字进行编辑修改操作。

如果想要将文字图层转换为普通图层，那么可以选择文字图层，然后右击，在弹出的快捷菜单中选择“栅格化文字”命令，即可将文字图层转换为普通图层；如果想要将文字图层转换为形状图层，那么可以选择文字图层，然后右击，在弹出的快捷菜单中选择“转换为形状”命令，即可将文字图层转换为带有矢量蒙版的形状图层，如图 3-48 所示。

图 3-47 文字图层

图 3-48 “转换为形状”命令

3.2.4 形状图层

使用工具栏中的“形状工具”或“钢笔工具”绘制图形，会在“图层”面板中自动生成形状图层，并以形状的绘制顺序命名，如图 3-49 所示。若要想对形状图层进行颜色调整等操作，首先需要将其转换为普通图层才可以。选中形状图层，然后右击，在弹出的快捷菜单里选择“栅格化图层”命令即可转换为普通图层，如图 3-50 所示。

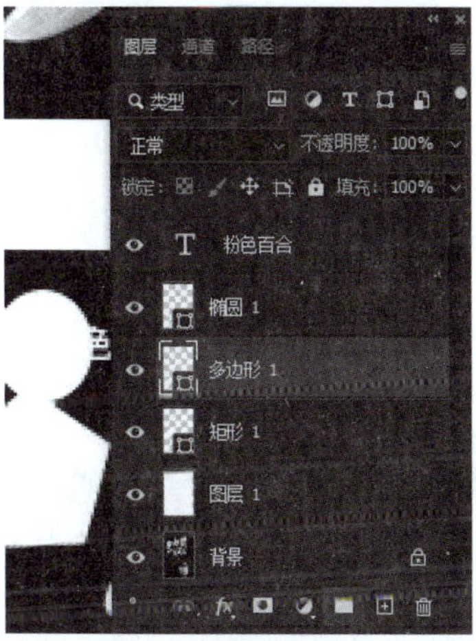

图 3-49 形状图层

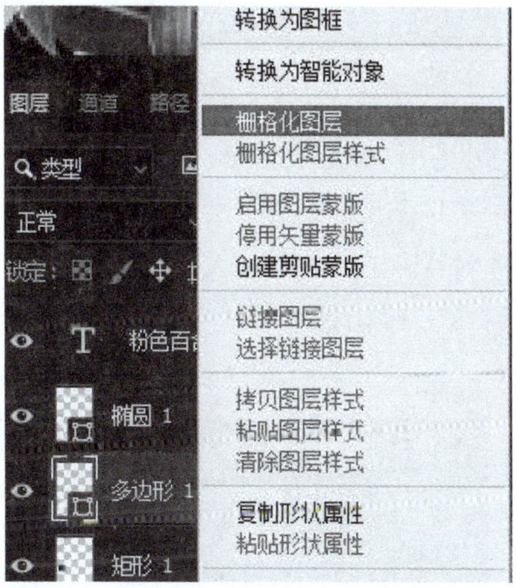

图 3-50 “栅格化图层”命令

3.2.5 填充图层

填充图层是一种带蒙版的图层，一般使用纯色、渐变色或图案进行填充。与普通图层相同，填充图层也可以设置模式、不透明度、图层样式以及编辑蒙版等操作。

1. 创建纯色填充图层

纯色填充图层可以使用一种颜色来填充图层，并带有一个图层蒙版。执行“图层”→“新建填充图层”→“纯色”命令，如图 3-51 所示，打开“新建图层”对话框，设置好相关选项后单击“确定”按钮，在弹出的“拾色器”对话框中拾取一种颜色，即可创建纯色填充图层。

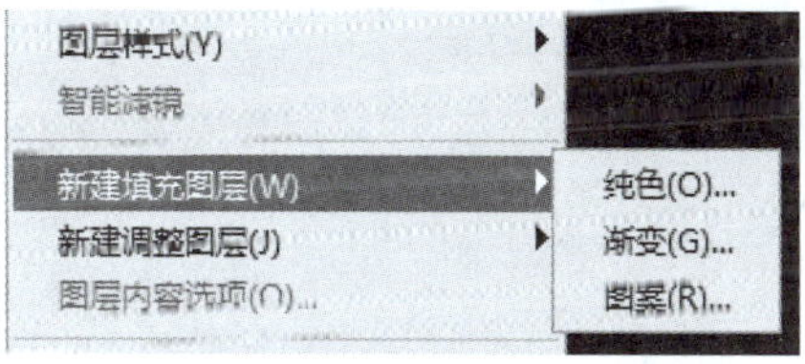

图 3-51 “新建填充图层”命令

2. 创建渐变填充图层

渐变填充图层可以用一种渐变色填充图层，并带有一个图层蒙版。执行“图层”→“新建填充图层”→“渐变”命令，打开“新建图层”对话框，设置渐变填充图层的名称、颜色、混合模式和不透明度后单击“确定”按钮，即可弹出“渐变填充”对话框，如图 3-52 所示，设置完渐变的类型后，一个渐变填充图层便创建完成，如图 3-53 所示。

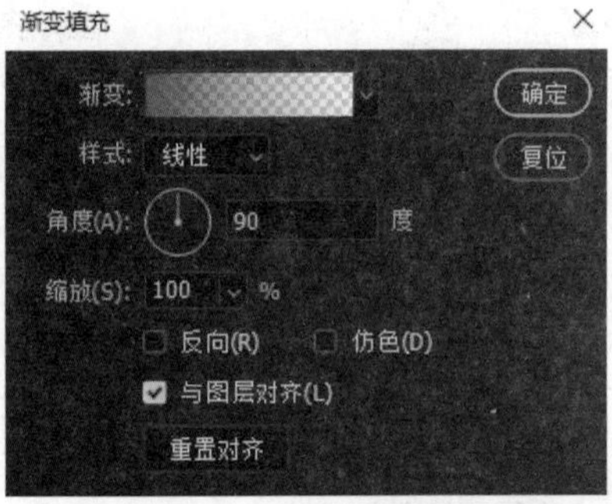

图 3-52 “渐变填充”对话框

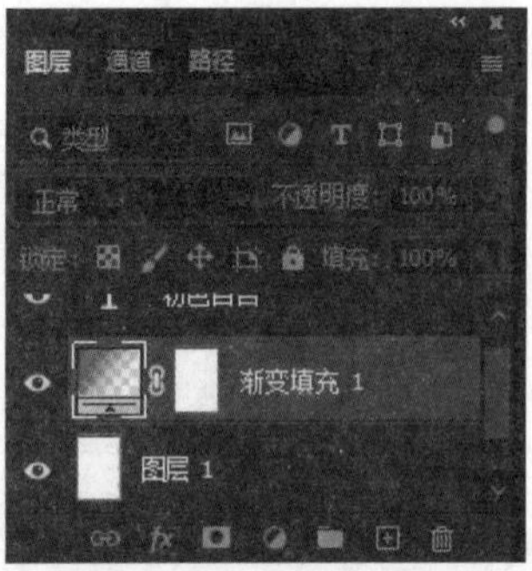

图 3-53 渐变填充图层

3. 创建图案填充图层

图案填充图层可以用一种图案对图层进行填充，并带有一个图层蒙版。执行“图层”→“新建填充图层”→“图案”命令，打开“新建图层”对话框，单击“确定”按钮后则会打开“图案填充”对话框，选择一种填充图案后即可创建一个图案填充图层，如图 3-54 所示。

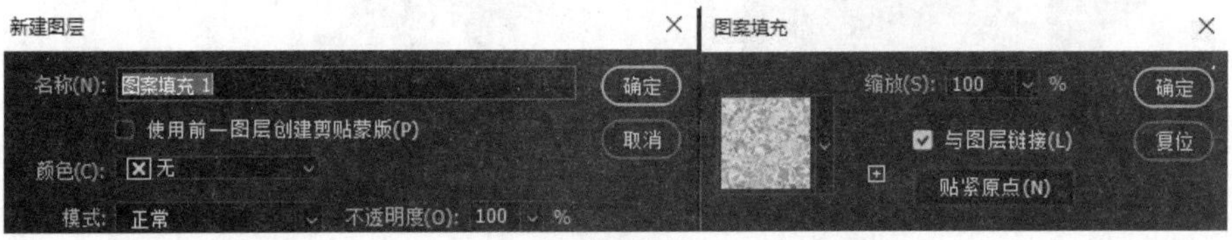

图 3-54 创建图案填充图层

3.2.6 调整图层

调整图层是比较特殊的图层，可以在不破坏原图的情况下，对图像进行色相、色阶及曲线等操作。执行“图层”→“新建调整图层”命令，在打开的子菜单中选择需要的命令即可创建一个调整图层，如图 3-55 所示。

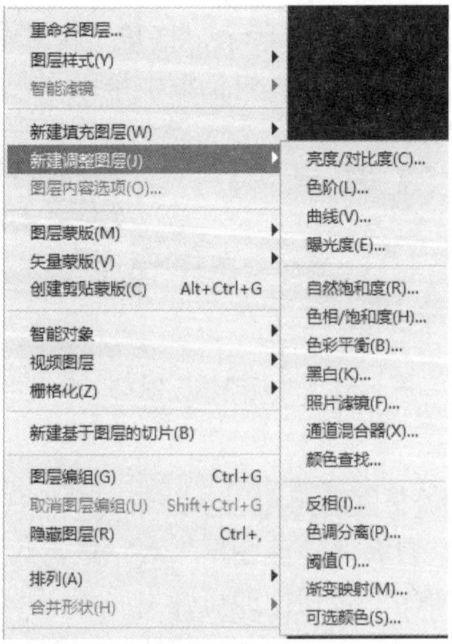

图 3-55 “新建调整图层”命令

3.3　图层混合模式

图层混合模式用于控制当前图层中的像素与它下面图层中的像素如何混合，也可用于合成图像、制作选区和特殊效果，但不会对图像造成实质性的破坏。

3.3.1　设置图层混合模式

在“图层”面板中选择一个图层，单击“设置图层的混合模式”下拉按钮，就可以在下拉菜单中选择任意一种混合模式。图层的混合模式分布在 6 个组中，共 27 种，如图 3-56 所示。

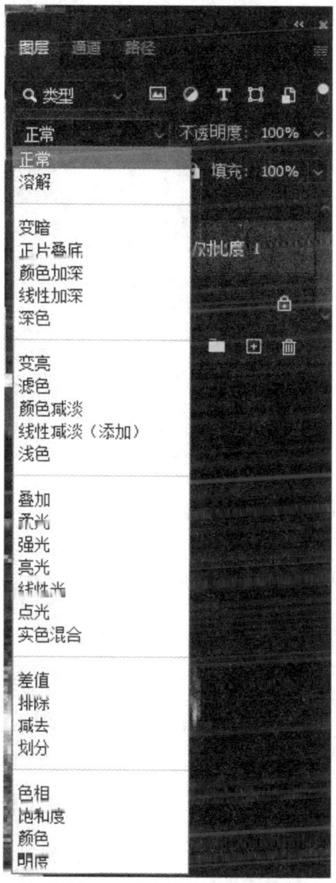

图 3-56　图层的混合模式

（1）组合模式组：该组中的混合模式需要降低图层的“不透明度”或“填充”数值才能起作用。

（2）加深模式组：该组中的混合模式可以使图像变暗。在混合过程中，当前图层的白色像素会被下层较暗的像素替代。

（3）减淡模式组：该组与加深模式组产生的混合效果相反，可以使图像变亮。

（4）对比模式组：该组中的混合模式可以加强图像的差异。在混合时，50%的灰色会完全消失，任何亮度值高于 50%灰色的像素都可能提亮下层的图像，亮度值低于 50%灰色的像素则可能使下层图像变暗。

（5）比较模式组：该组中的混合模式可以比较当前图像与下层图像，将相同的区域显示为黑色，不同的区域根据混合模式的不同，分别显示为灰色或彩色。

（6）色彩模式组：使用该组中的混合模式时，Photoshop 会将色彩分为色相、饱和度和亮度三种成分，然后将其中的一种或两种应用在混合后的图像中。

3.3.2 详解各种混合模式

（1）正常：使用该模式时，上层图像将完全遮盖住下层图像，只有降低“不透明度”数值以后才能与下层图像相混合，如图 3-57～图 3-59 所示。

图 3-57 原图

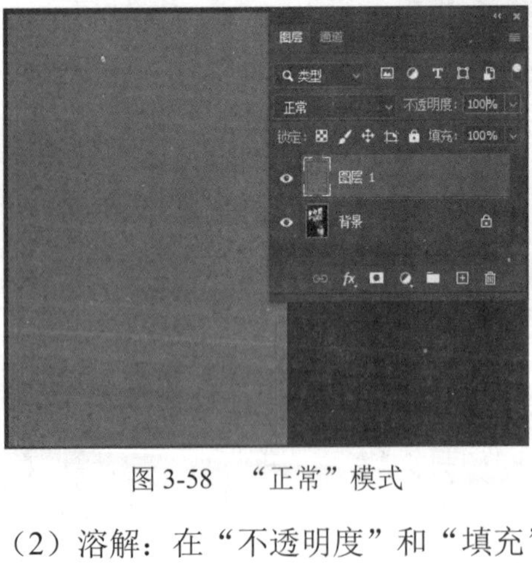

图 3-58 “正常”模式

图 3-59 “不透明度 50%”模式

（2）溶解：在“不透明度”和“填充”的数值为 100%时，该模式不会与下层图像相混合，只有这两个数值中的任何一个低于 100%时才能产生效果，如图 3-60 所示。

（3）变暗：选择基色和混合色中较暗的颜色作为结果色，同时替换比混合色亮的像素，而比混合色暗的像素保持不变，如图 3-61 所示。

（4）正片叠底：任何颜色与黑色混合产生黑色，任何颜色与白色混合保持不变，如图 3-62 所示。

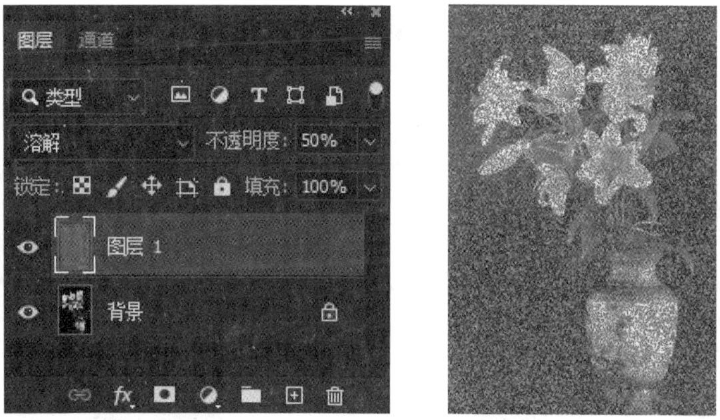

图 3-60　“溶解”模式

图 3-61　“变暗”模式

图 3-62　“正片叠底”模式

（5）颜色加深：通过增加上、下层图像之间的对比度将其变暗，与白色混合不产生变化，如图 3-63 所示。

（6）线性加深：通过减小亮度使像素变暗，与白色混合不产生变化，如图 3-64 所示。

（7）深色：通过比较两个图像的所有通道的数值的总和，显示数值较小的颜色，如图 3-65 所示。

图 3-63　“颜色加深”模式

图 3-64　“线性加深”模式

图 3-65　“深色”模式

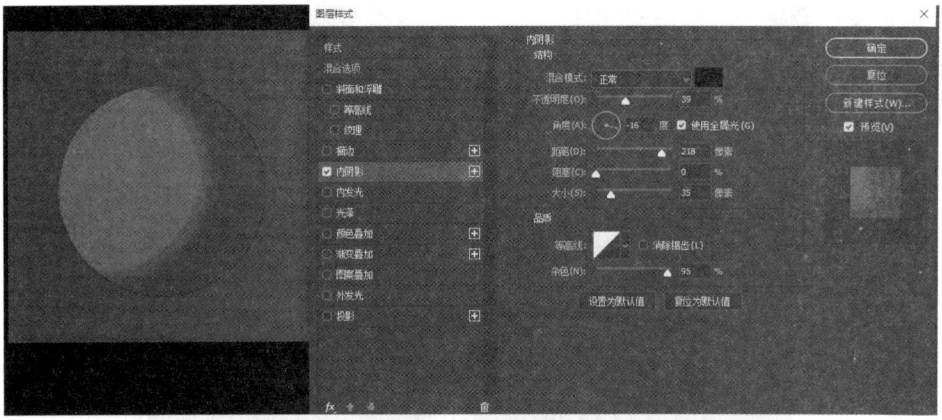

图 3-95 “内阴影”参数面板及效果

6. “光泽”样式

“光泽”样式可以为图像添加光滑的、具有光泽的内部阴影，通常用来制作具有光泽质感的按钮和金属。

7. “颜色叠加”样式

“颜色叠加”样式可以在图像上叠加颜色，通过混合模式的修改调整图像与颜色的混合效果。

8. “渐变叠加”样式

“渐变叠加”样式可以在图层上叠加出渐变颜色的效果，其面板如图 3-96 所示。

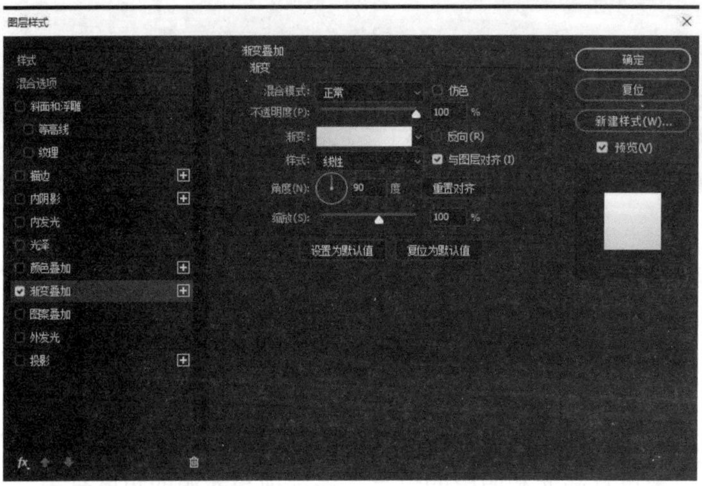

图 3-96 “渐变叠加”参数面板

（1）渐变：单击颜色条可以设置渐变的颜色。

（2）样式：渐变的填充样式，在下拉菜单中包含了五种填充样式。

（3）角度：可以设置渐变填充的角度。

（4）缩放：可以设置渐变的缩放比例。

9. “图案叠加”样式

“图案叠加”样式可以通过混合模式的设置使叠加的“图案”与原图像进行混合。

10. “描边”样式

“描边”样式可以使用颜色、渐变以及图案来描绘图像的轮廓边缘。执行“图层”→“图层样式”→“描边”命令，在“描边”对话框中设置适合的参数，单击“确定”按钮，可得到如图 3-97 所示的效果。

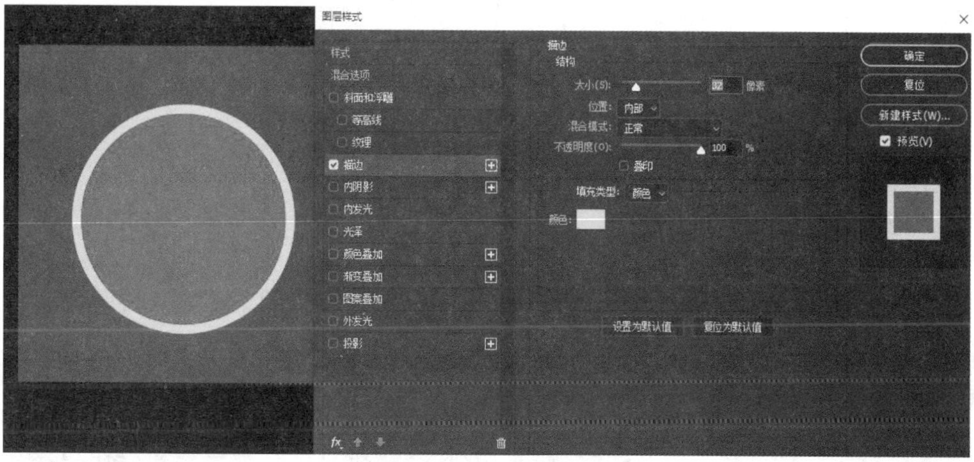

图 3-97　“描边”样式面板及效果

（1）位置：描边的位置。在下拉菜单里有“外部”“内部”“居中”三个选项。

（2）填充类型：包括“颜色”“图案”“渐变”三个选项。

3.5　实战演练：设计旅游宣传招贴

（1）新建文档，设置“名称”为“旅游宣传招贴”、“宽度”为“24 厘米”、“高度”为“14 厘米”、“分辨率”为“300 像素/英寸”、“颜色模式”为“RGB 颜色”，如图 3-98 所示。

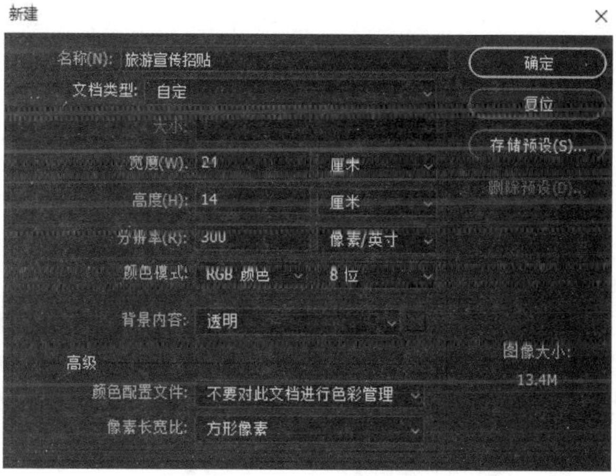

图 3-98　新建文件

（2）复制“线条”图层：打开“线条.psd”文件，复制当前图层到“旅游宣传招贴”文档，把“线条”图像拖拽到画面中央偏左的位置，如图 3-99 所示。

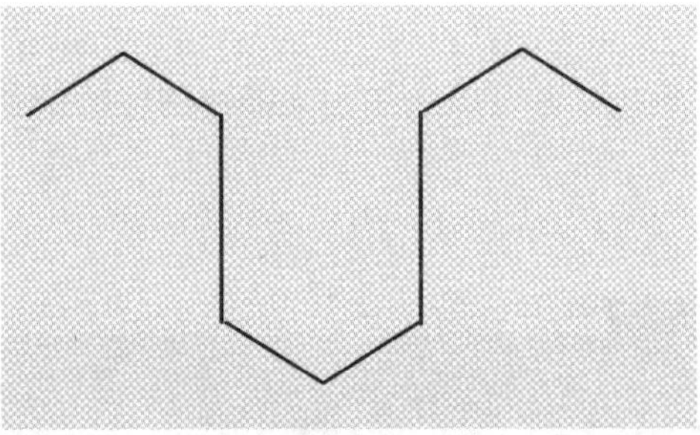

图 3-99 插入线条

（3）新建图层：在“图层”面板中新建三个图层，如图 3-100 所示。

（4）修改图层名称：分别修改三个图层的名称为“松花江畔”“水源山公园”和“雪雕”，如图 3-101 所示。

（5）调整图层顺序：将“线条”图层拖拽至“雪雕”图层的上方，如图 3-102 所示。

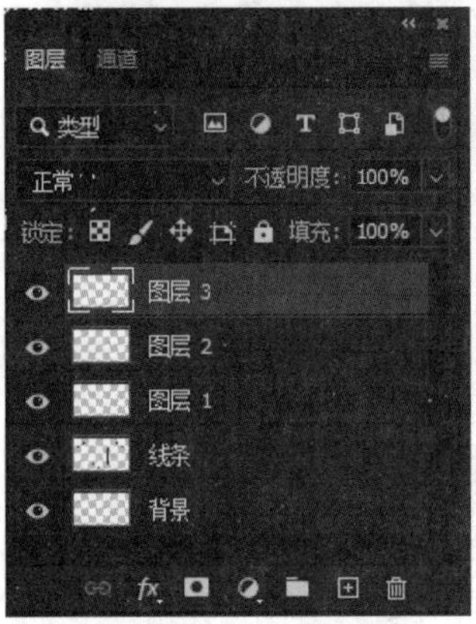

图 3-100 新建图层

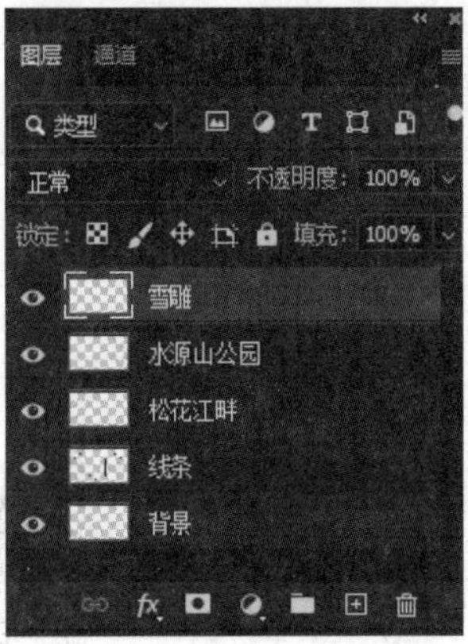

图 3-101 修改图层名称

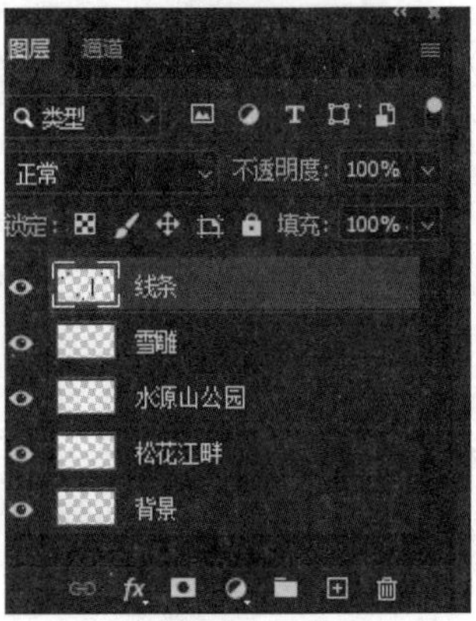

图 3-102 调整图层顺序

（6）插入图片：将“松花江畔.jpg”图片插入到“松花江畔”图层，用同样的方式，分别在“水源山公园”图层和“雪雕”图层上插入“水源山公园”图片和“雪雕”图片，如图 3-103 所示。

图 3-103 插入素材

（7）复制图层组：将“JIAMUSILOGo.psd”文件中的“LOGO”图层组复制到“旅游宣传招贴”文档，如图 3-104 所示。

图 3-104　复制 LOGO

（8）隐藏图层：隐藏“松花江畔”图层和“雪雕”图层，如图 3-105 所示。

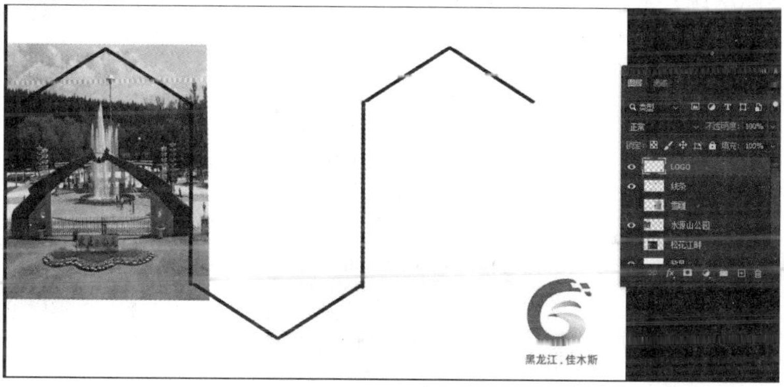

图 3-105　隐藏图层

（9）裁剪图片：删除选中区域图像，羽化图像的边缘，用同样的方式裁剪“松花江畔”和“雪雕”两张图片，如图 3-106 所示。

图 3-106　修剪图片

（10）制作“光圈”图层：在新建的“光圈 1”图层上绘制蓝色光圈，用同样的方式在“光圈 2”“光圈 3”“光圈 4”图层上绘制另外三个光圈，如图 3-107 所示。

图 3-107　绘制光圈

（11）创建图层组：将“松花江畔”“水源山公园”“雪雕”三个图层创建为“图片图层”组，将“光圈 1”“光圈 2”“光圈 3”“光圈 4”四个图层创建为“光圈图层”组，如图 3-108 所示。

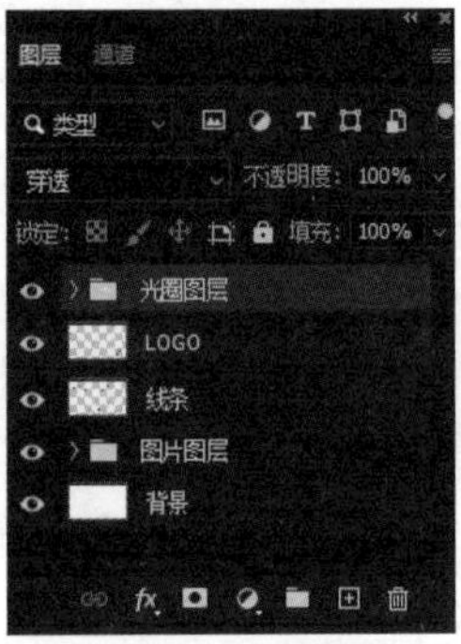

图 3-108　图层组

（12）保存文档，完成最终效果，如图 3-109 所示。

图 3-109　最终效果图

本章小结

本章介绍了 Photoshop 软件的图层的相关基础及应用知识，如图层面板、图层的基本操作、显示、隐藏与锁定图层、合并与盖印图层、图层的类型、图层混合模式、图层样式等。要求读者不仅熟知关于图层的基本知识，也要掌握图层混合模式和样式的设置及使用方法，通过实例练习图层效果的应用。

思考与练习

1．如何选择与设置链接图层？
2．如何合并与盖印图层？

第 4 章　绘制与修饰

本章导读

使用画笔工具可以绘制线条；使用铅笔工具可绘出硬边的线条，如果是斜线会带有明显的锯齿；使用颜色替换工具可以在不改变图像纹理和阴影的情况下，给图像进行上色，或者是替换颜色等操作；使用混合器画笔工具能画出水墨画、油画的效果。选择合适画笔，调整参数，在图形上涂抹，开始创作。

本章重点介绍了画笔工具、铅笔工具、颜色替换工具、自定义画笔工具的使用。通过本章的学习，可熟悉画笔面板，掌握自定义画笔、绘图及修饰工具的用法。

本章要点

- 熟悉画笔工具。
- 熟悉颜色替换工具。
- 熟悉自定义画笔工具。
- 熟悉画笔面板。
- 了解绘图及修饰工具的用法。
- 掌握自定义画笔的使用方法。

4.1　绘制图像

4.1.1　工具的使用

绘画工具的使用方法有以下几种：

（1）自由绘制：这种绘画方法类似现实中的绘画方法，能绘制出相对自由的线条。选择工具后，在图像文件中单击，并保持点按状态在画布上移动鼠标指针，松开鼠标完成绘制，如图 4-1 所示。

（2）绘制直线：选择工具后，在图像文件中单击，保持点按状态并按住 Shift 键，在画布上移动鼠标指针就可以绘制出直线线条，如图 4-2 所示。

（3）点绘：选择工具后，在图像文件中不断单击，即可得到以画笔笔尖的形状聚集的点的效果，如图 4-3 所示。

图 4-1　自由绘制

图 4-2　绘制直线

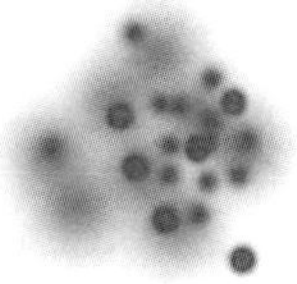

图 4-3　点绘制

4.1.2　画笔工具

使用“画笔工具”可以模拟绘画效果，和现实中使用画笔相似，只需选择相应的笔刷，在图像文件中拖动鼠标指针即可。

选择“画笔工具”后，在顶部菜单栏下显示属性栏，在“画笔工具”属性栏中可以设置画笔的大小、硬度、模式、透明度等，如图 4-4 所示。

图 4-4　“画笔工具”属性栏

1. 工具预设下拉面板

单击“工具预设下拉面板”按钮，打开“工具预设下拉面板”，在弹出的面板中可以选择一种预设的画笔，如图 4-5 所示。

2. 画笔弹出式面板

单击“画笔”图标右侧的下拉按钮，可打开“画笔”下拉菜单，如图 4-6 所示。

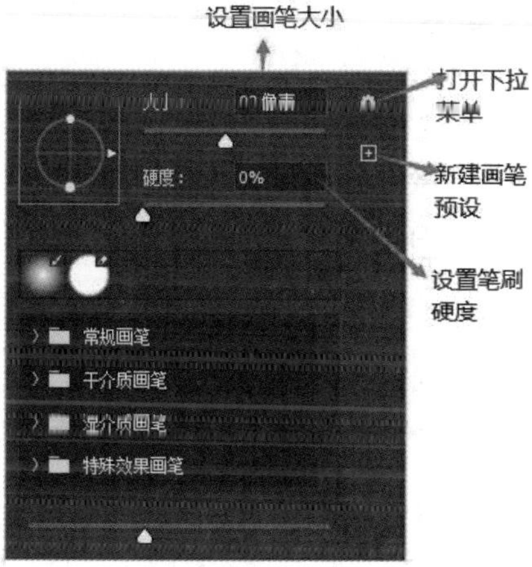

图 4-5　“画笔预设”面板

图 4-6　“画笔”下拉菜单

（1）大小：可设置画笔的大小，范围在 1～5000 像素，如图 4-7、图 4-8 所示。

图 4-7　9 像素

图 4-8　105 像素

（2）硬度：控制画笔笔尖边缘的羽化程度，数值越大，画笔笔尖边缘越清晰，数值越小，画笔笔尖边缘越柔和，如图 4-9、图 4-10 所示。

图 4-9 硬度 0%

图 4-10 硬度 100%

选择“画笔工具”后，按[键可以使画笔笔尖变小，按]键可以使画笔笔尖变大，每次改变 5%。按 Shift+[组合键可以使画笔笔尖变软，按 Shift+]组合键可以使画笔笔尖变硬，每次改变 25%。

（3）创建新的预设：单击该按钮，可以打开“画笔名称”对话框，输入画笔名称，单击“确定”按钮后可以将当前画笔保存为一个新的预设画笔。

（4）预设画笔：“预设画笔”面板提供了 Photoshop 的各种笔尖的预设画笔。笔尖形态分为三类：圆形笔尖、毛刷笔尖和图像样本笔尖。

圆形笔尖包含尖角、柔角、实边和柔边四种样式。使用尖角和实边笔尖绘制的线条具有清晰的边缘；使用柔角和柔边笔尖绘制的线条边缘比较柔和。

毛刷笔尖在使用画笔时可以看到预览时的画笔笔触效果，如果计算机连接数位板，那么会使画笔功能更加具有利用价值。

图像样本笔尖主要是图形形态的笔尖，运用该类画笔，一般需要根据应用环境对画笔参数进行设置。

3. 模式

“画笔”属性栏中的“模式”选项用于选择画笔笔刷颜色与下面图像的混合模式，内容和图层中的模板一样，这里不再赘述，请参阅第 3 章相关内容，如图 4-11 所示。

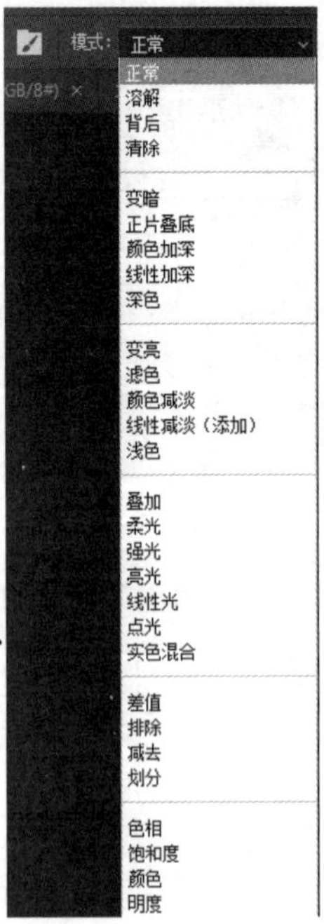

图 4-11 模式选项

但仍要强调的是，这是 Photoshop 的核心功能之一，配合“绘画工具”的使用，往往能得到令人惊喜的效果，如图 4-12～图 4-14 所示。

图 4-12　原图

图 4-13　“变暗”模式

图 4-14　“差值”模式

4. 不透明度

“不透明度”用于设置画笔颜色的透明程度，取值为 0%～100%，取值越大，画笔颜色的不透明度越高；取 0%时，画笔是透明的，即没有颜色。读者可以使用不同的“不透明度”来试验效果，如图 4-15、图 4-16 所示。

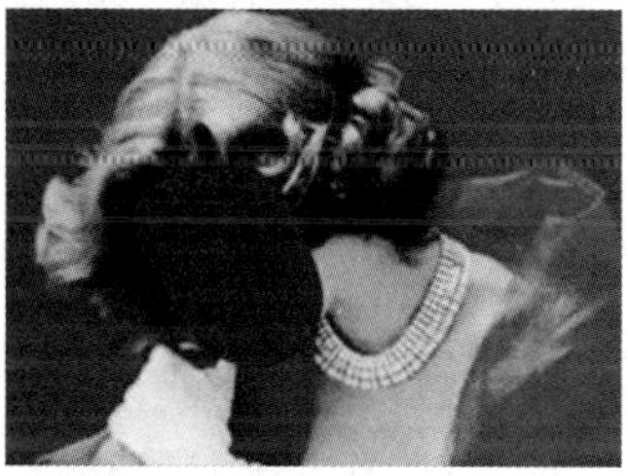

图 4-15　不透明度 100%

图 4-16　不透明度 50%

使用“画笔工具”绘画时，利用键盘上的数字键可以快速修改画笔的不透明度。只需输入想要的不透明度值即可自动修改“工具”属性栏中的值。

5. 流量

“流量”负责控制绘画时画笔笔触中包含的颜料数量。急剧降低“流量”会使画笔笔触看起来有点干燥，因为画笔笔触中只包含了很少的颜料。

6. 喷枪

“喷枪”作为一种“绘画工具”曾在 Photoshop 的早期版本中独立存在，现在只是一种绘画方式，它是一种随着停留时间加长，逐渐增加色彩浓度的画笔使用方式。类似在墙上喷漆，在一个地方停留得越久该地方的油漆越浓，范围也越大，如图 4-17 所示。

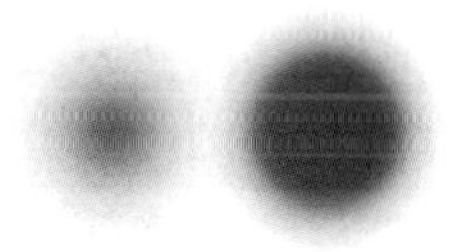

图 4-17　喷枪模式对比

4.1.3　自定义画笔

只要利用选区将要定义画笔的区域选中，Photoshop 就可以将任意一种图像定义为画笔。

自定义画笔的操作步骤如下：

（1）打开素材文件“第 4 章\素材图案.jpg”。

（2）按 F7 键打开“图层”面板，按住 Ctrl 键的同时单击“图层 1”前的缩略图，将图像载入选区，如图 4-18 所示。

图 4-18 载入选区

（3）执行“编辑”→“定义画笔预设”命令，在弹出的“画笔名称”对话框中输入新画笔的名称。单击“确定”按钮完成定义画笔，如图 4-19 所示。

（4）在工具栏中选择“画笔工具”，画笔笔尖自动默认为刚刚设置的画笔，在“画笔”属性栏的画笔预设列表中也能看到预设的画笔，如图 4-20 所示。

图 4-19 “画笔命名”对话框

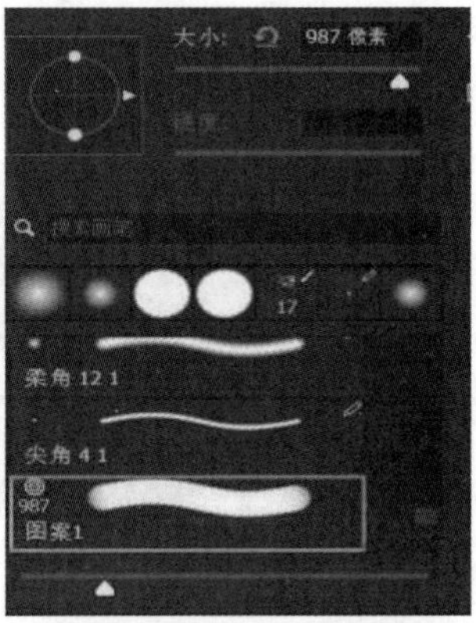

图 4-20 预设列表

（5）按 F5 键调出“画笔”面板按钮，调整“间距”，设定好前景色和背景色后就可以在图像中用自定义的画笔进行绘制，如图 4-21、图 4-22 所示。

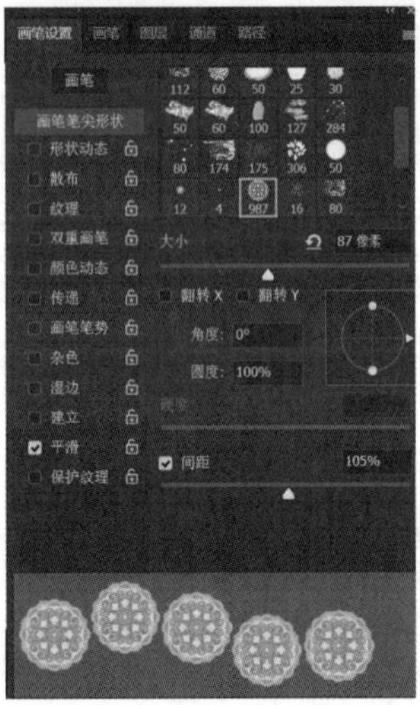

图 4-21 “画笔”面板

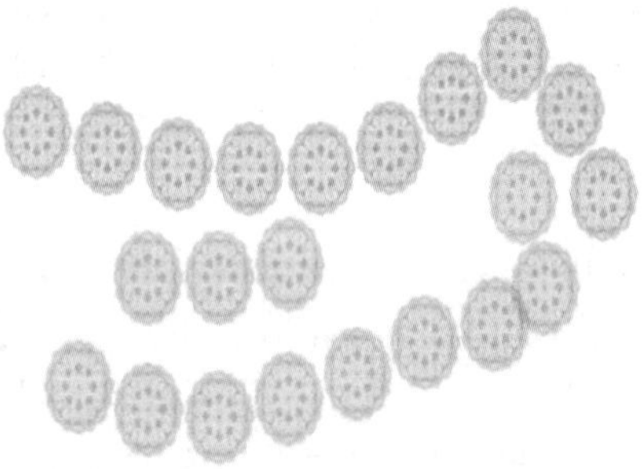

图 4-22 使用“自定义画笔”绘制

按照上述方法，我们还可以将绘制的图像、输入的文字等定义为画笔。

4.1.4　画笔面板

“画笔”面板可以通过执行“窗口”→“画笔”命令或按 F5 键调出。用户可以通过该面板设置画笔效果。

1. 画笔笔尖选择

画笔笔尖可在“画笔”属性栏中的“画笔预设”里选择。

2. 画笔参数设置

（1）大小：拖动滑块或在文本框中输入数值可设置画笔的大小。

（2）角度：用来设置椭圆笔尖和图像笔尖的旋转角度，当椭圆笔尖的圆度为 100%时，设置角度无意义，可通过输入角度值或拖动箭头进行设置，如图 4-23～图 4-25 所示。

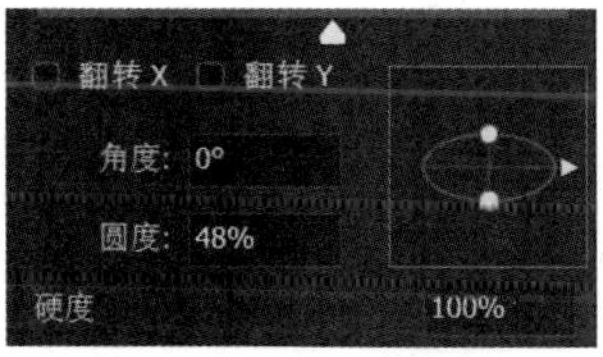

图 4-23　角度设置

图 4-24　角度 0

图 4-25　角度 40

（3）圆度：圆度的设置可以把笔刷形状设为椭圆。圆度的数值代表椭圆长和短直径的比例。100%时为正圆，50%时为椭圆，如图 4-26～图 4-28 所示。

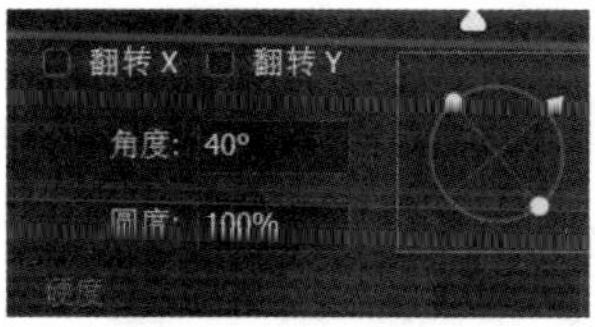

图 4-26　圆度设置

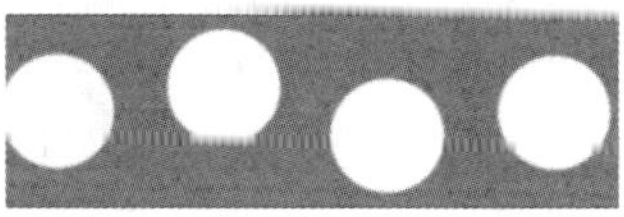

图 4-27　圆度 100

图 4-28　圆度 50

（4）翻转 X/翻转 Y：使用翻转 X 与翻转 Y 后，虽然设定中角度和圆度未变，但画笔笔尖在 X 轴和 Y 轴的方向改变了，最终得到镜像效果。非正圆笔尖在实际绘制中会改变笔刷的形状，如图 4-29～图 4-33 所示。

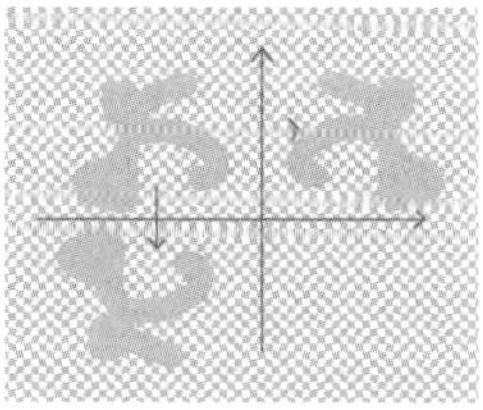

图 4-29　翻转 X/Y 轴

图 4-30　原图

图 4-31　翻转 X

图 4-32　翻转 Y

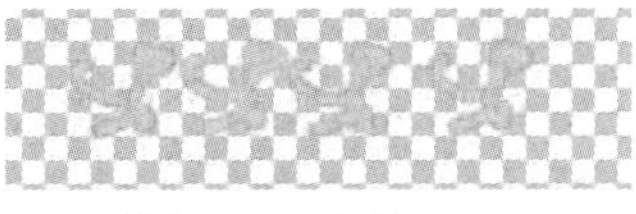

图 4-33　翻转 X/Y

（5）硬度：可设置画笔笔尖的硬度。

（6）间距：间距实际是指每两个笔尖的中心距离，间距越大，笔尖间隔的距离就越大。取消勾选此复选框，Photoshop 将根据鼠标指针移动的速度调整画笔笔尖的间距，慢的地方间距减少、笔迹变密集，快的地方间距增加、笔迹变稀疏，如图 4-34～图 4-36 所示。

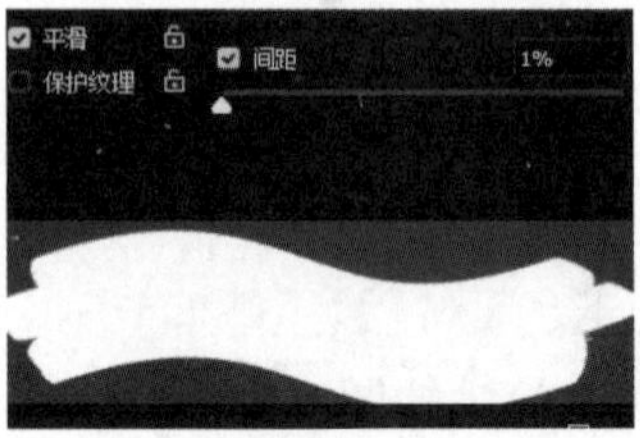

图 4-34　间距 1

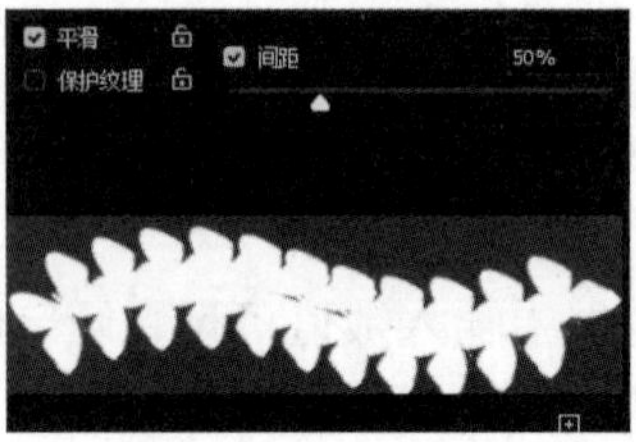

图 4-35　间距 50

图 4-36　间距 100

3. 画笔设置

（1）形状动态：“形状动态”决定了画笔笔迹的变化。

1）大小抖动：“大小抖动”选项可以调整画笔抖动的大小。数值越大，抖动的效果就越明显，笔尖间的大小反差就越大。与单纯调节画笔大小不同的是，它在调节画笔大小的同时还可以控制画笔的不规则形态，从而获取更加自然的笔触，如图 4-37 所示。

“大小抖动”的控制选项中提供多个选项，用户可以通过这些选项对画笔的抖动进行细致的调整。如“渐隐”选项，勾选该选项，根据输入数值的不同，使画笔产生不同步长的逐渐从大到小的变化。如输入的数值为 50，则在绘制到 50 次时，画笔笔尖尺寸最小，如图 4-38 所示。

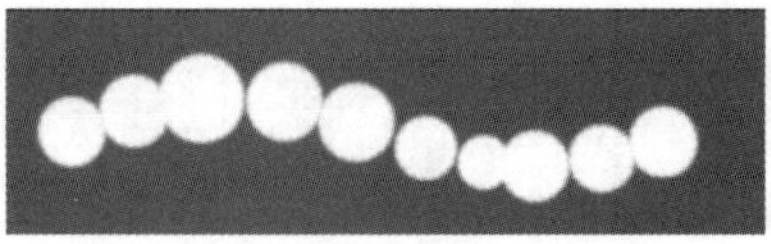
图 4-37　“大小抖动”效果

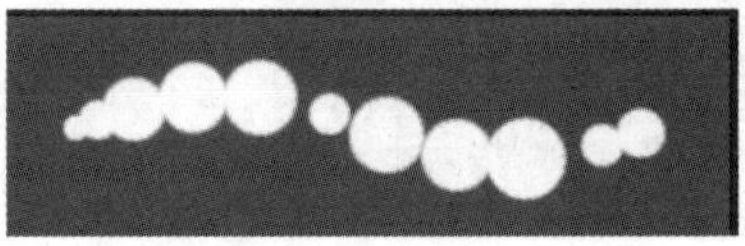
图 4-38　“渐隐”效果

“大小抖动”的控制除了“渐隐”之外，还可以选择“钢笔压力”“钢笔斜度”“光笔轮”。这三个选项需要有另外的硬件设备——数位板和手写笔。“钢笔压力”和“钢笔斜度”根据手写笔笔尖的大小与数位板的接触力度大小以及笔尖倾斜角度的不同来改变初始直径和最小直径之间的画笔笔尖大小。“光笔轮”是根据数位笔上附带的拇指滚轮来改变笔尖大小。在没有数位板设备的情况下这些控制选项无效，如图 4-39 所示。

2）最小直径：可控制在“大小抖动”中最小的笔尖直径。该值越高，笔尖直径的变化越小。如果“大小抖动”为 100%，“最小直径”为 30%的话，绘制效果等同于仅将“大小抖动”设置为 70%。如果两者都为 100%就等同于没有大小抖动。

3）角度抖动：可改变画笔笔尖的角度，值越小越接近画笔的原始角度值。如需指定画笔角度的改变方式，定义过程和相应关系与“大小抖动”一样。可以让非正圆笔刷在绘制过程中不规则地改变角度。在“控制”选项中，“初始方向”选项可使画笔笔尖的角度沿用初始使用画笔绘制时的角度，“方向”选项则可使画笔笔尖的角度沿画笔绘制的方向改变，如图 4-40、图 4-41 所示。

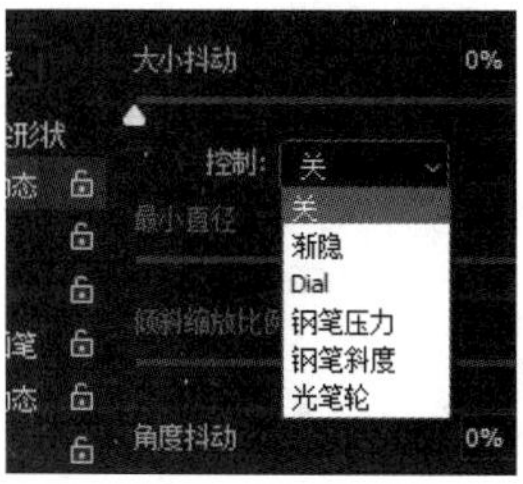

数位板带面板

钢笔压力

钢笔斜度

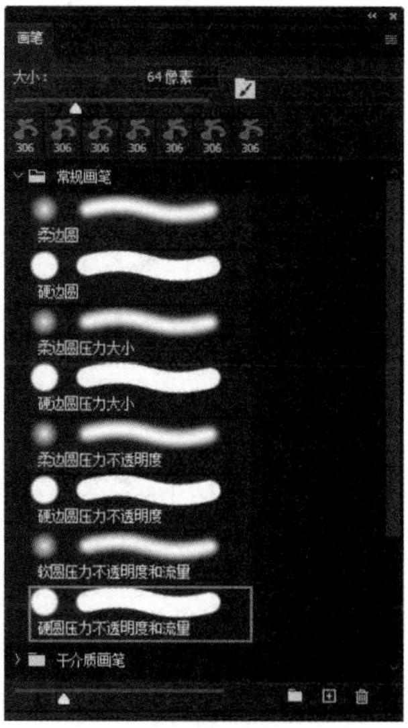

光笔轮

图 4-39　“数位板”面板及其他效果

图 4-40　“角度抖动”效果

图 4-41　“初始方向”和“方向”效果

4）圆度抖动：可设置画笔笔尖的圆度，可以通过“最小圆度”选项来控制变化的范围，原理和“大小抖动”中的“最小直径”相同，如图 4-42 所示。

图 4-42　圆度抖动 70%

（2）散布：“散布”项目中的选项可以调整画笔笔迹的分布和密度，可使笔迹沿绘制的线条扩散。在需要绘制数量较多、不规则分布的元素时非常好用，如图 4-43、图 4-44 所示。

图 4-43　“散布”前效果

图 4-44　“散布”后效果

绘制时可以看到笔刷的笔尖不再局限于鼠标的轨迹上，而是随机地出现在轨迹周围一定的范围内。

1）两轴：取消勾选此复选框，画笔笔迹垂直分布于绘画路径；勾选此复选框，则画笔笔迹按绘画路径的垂直和水平两个方位分布，如图 4-45、图 4-46 所示。

图 4-45　取消“两轴”效果

图 4-46　勾选“两轴”效果

2）数量：作用是成倍地增加笔刷笔尖的数量，取值为倍数。如取值为 3，则笔尖的数量相当于是基础数量的 3 倍，如图 4-47、图 4-48 所示。

图 4-47　数量 1

图 4-48　数量 10

③数量抖动：就是在绘制中随机地改变倍数的大小，参考值是数量本身的取值。在“抖动”中的数值以“数量”值的倍数为基准，只会变小，不会变大。假设设置的“数量”值为 3，则“数量抖动”只会在 3 倍数量的范围内进行数量的变化，不会超出该倍数。

（3）纹理：此项用于设定画笔和图案纹理相混合的方式，利用图案可以使画笔绘制的图像具有指定的纹理效果，如图 4-49 所示。

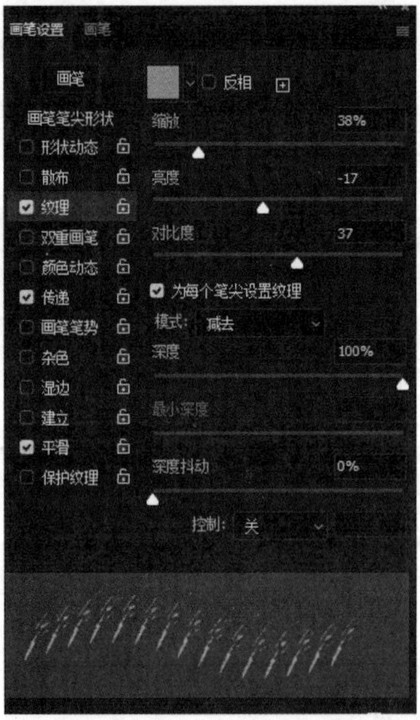

图 4-49　“纹理”属性栏

单击“纹理”图标旁的三角按钮，在弹出的面板中可以选择所需要的纹理。勾选“反相”复选框，可得到反相色彩的纹理效果。

1）缩放：可设定图案纹理的缩放比例，数值越大，缩放倍数越大。

2）模式：可以设置图案纹理和画笔混合应用的模式。

3）深度：用于设置纹理和画笔的作用程度。

4）最小深度：用于设定画笔和纹理作用的最低程度。

5）深度抖动：用于设定深度的变化程度。

想为每个笔尖设置纹理，可通过调整“最小深度”和“深度抖动”选项，更细腻地设置图案纹理。

（4）双重画笔：用于设定两种画笔的混合效果，它可以在一个画笔笔尖中便捷地合成两种不同的画笔笔尖，从而产生新的笔尖。第二次选定画笔的纹理将被应用到基础画笔的笔尖效果上，用这个功能可以将单纯形态的画笔进行重构，制作出不同的感觉，如图 4-50、图 4-51 所示。

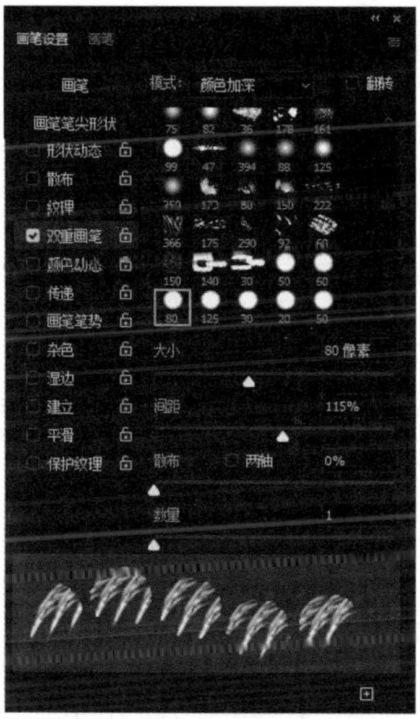

图 4-50　“双重画笔”属性

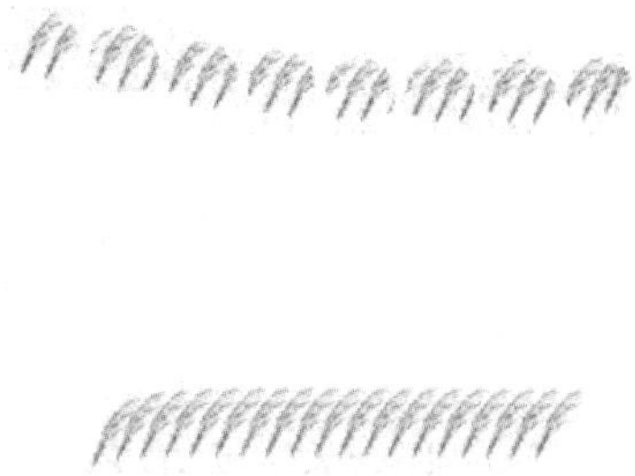

图 4-51　应用前后效果对比

1）模式：用于设定两种画笔的混合模式。

2）大小：用于设定第二支画笔的直径。

3）间距：用于设定第二支画笔的间距。

4）散布：用于设定第二支画笔笔尖的分散程度。

5）数量：用于设定第二支画笔中的间隔处画笔笔尖的数目。

（5）颜色动态：用于设定画笔的色彩性质，可以让绘制出的线条的颜色、色相、饱和度、亮度和纯度等产生变化，如图 4-52 所示。

1）应用每笔尖：勾选此复选框，可以将“颜色动态”应用到每个画笔笔尖。

2）前景/背景抖动：可以设置变化后的颜色。数值越小，变化后的颜色和前景色越接近；数值越大，变化后的颜色越接近背景色。“控制”选项和我们前面接触过的类似，可以设置以何种方式控制画笔笔迹的颜色变化。如果选择“渐隐”，则会在指定的步长中从前景色过渡到背景色，步长之后如果继续绘制，将保持为背景色，如图 4-53 所示。

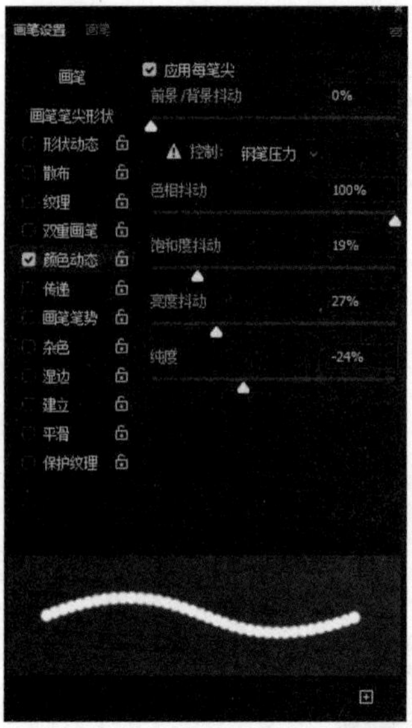

图 4-52　“颜色动态”属性栏

3）色相抖动：可以设置颜色色相变化的范围，改变绘画时出现的色调。数值越小，颜色和前景色越接近；数值越大，色相变化越丰富，如图 4-54 所示。

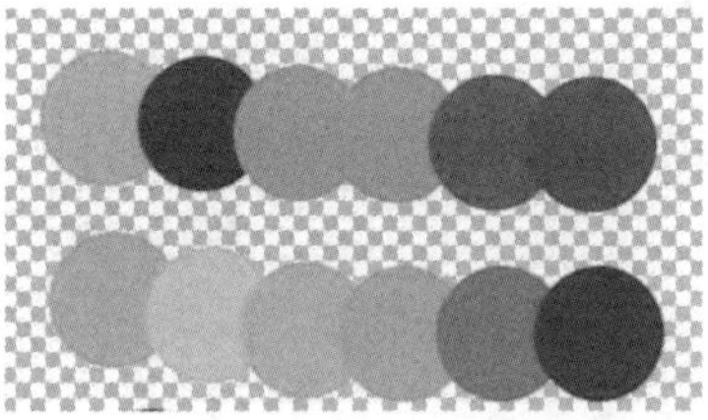

图 4-53　前景/背景抖动

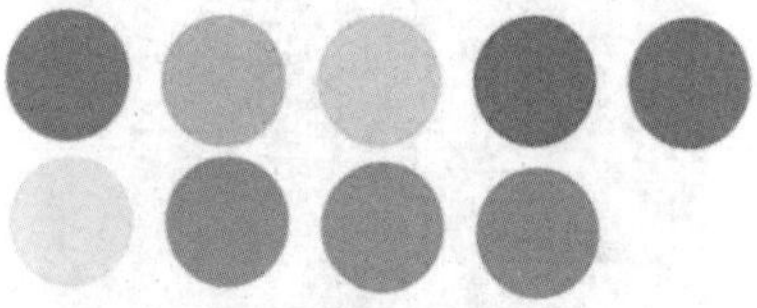

图 4-54　色相抖动

4）饱和度抖动：可以设置颜色饱和度的变化范围。数值越小，饱和度和前景色越接近；数值越大，色彩的饱和度级别之间的差异越大，变化范围越广，如图 4-55 所示。

5）亮度抖动：可以设置颜色亮度的变化范围。数值越小，颜色的亮度和前景色越接近；数值越大，颜色的亮度级别之间的差异越大，如图 4-56 所示。

图 4-55　饱和度抖动

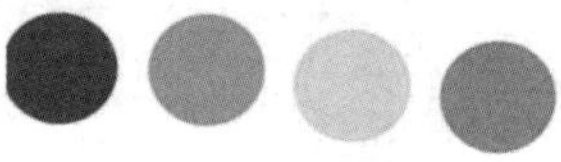

图 4-56　亮度抖动

6）纯度：该项不是一个随机项，这个选项用来整体地添加或降低色彩饱和度。它的取值范围为+100%～-100%，为-100%的时候，绘制出来的色彩变淡，为 100%的时候色彩则完全饱和。如果纯度的取值为这两个极端数值时，那么饱和度抖动将失去效果，如图 4-57、图 4-58 所示。

图 4-57　纯度+100

图 4-58　纯度-100

（6）其他选项。

1）传递：“传递”是通过控制前景色的画笔流量来完成的效果。

2）画笔笔势：用来调整毛刷画笔笔尖的角度，如图 4-59、图 4-60 所示。

图 4-59　毛刷笔触

图 4-60　Y 倾斜 90 度后

3）杂色：“杂色”的作用是在笔刷的边缘产生杂边效果。“杂色”没有可供调整的数值，不过它和笔刷的硬度有关，硬度越小，杂边效果越明显，对于硬度大的笔刷没什么效果，如图 4-61、图 4-62 所示。

图 4-61　正常

图 4-62　勾选“杂色”效果

4）湿边：该选项是将沿笔刷描边的边缘加深颜色，看起来类似水彩笔效果，如图 4-63、图 4-64 所示。

图 4-63　正常

图 4-64　勾选湿边

5）建立：可将渐变色调应用于图像，同时模拟传统的喷枪技术。该选项与工具属性栏中的“喷枪”选项相同，勾选该选项，或者按下工具属性栏中的“喷枪”按钮，都能启用喷枪效果。而在“画笔”面板中的喷枪可以随着笔刷一起保存，以供以后随时调用。

6）平滑：可以让鼠标指针在快速移动时也能绘制较为平滑的曲线，如图 4-65、图 4-66 所示。在使用压感笔进行绘画时，该选项最为有效。不过使用该选项会占用较大的处理器资源，导致描边渲染时轻微滞后。

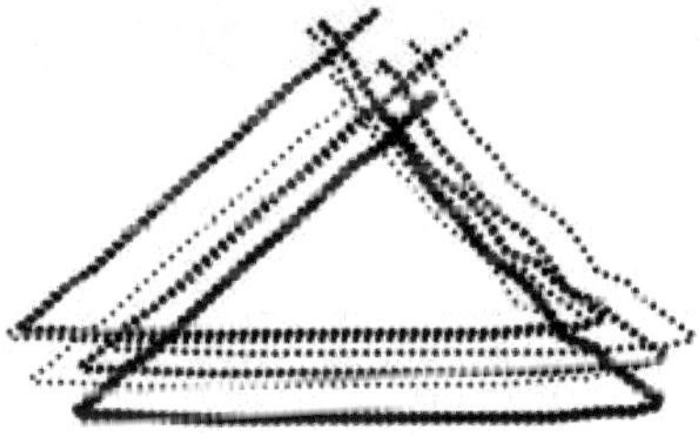

图 4-65　正常

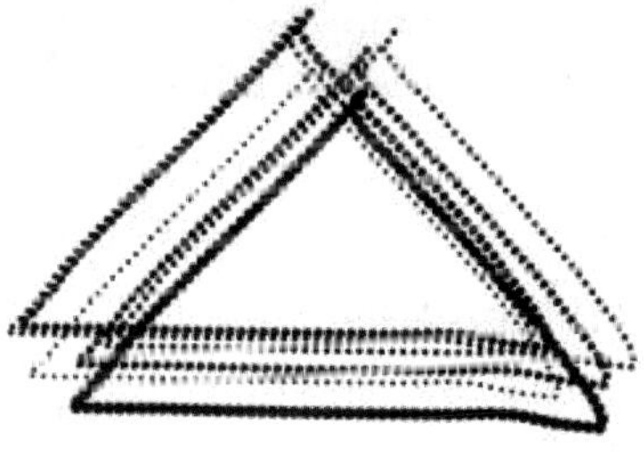

图 4-66　勾选“平滑”效果

7）保护纹理：可以将相同图案和缩放比例应用于具有纹理的所有画笔预设。选择该选项后，使用多个纹理画笔笔尖绘画时，可以模拟出一致的画面纹理。没有勾选“保护纹理”时，带纹理的画笔使用各自的预设纹理；勾选后，所有带纹理的画笔都使用相同的纹理。

Photoshop 支持画布旋转功能，这一功能对绘画过程中的描线很有帮助，用户可以通过旋

图 4-84　使用“历史记录画笔”后的效果

4.1.9　历史记录艺术画笔工具

“历史记录艺术画笔工具”与“历史记录画笔”的工作方式完全一致，但它在恢复图像的同时会进行艺术化处理，创建出独特的艺术效果。

小练习：玫瑰花手绘稿

（1）打开素材文件“第 4 章/素材文件/玫瑰.jpg”，如图 4-85 所示。继续打开素材文件“第 4 章/素材文件/素描纸.jpg”，并将其拖拽至“玫瑰”图像文件中，建立一个新的图层，如图 4-86 所示。

图 4-85　原图

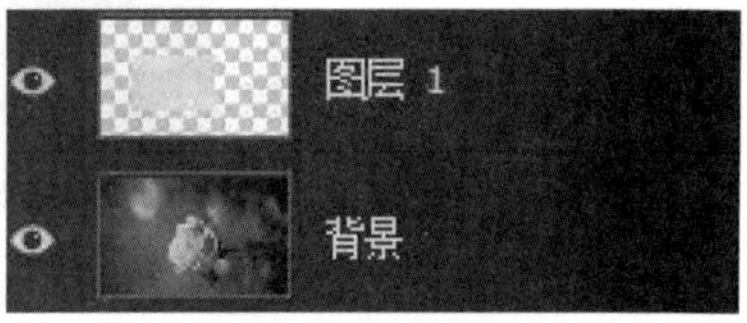

图 4-86　新建图层

（2）选择“历史记录艺术画笔工具”，设置画笔大小和硬度，将“模式”设置为“变暗”，将样式设置为“绷紧短”，如图 4-87 所示。

图 4-87　“历史记录艺术画笔工具”属性栏

（3）选择“历史记录艺术画笔工具”，执行“窗口”→“历史记录”命令，调出“历史记录”面板，如图 4-88 所示。然后使用“历史记录艺术画笔工具”在当前图层涂抹，直到将玫瑰花还原，如图 4-89、图 4-90 所示。

（4）使用数位屏，用“刷子工具”在画面左下角写上文字，设置好合适的文字大小和字体。按 Ctrl+T 键旋转文字，完成整个案例的制作，如图 4-91 所示。

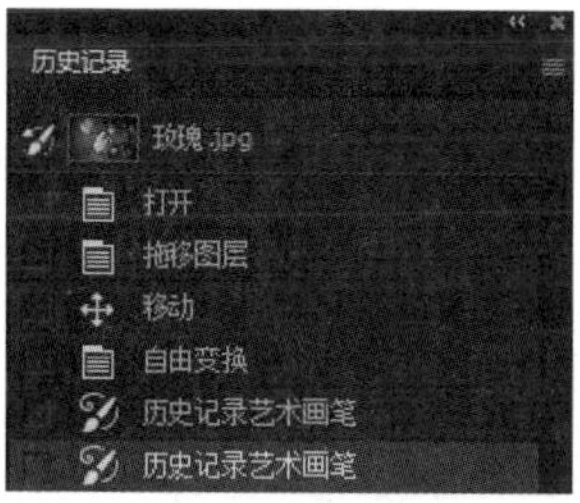

图 4-88　“历史记录”面板

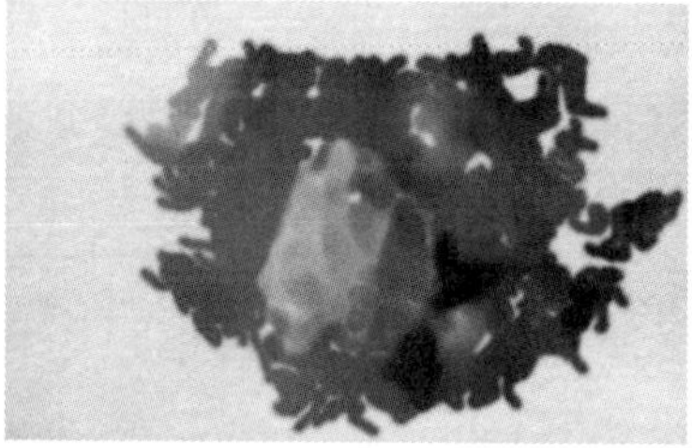

图 4-89　艺术画笔工具涂抹

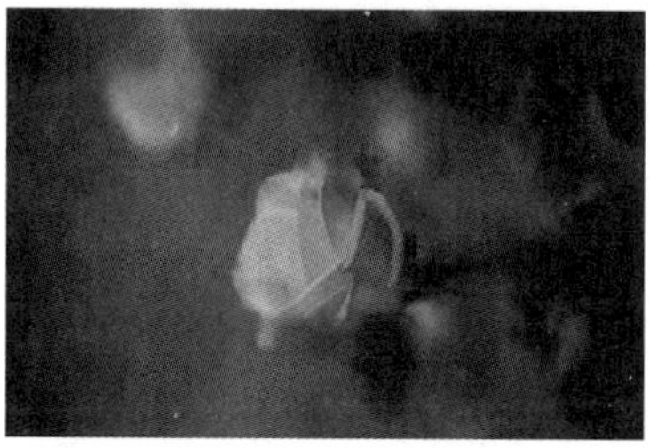

图 4-90　继续涂抹

图 4-91　完成效果

4.2　填充图像

4.2.1　设置

使用工具栏的“前景色和背景色工具”可以设置前景色和背景色，如图 4-92 所示。

1．设置前景色和背景色

“前景色和背景色”图标给出了所设置的前景色的颜色。单击“设置前景色”图标，打开“拾色器（前景色）”对话框，如图 4-93 所示，利用该对话框可以设置前景色。可以通过在拾色框中直观选取或在右边输入数值的方式取色。设置背景色需要单击“设置背景色”图标，其他操作和设置与前景色相同。

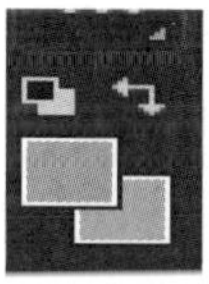

图 4-92　“前景色和背景色”图标

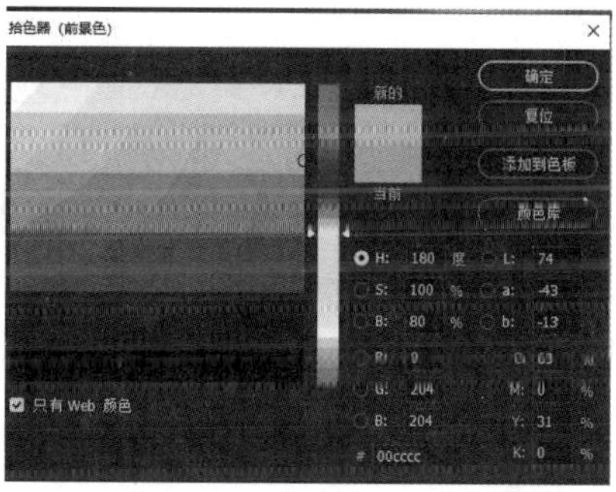

图 4-93　“拾色器（前景色）对话框”

2．默认前景色和背景色

单击“前景色和背景色”图标可使前景色和背景色还原为默认状态，即前景色为黑色，背景色为白色，也可以通过按 D 键还原默认前景色、背景色。

3. 切换前景色和背景色

单击“前景色和背景色”图标可以将前景色和背景色的颜色互换，也可以通过按 X 键互换默认前景色和背景色。

4.2.2 在面板中设置颜色

1.“颜色”面板

执行“窗口”→“颜色”命令，或按 F6 键，即可弹出“颜色”面板。

“颜色”面板显示了当前前景色和背景色的颜色值。单击面板右侧的快捷菜单按钮，弹出快捷菜单，如图 4-94 所示，可以选择合适的色彩模式和色谱。拖动面板中的滑块或直接输入数值可以编辑前景色和背景色。

2.“色板”面板

执行“窗口”→“色板”命令，即可打开“色板”面板，如图 4-95 所示。“色板”面板用来存储经常使用的颜色。

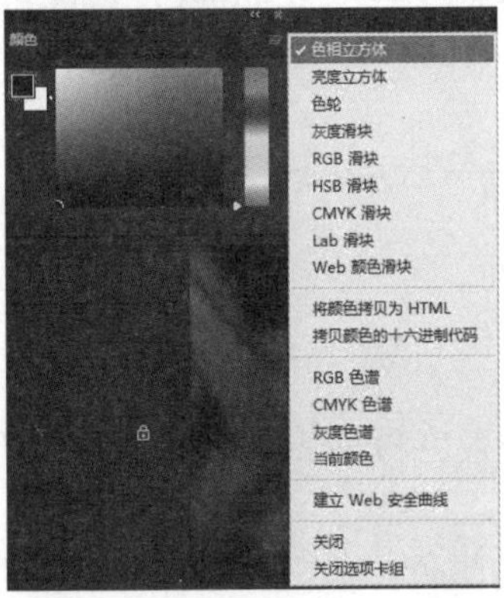

图 4-94 “颜色”下拉菜单

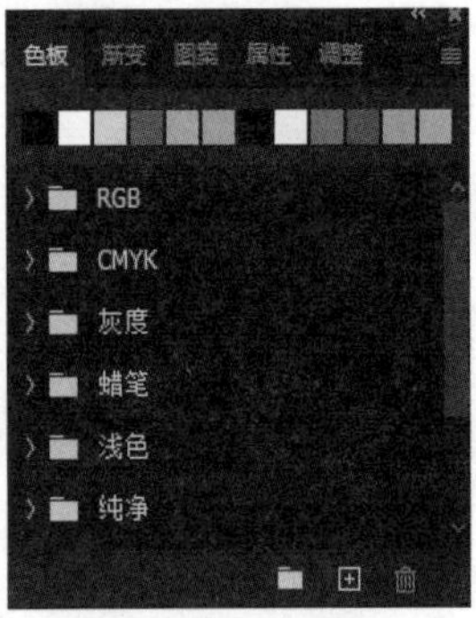

图 4-95 色板

单击色板上面的任一色块，即可以把前景色设置为该色。若在它上面双击，则会弹出“色板名称”对话框，可为该色块重新命名，即色标，如图 4-96 所示。

图 4-96 “色板名称”对话框

创建新色板：可以把常用的颜色设置为色标。

删除色板：选中一个色标，然后将其拖到“删除色标”按钮上可删除该色标。

4.2.3 使用“渐变工具”填充图像

“渐变工具”用于在图像中填充渐变色彩和透明过渡变化的效果，如果不创建选区，那么“渐变工具”将应用于整个当前图层。该工具在 Photoshop 中应用十分广泛，它不仅可以用来填充图像，还应用于蒙版和通道表现渐隐效果。“渐变工具”的属性栏如图 4-97 所示。

图 4-97 “渐变工具”属性栏

“渐变工具”■的使用方法是按住鼠标左键拖拽，形成一条直线，直线的长度和方向决定了渐变填充的区域和方向，拖拽鼠标的同时按住 Shift 键可保证鼠标的方向是水平、竖直或 45°。

1. 渐变颜色条

在渐变颜色条中显示了当前的渐变颜色，单击渐变色条右侧下拉按钮，可以在下拉面板中选择一个预设渐变。如果直接单击渐变色条，则弹出“渐变编辑器”，从中可编辑渐变色彩。

（1）“渐变编辑器”的“预设”：显示 Photoshop 提供的基本渐变样式，单击任意一个预设，它就会出现在下面的渐变条上。渐变条下面的■图标是色标，双击色标可以打开“拾色器”设置色彩，如图 4-98 所示。在渐变条下单击可添加新的色标，设置多个渐变色域，如图 4-99 所示。拖动色标可以改变渐变色的混合位置，拖动两个色标中间的“颜色中点”阀块可以调整色彩过渡的范围，如图 4-100 所示。

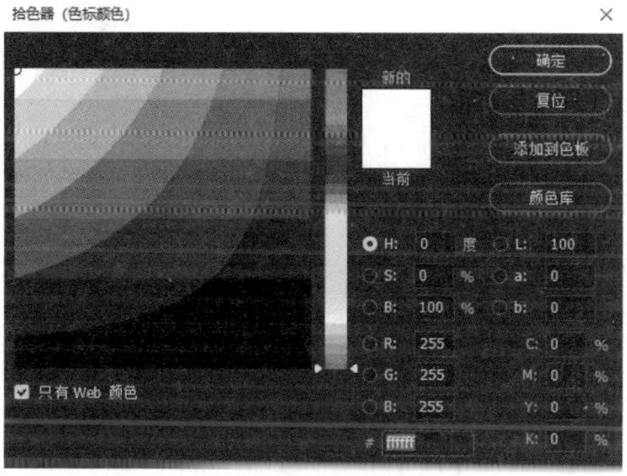

图 4-98 “拾色器（色标颜色）”对话框

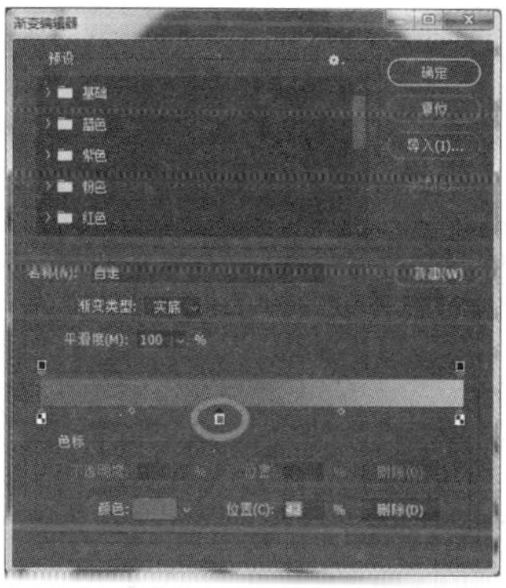

图 4-99 添加色标

（2）“渐变编辑器”的“渐变类型”：分为实底和杂色两种类型。杂色渐变包含在指定范围内随机分布的颜色，它的色彩变化效果更为丰富，但形成的渐变为多色带形态。读者可以通过拖动颜色模型下方的阀块设置渐变颜色，如图 4-101、图 4-102 所示。单击“随机化”按钮，Photoshop 将随机设置色带的颜色。

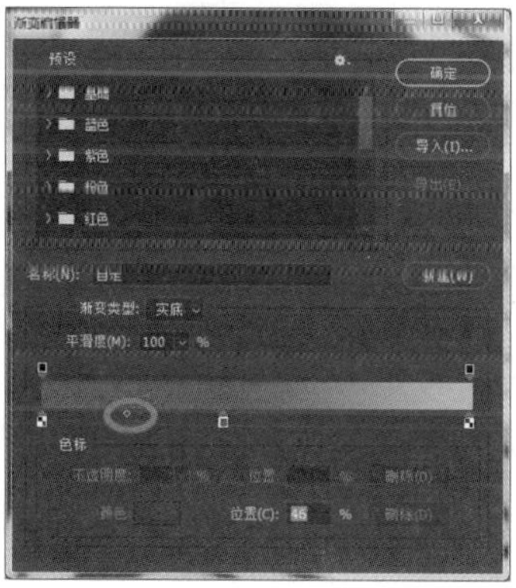

图 4-100 调整色彩过渡范围

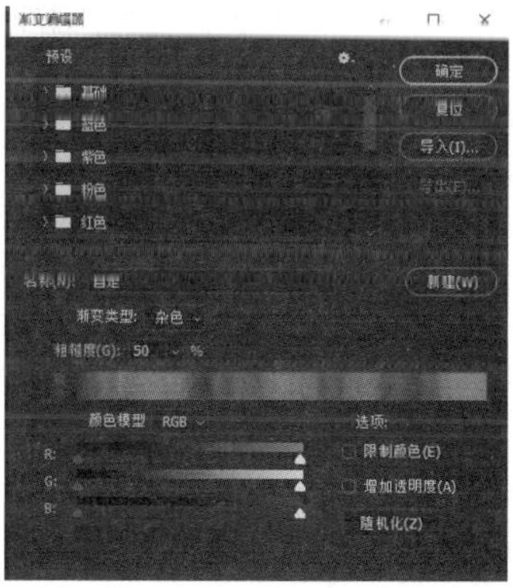

图 4-101 “渐变编辑器”对话框

杂色中的“粗糙度”选项用于设置渐变的粗糙度，参数越高色彩范围越丰富，但色彩过渡越粗糙，如图 4-103 所示。

图 4-102　杂色渐变

图 4-103　粗糙度 100

2. 渐变类型

Photoshop 有以下五种渐变类型：

（1）“线性渐变”：以直线形态创建从起点到终点的渐变，如图 4-104 所示。

（2）“径向渐变”：创建以起点为圆心，起点到终点为半径的圆形渐变效果，如图 4-105 所示。

（3）“角度渐变”：创建以起点为中心，逆时针方式到终点的锥形渐变效果，如图 4-106 所示。

图 4-104　线性渐变

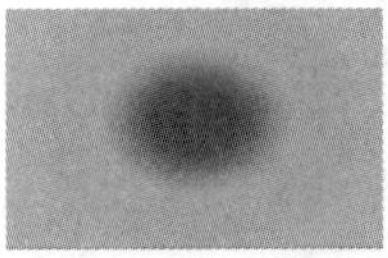

图 4-105　径向渐变

图 4-106　角度渐变

（4）“对称渐变”：以均衡的线性渐变创建在起点任一侧的渐变，如图 4-107 所示。

（5）“菱形渐变”：创建以起点为圆心，起点到终点为半径的菱形渐变效果，如图 4-108 所示。

图 4-107　对称渐变

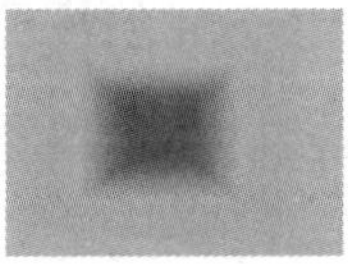

图 4-108　菱形渐变

3. 模式

可以在下拉菜单中设置渐变的混合模式。

4. 不透明度

可以设置渐变效果从 0%～100%的不透明度。

5. 反向

勾选此项，可以转换渐变颜色的填充顺序，得到反方向的渐变结果。

6. 仿色

勾选此项，使渐变效果更平滑，主要用于防止在印刷输出中出现条带化现象，在屏幕上不能明显地体现效果。

7. 透明区域

勾选此项，可创建渐变色的透明效果；不勾选此复选框，只呈现实色渐变效果，如图 4-109、图 4-110 所示。

图 4-109　不勾选“透明区域”

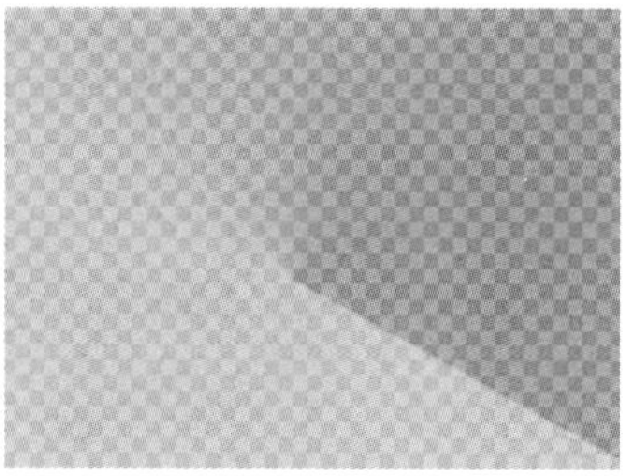

图 4-110　勾选“透明区域”

在使用“渐变工具”时，按住 Shift 键，可以沿水平、垂直和 45° 的方向拖拽鼠标，创建渐变效果。

4.2.4　使用“油漆桶工具”填充图像

“油漆桶工具”用于填充颜色或图案，如果创建了选区，那么填充选区；如果没有创建选区，那么填充颜色值与鼠标单击处颜色相似的临近区域，如图 4-111 所示。

图 4-111　“油漆桶工具”属性栏

“油漆桶工具”属性栏中各选项如下：

1. 填充内容

填充内容包括“前景”和“图案”。如果想要用图案填充图像，那么单击工具属性栏中的下拉箭头，选择下拉列表中“图案”选项，单击旁边的“图案缩略图”按钮，选择一种需要填充的图案，在需要填充的地方单击即可，如图 4-112～图 4-114 所示。

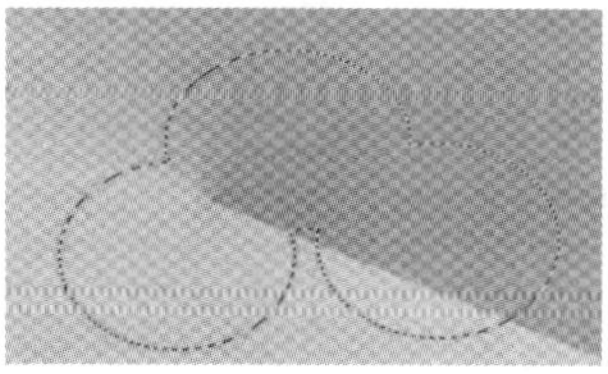

图 4-112　原图

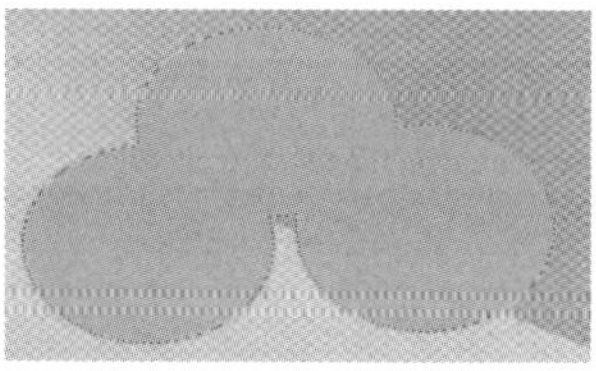

图 4-113　前景色填充

图 4-114　图案填充

2. 容差

容差是控制填充色彩的范围，范围值为 0～255，数值越大，选择类似颜色的选区越大；数值越小，填充范围的色值与单击处像素相似度越高。

3. 消除锯齿

消除锯齿是消除填充像素间的锯齿，使其更为平滑。

4. 连续的

勾选此复选框，仅填充连续区域；取消勾选，则连续和不连续区域的相似像素都会被填充。

使用 Alt+Delete 组合键可以便捷地对当前选区或图层填充前景色，使用 Ctrl+Delete 组合键可以便捷地对当前选区或图层填充背景色。

4.3 修复与修饰图像

4.3.1 污点修复画笔工具

“污点修复画笔工具”可以在保留原图纹理的前提下，快速地去除图片中的污点和划痕，对图像进行修正和美化。对于去除人物斑点、痘痕以及较小的杂质非常有效，如图 4-115～图 4-117 所示。

图 4-115 “污点修复画笔工具”属性栏

图 4-116 原图

图 4-117 使用污点修复去斑

4.3.2 修复画笔工具

“修复画笔工具”的工作方式和“污点修复画笔工具”类似，不同之处在于“修复画笔工具”必须从图像中取样，并在修复的同时将样本图像的纹理、光照、不透明度、阴影与原图像进行匹配，从而使修复后的图像无痕融入。“修复画笔工具”的属性栏如图 4-118 所示，效果如图 4-119、图 4-120 所示。

图 4-118 “修复画笔工具”属性栏

图 4-119 原图

图 4-120 修复效果

1. 仿制源

单击属性栏中的“切换仿制源面板”按钮将弹出仿制源面板，如图 4-121 所示。可以通过该面板设置不同的样本源、显示样本源的叠加，来帮助我们在特定位置仿制源。此外，它还可以缩放和旋转样本源，以便我们更好地匹配目标的大小和方向。

（1）仿制源：单击“仿制源”按钮，再按住 Alt 键在画面中单击，可以设置取样点；再按下一个按钮，还可以继续设置取样点，如图 4-122 所示。使用同样的方法最多可以设置 5 个不同的取样点。“仿制源”面板会存储样本源，直到关闭文档后才会消失。在“仿制源”面板中选择不同的“仿制源”，可以复制出不同的图像。

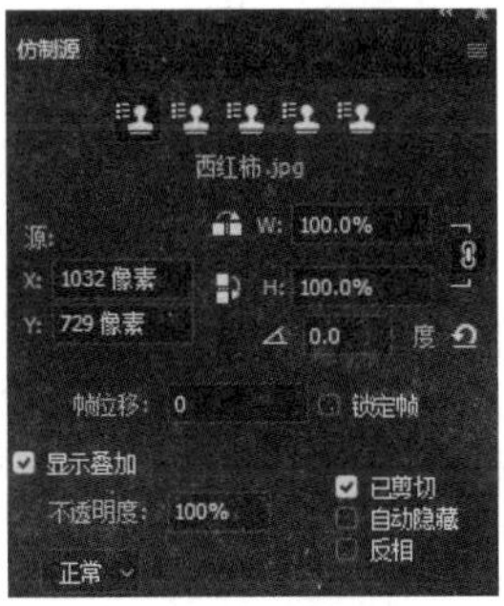

图 4-121　“仿制源”面板

图 4-122　设置三个取样点

（2）位移：指定 X 和 Y 像素位移时，可以在相对于取样点的精确的位置处进行绘制。

（3）缩放：输入 W（宽度）或 H（高度）的值，然后复制图像，则可以缩放所仿制的源，如图 4-123 所示。

（4）翻转：按下“水平翻转”按钮，然后复制图像，可以进行水平翻转，如图 4-124 所示。按下“垂直翻转”按钮，然后复制图像，可以进行垂直翻转，如图 4-125 所示。

图 4-123　缩放 60%

图 4-124　水平翻转

图 4-125　垂直翻转

（5）旋转：在“度”文本框中输入旋转角度，然后复制图像，可以旋转仿制的源。

（6）复位变换：单击该按钮，可以将样本源复位到其初始的大小和方向。

（7）帧位移/锁定帧：在“帧位移”中输入帧数，可以使用与初始取样的帧相关的特定帧进行绘制。输入正值时，要使用的帧在初始取样的帧之后；输入负值时，要使用的帧在初始取样的帧之前。勾选“锁定帧”，则总是使用初始取样的相同帧进行绘制。

课外拓展：在 Photoshop 中，可以使用“修复画笔工具”和“仿制图章工具”来修饰或复制视频或动画帧中的对象。使用仿制图章对一个帧的一部分内容取样，并在相同的帧或不同帧的其他部分上进行绘制。要仿制视频帧或动画帧，需打开“动画”面板，选择“时间轴动画”选项，并将当前时间指示器移动到包含要取样的源的帧。

（8）显示叠加：勾选“显示叠加”复选框，可在使用“修复画笔工具”时直观地预览仿制效果。取消勾选“显示叠加”复选框，则不会看到叠加图像。

（9）不透明度：用于设置叠加图像的不透明度。

（10）已剪切：勾选“已剪切”复选框可以将叠加图像剪切到画笔大小，否则会显示整个画面，不够直观，因此该复选框一般情况都是处在勾选状态。

（11）自动隐藏：勾选“自动隐藏”复选框可在应用绘画描边时隐藏叠加，该项在取消“已剪切”复选框选项的情况下才会起作用。

（12）混合模式：如果要设置叠加的外观，那么可以从“仿制源”面板底部的弹出菜单中选择一种混合模式。混合模式包括正常、变暗、变亮和差值等。

2. 源

在该选项栏中包含“取样”和“图案”两个选项。“取样”是利用对图像中定义的图像图案进行修补，在默认状态下为选中状态。操作方法是：按下 Alt 键，光标变成“准星”形，此时在取样处单击，就可以定义取样点，然后在需要修复处单击并拖动光标就可以对图像进行修复。选择“图案”选项时不需要对图像进行取样，只需在需要修复的位置拖动光标即可。

3. 对齐

勾选该复选框可以对图像连续取样；取消勾选，取样点始终保持在最初位置，如图 4-126～图 4-128 所示。

图 4-126　原图

图 4-127　勾选对齐

图 4-128　取消勾选

4. 样本

样本下拉列表中有三个选项：

（1）当前图层：只能在当前图层定义取样点。

（2）当前和下方图层：定义取样点的图像包括当前图层和下方图层。

（3）所有图层：可以在图像所有图层取样。

“修复画笔工具”不但可以在同一图像中进行取样修复，还可以在两幅图像间修复图像，如图 4-129 所示。但需要注意的是两幅图像的颜色模式必须相同，或其中一幅图像是灰度模式。

图 4-129　多幅图像中取样

4.3.3　修补工具

“修补工具”可用其他区域或图案中的图像来修复选中区域。该工具可以将样本图像的纹理、光照和阴影与源图像进行匹配，从而使修复的效果更为自然。“修补工具”属性栏如图 4-130 所示。

图 4-130　“修补工具”属性栏

（1）选区创建方式：使用“修补工具”创建选区的方法与“套索工具”相同，通过这些选项可以更加灵活地定义需要修补的区域范围。

（2）修补：该选项包含“内容识别”和“正常”两个选项。“内容识别”选项可合成附近的内容，以便与周围的内容无缝混合，如图 4-131～图 4-133 所示。

图 4-131　原图

图 4-132　选择“正常”选项

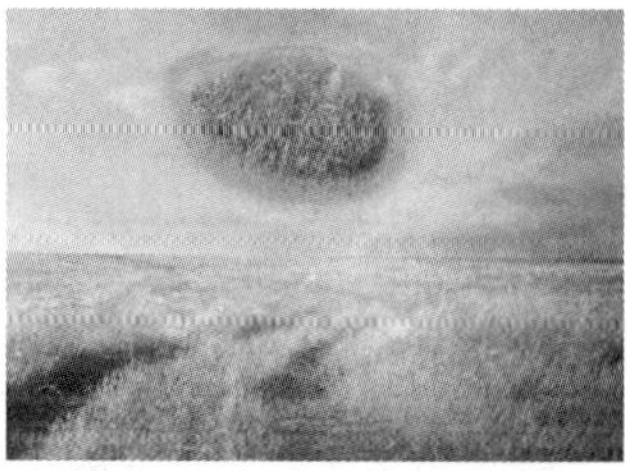
图 4-133　选择“内容识别”选项

（3）设置修补的方式：选择“源”选项，将选区拖拽至需要修补区域后，将使用当前选区的图像修补原来选中的图像；“目标”选项正好与“源”选项相反，将使用原有图像内容修补当前选区。如勾选“透明”复选框，则使用一种类似叠加的效果来修补图像，使修补的图像与原图像产生透明重叠效果。

下面通过一个小实例来说明该工具的具体用法。

小练习：消失的白云

（1）打开素材文件“第 4 章\素材文件\草原.jpg”，如图 4-134 所示。

（2）使用“修补工具”圈选需要移除的云朵区域，如图 4-135 所示。

图 4-134　原图

图 4-135　选中需要移除的区域

（3）将选区向右拖移至正确的样本图像区域，如图 4-136 所示。

（4）到合适的位置后释放鼠标，可以发现原本的云朵的已被取样区域的蓝天替换，如图 4-137 所示。

图 4-136 将选区移到样本区域

图 4-137 完成后效果

使用“修补工具”修复图像时，选择较小区域可以获得最佳效果。

4.3.4 内容感知移动工具

“内容感知移动工具”可以将用该工具选中的对象移动或扩展到图像的其他区域。因此，用户可以通过“内容感知移动工具”实现两个主要用途。第一，实现感知移动用途。可以选择移动图片中物体，并放置到合适位置。移动后的空隙位置，Photoshop 会智能修复。第二，实现快速复制用途。选取想要复制的部分，移到其他需要的位置就可以实现复制，复制后的边缘会自动柔化处理，跟周围环境融合。其具体操作方法和“修补工具”相同。“内容感知移动工具”属性栏如图 4-138 所示。

图 4-138 “内容感知移动工具”属性栏

（1）“移动”和“扩展”模式：“移动”模式是将选中区域移动至任何位置，如图 4-139、图 4-140 所示。“扩展”模式是将选中区域复制到任何位置，如图 4-141 所示。

图 4-139 原图

图 4-140 移动模式

图 4-141 “扩展”模式效果

4.3.5 红眼工具

“红眼工具”可用于消除眼睛瞳孔产生的红点、白点等反射光点，主要用于消除人物照片中因闪光灯产生的红眼。“红眼工具”属性栏如图 4-142 所示。

图 4-142 “红眼工具”属性栏

操作方法：选择“红眼工具”，在属性栏设置好瞳孔大小及变暗数值，将光标放在红眼区域，单击即可修复红眼。

（1）瞳孔大小：设置瞳孔（眼睛暗色中心）的大小。

（2）变暗量：设置瞳孔颜色的暗度，如图 4-143～图 4-145 所示。

图 4-143　原图

图 4-144　变暗 10%

图 4-145　变暗 100%

4.3.6　模糊工具

“模糊工具”主要用于柔化图像，模糊图像的局部，降低相邻色块的色彩反差，使较硬的边缘变得柔和。“模糊工具”属性栏如图 4-146 所示。

图 4-146　“模糊工具”属性栏

“模糊工具”一般用在色彩过渡不够自然的地方，或者用以制造景深和突出主体。如图 4-147、图 4-148 所示，有选择的模糊可以强化主要的柿子，弱化远处柿子及背景。

图 4-147　原图

图 4-148　模糊后

（1）画笔：可选择画笔的笔尖，画笔的大小决定“模糊工具”单次操作区域大小。

（2）模式：可设置“模糊工具”的混合模式。

（3）强度：可以调整画笔的应用程度，数值越大，模糊的效果越明显。

（4）对所有图层取样：如果文档中包含多个图层，那么勾选该复选框，表示对所有可见图层中的数据进行处理；取消勾选，则只处理当前图层中的数据。

4.3.7　锐化工具

“锐化工具”可以增强相邻像素间的对比，但是反复涂抹同一区域，将造成像素之间对比过于鲜明而产生噪点，导致图像失真，因此该工具要谨慎使用。“锐化工具”和“模糊工具”的属性栏一样，如图 4-149、图 4-150 所示。

图 4-149　“锐化工具”属性栏

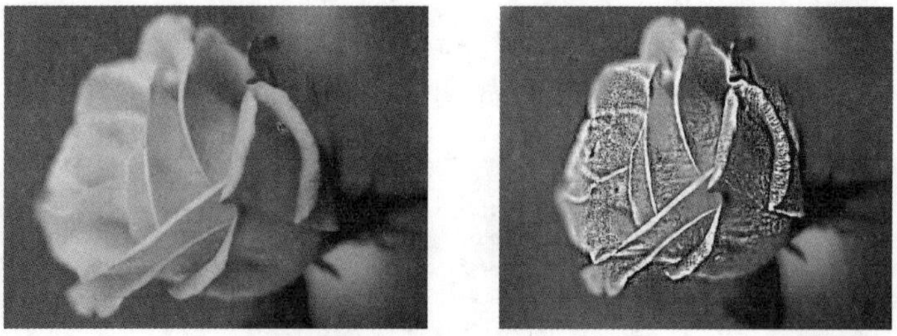

图 4-150　锐化前后对比

“模糊工具”和“锐化工具”适合处理局部图像，如需对整幅图像进行处理，最好使用“模糊”和“锐化”滤镜组。

4.3.8　涂抹工具

使用“涂抹工具”涂抹图像时，可以拾取鼠标单击处的颜色，并沿移动的方向展开该色彩，模拟出类似手指拖过湿油漆的效果，常用于制作火焰、烟雾、头发等。“涂抹工具”属性栏如图 4-151 所示。

图 4-151　“涂抹工具”属性栏

勾选“手指绘画”复选框，可以在涂抹时加入前景色；取消勾选，则使用鼠标起点处位置颜色进行涂抹，如图 4-152 所示。

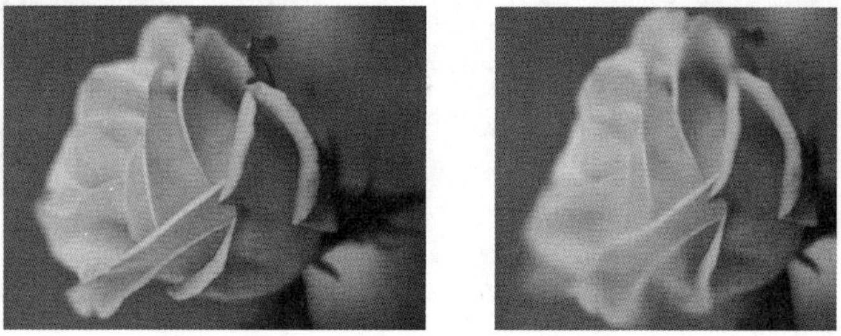

图 4-152　勾选“手指绘画”效果前后对比

“涂抹工具”在对形态进行变形时，通常会使对象变得模糊，而且只适用于较小范围的图像，如果需要在保持对象清晰的情况下对对象进行变化，可以使用“液化”滤镜。

4.3.9　仿制图章工具

“仿制图章工具”可以将特定区域的图像仿制到同一图像同一图层中的指定区域。使用“仿制图章工具”可准确复制图像的一部分或全部，从而产生某部分或全部的复制品。它是修补图像时常用的工具，使用方法和“修复画笔工具”相似，在此不再详细介绍。“仿制图章工具”属性栏如图 4-153 所示。

图 4-153　“仿制图章工具”属性栏

4.3.10　图案图章工具

使用“图案图章工具”可以利用 Photoshop 预设图案库或通过用户自定义图案进行绘画。“图案图章工具”属性栏如图 4-154 所示。

图 4-154　“图案图章工具”属性栏

（1）图案库：单击图标的下拉箭头，可从中选取预设图案。

（2）对齐：勾选“对齐”复选框后，可以保持图案与原始起点对齐，是连续的，即使多次绘制也同样可以和之前绘制的图案拼接上。取消该复选框后，则每次绘制的图案无法和之前图案连续上，如图 4-155、图 4-156 所示。

（3）印象派效果：勾选该复选框对图案应用抽象效果，如图 4-157 所示。

图 4-155　不勾选“对齐”效果

图 4-156　勾选“对齐”效果

图 4-157　勾选“印象派效果”

4.4　擦除图像

Photoshop 2020 提供了三种工具用来擦除图像中不需要的区域，分别是“橡皮擦工具”“背景橡皮擦工具”“魔术橡皮擦工具”。后两种工具主要用于去除图像的背景，而橡皮擦根据设置不同，用途各异。

4.4.1　橡皮擦工具

“橡皮擦工具”用来擦除图像，其属性栏如图 4-158 所示。如果“橡皮擦工具”处理的是“背景”图层或者锁定透明区域的图层，那么擦除区域将显示为背景色；处理其他图层时，擦除后将显示为透明区域，如图 4-159 所示。

图 4-158　“橡皮擦工具”属性栏

（1）模式：Photoshop 提供三种擦除模式，“画笔”模式中可设定擦除笔触的硬度、大小和形状；“铅笔”模式与“画笔”模式类似，但只能创建硬边的擦除效果；“块”模式中，橡皮擦除形状为方块状。

（2）不透明度：可设置擦除强度，100%不透明度可以完全擦除对象，但“块”模式中无法调整该项，只能全部擦除。

（3）流量：用来控制橡皮擦的擦除速度。

（4）抹到历史记录：与“历史记录画笔工具”作用相同，如图 4-160、图 4-161 所示。

图 4-159 “擦除”效果

图 4-160 “抹到历史记录”效果

图 4-161 “历史记录”面板

4.4.2 背景橡皮擦工具

“背景橡皮擦工具”是一种智能的擦除工具，它可以自动采集橡皮擦笔尖中心的颜色，同时删除在橡皮移动过程中出现的这种颜色，使擦除区域变成透明。“背景橡皮擦工具”属性栏如图 4-162 所示。

图 4-162 “背景橡皮擦工具”属性栏

（1）“取样：连续”：随着鼠标的拖动连续采取色样，如图 4-163 所示；“取样：一次”：只擦除和第一次单击颜色相近的区域，如图 4-164 所示；“取样：背景色板”：只擦除包含当前背景色的区域，如图 4-165 所示。

图 4-163 “取样：连续”效果

图 4-164 “取样：一次”效果

图 4-165 “取样：背景色板”效果

（2）“背景橡皮擦工具”擦除的限制模式有以下三种：

1）“不连续”模式：擦除出现在画笔下任何位置的样本颜色。

2）“连续”模式：擦除包含样本颜色的相连区域。

3）“查找边缘”模式：擦除包含样本颜色的连接区域，同时更好地保留边缘的锐化程度。

（3）容差：可以通过输入数值或拖动滑块的方式设置擦除范围与颜色样本之间的相似度。数值越低，擦除的范围与样本颜色相似度越高。高容差能擦除范围更广的颜色，如图 4-166 所示。

（4）保护前景色：勾选该复选框可以防止擦除与当前前景色匹配的区域。

使用“背景橡皮擦工具”擦除背景时，对于色彩有变化的背景，可以通过多次单击进行取样。

图 4-166　擦除背景的前后对比

4.4.3　魔术橡皮擦工具

使用"魔术橡皮擦工具"在需要擦除区域单击，将自动擦除色彩类似的区域，将其变成透明。在已锁定透明度的图层工作时，擦除区域将变成背景色。"魔术橡皮擦工具"属性栏如图 4-167 所示。如在背景图层中单击，则将背景图层转换为普通图层，并将与单击处相似的颜色更改为透明，如图 4-168 所示。

图 4-167　"魔术橡皮擦工具"属性栏

图 4-168　"魔术橡皮擦工具"擦除后效果前后对比

4.5　微调色彩

4.5.1　减淡工具和加深工具

"减淡工具"和"加深工具"用于调整图像部分区域色彩的变亮或变暗，但是反复使用"减淡工具"和"加深工具"对图像进行涂抹，可能会造成图像过亮或过暗而失去细节或失真。它们的属性栏基本相似，如图 4-169 所示。"减淡工具"和"加深工具"的使用效果如图 4-170 所示。

图 4-169　"减淡工具"属性栏

图 4-170　减淡加深工具制造光效前后对比

（1）画笔：选择画笔的笔尖，画笔笔尖的大小决定减淡或加深的单次操作区域大小。

（2）范围：选择图像中颜色的减淡或加深的色调。选择“阴影”，可处理图像中的暗调子；选择“中间调”，可处理图像中的中间调；选择“高光”，可处理图像中的亮调子。

（3）曝光度：定义曝光的强度，数值越大曝光度越高，图像减淡和变暗的程度越明显。

（4）喷枪：按下该按钮，画笔开启喷枪功能，可在一处持续产生效果。

（5）保护色调：勾选此复选框可以有效地保护图像原始色调和饱和度，使图像的调整效果更加真实、自然。

4.5.2　海绵工具

“海绵工具”用于改变画面局部色彩的饱和度。如果在“灰度”模式的图像中操作将产生增加或减少灰度对比度的效果。“海绵工具”不能应用于“索引颜色”和“位图”颜色模式。“海绵工具”属性栏如图 4-171 所示。

图 4-171　“海绵工具”属性栏

（1）模式：用于设定饱和度处理的方式。“去色”用于降低色彩的饱和度；“加色”用于增加色彩的饱和度，如图 4-172、图 4-173 所示。

图 4-172　“去色”效果前后对比

图 4-173　“加色”效果前后对比

（2）流量：设置操作流量，流量越大效果越明显。

（3）自然饱和度：勾选此复选框处理图片时可更好地保留处理前图片的颜色、色调和纹理等重要信息，使修改后的效果看上去更加自然，防止颜色过于饱和而产生溢色现象。

“海绵工具”适合局部色彩饱和度的处理，尤其在处理人像时，面部气色、妆容都可以通过该工具进行改变，勾选“自然饱和度”后色彩变化更加自然。

4.6　实战演练：给黑白照片上色

黑白照片上色后效果如图 4-174 所示。

图 4-174　最终效果

（1）打开素材文件“第 4 章\素材文件\黑白照.jpg”，如图 4-175 所示。

（2）选择工具栏中的“画笔工具”，在“画笔工具”属性栏的“模式”选项中选择“颜色”模式，如图 4-176 所示。

（3）设置前景色为黄色，如图 4-177 所示。

图 4-175　打开素材

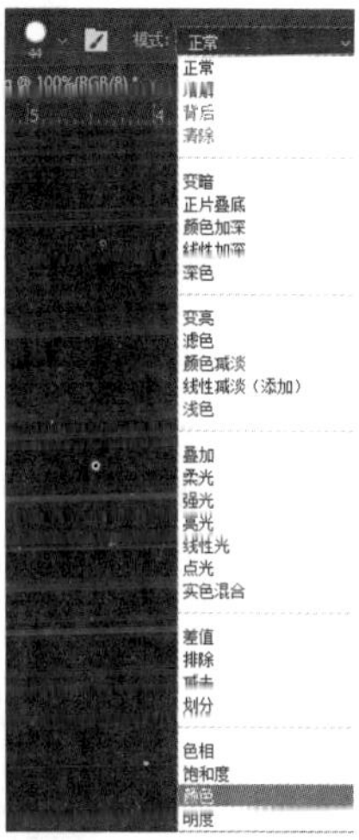

图 4-176　选择颜色模式

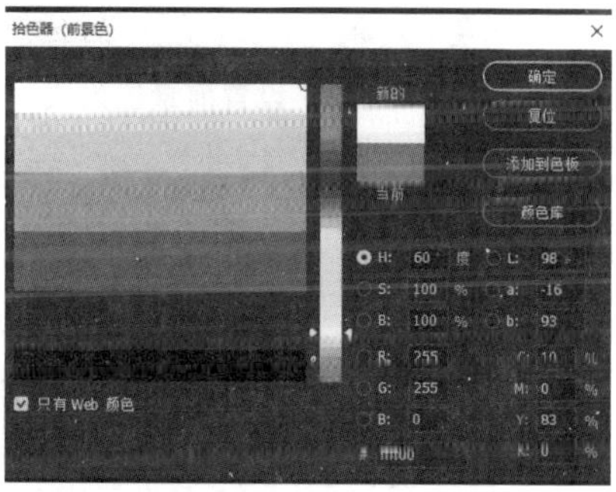

图 4-177　设置前景色为黄色

（4）使用“画笔工具”在衣服上涂抹，为其上色，如图 4-178 所示。

（5）设置前景色为蓝色，如图 4-179 所示。使用“画笔工具”在人物的头发上涂抹，为其上色，如图 4-180 所示。使用同样的方法依次将前景色设置为粉色和黄色，使用“画笔工具”在照片中人物头发上涂抹，为其上色，如图 4-181 所示。

（8）双击该图层，弹出“图层样式”对话框，设置“斜面和浮雕”和“投影”，以此来表现针织品的厚度和体积感，如图 4-207 和图 4-208 所示。在该图层右击，执行“拷贝图像样式”命令。在“文字描边”图层右击，执行“粘贴图像样式”命令，将心形图层的图层样式直接赋予该图层，效果如图 4-209 所示。

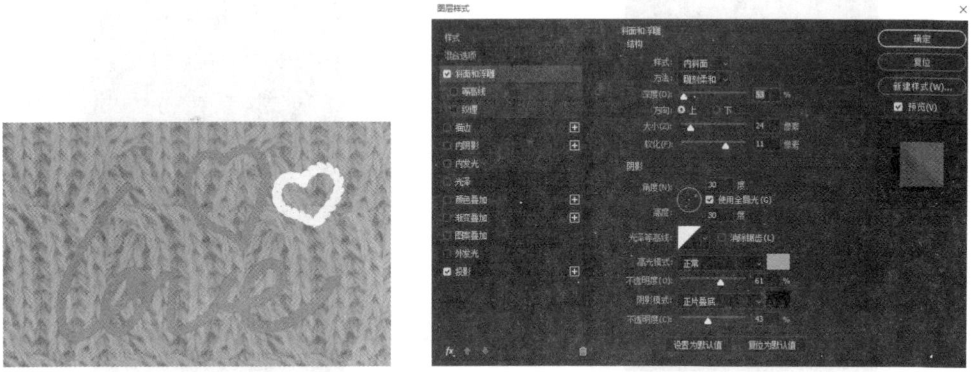

图 4-207　设置“斜面和浮雕”

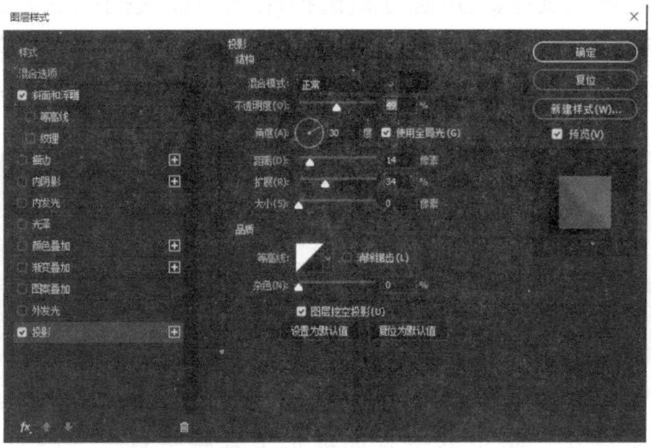

图 4-208　设置“投影”

图 4-209　立体效果

（9）为了进一步优化针织品毛茸茸的质感，还需要再设置相应的自定义画笔处理文字和图形。将工具切换为“画笔工具”，选择自带的“沙丘草”画笔，按 F5 键，调出“画笔预设”面板，设置画笔的“笔尖”形状和“形状动态”，模拟针织物表面的绒毛，如图 4-210、图 4-211 所示。新建图层，执行“窗口”→“路径”命令，弹出“路径”面板，将“路径 1”确定为当前工作路径，单击“路径”面板下方的“用画笔描边路径”按钮，用刚刚设置的画笔描边路径，效果如图 4-212 所示。

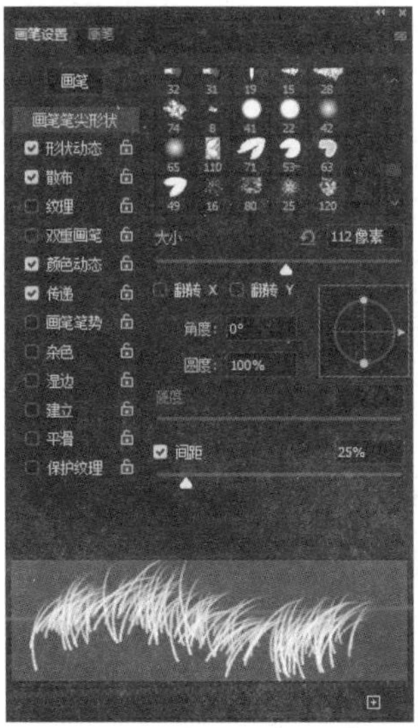

图 4-210　设置“笔尖形状”

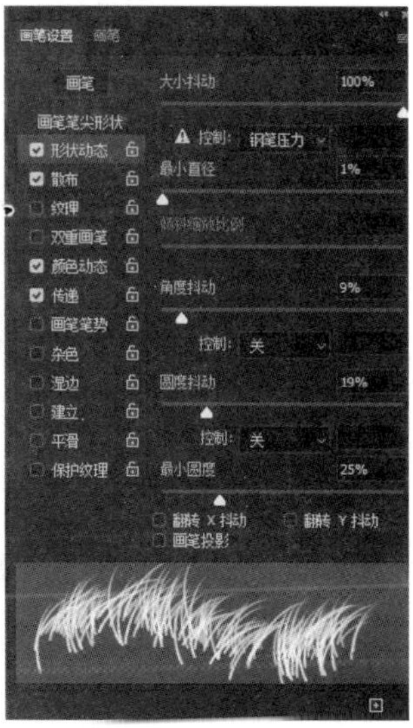

图 4-211　设置“形状动态”

图 4-212　描边路径

（10）用“沙丘草”画笔描边后的文字已经有了毛茸茸的质感，但是效果还不够柔软。执行“滤镜”→“模糊”→“高斯模糊”命令，设置好模糊的半径，如图 4-213 所示。

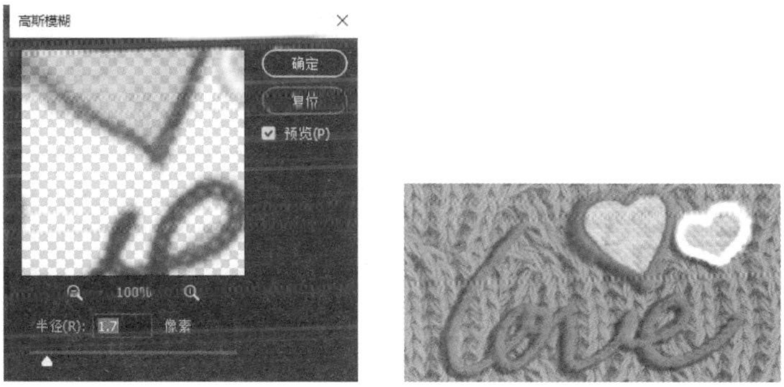

图 4-213　设置模糊半径及效果

（11）按 F7 键调出“图层”面板，双击当前图层，弹出“图层样式”窗口，设置“颜色叠加”为白色，如图 4-214 所示。使画面的色彩具有层次感和对比度，最终效果如图 4-194 所示。

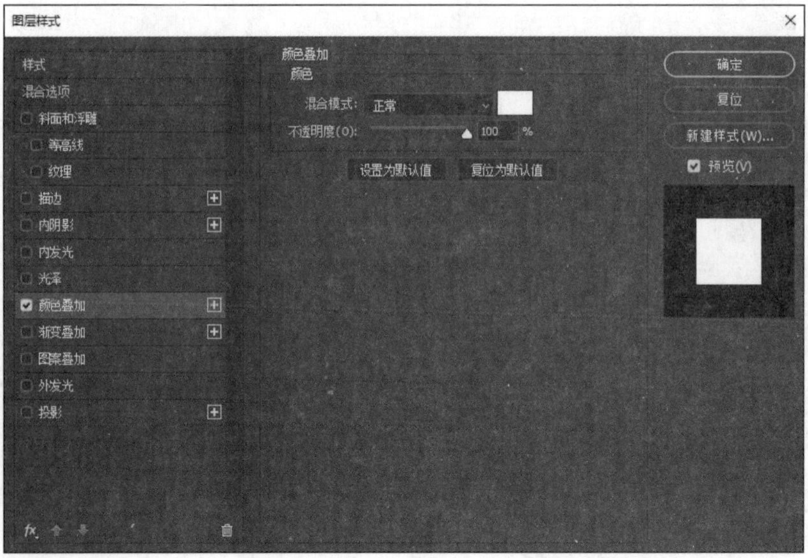

图 4-214 “叠加”样式

本章小结

本章主要学习绘画工具和绘画修饰工具的使用方法，以及如何使用这些工具美化图像和设计作品。通过本章的学习，读者能够熟练掌握在 Photoshop 中处理图像的各种方法和技巧。

思考与练习

1．如何使用“修补工具”修饰图像？
2．自定义一个画笔，并在图像中绘制自定义的画笔笔触效果。
3．请打开“第 4 章\素材文件\西红柿.jpg”文件，使用相关工具复制图像中的红色西红柿。

第 5 章　色彩调整

本章导读

在日常生活中，因环境的影响没能用相机拍出满意的效果。这时就可以通过 Photoshop 对图像做后期处理，例如对于色调灰暗、层次不分明的图像，可使用针对色调、明暗关系的命令进行调整，增强图像色彩层次。本章向读者介绍图像明暗和色彩的调整方法。

本章要点

- 掌握“色阶”“曲线”“色相/饱和度”等命令的设置及操作方法。
- 完成对图像色彩和色调的效果调整。

5.1　色彩调整的方法

对于任何摄影及设计作品来说，色彩起着举足轻重的作用，色彩和色调影响着整体画面传递给观赏者的印象和感觉。Photoshop 提供了大量的色彩及明暗调整命令，如“色阶”“曲线”“色相/饱和度”等，这些命令是 Photoshop 的核心内容，也是对图像进行色彩调整不可或缺的重要手段。通过这些命令的配合、使用可以轻松调节图像的明暗关系，制作出丰富多彩的画面效果。

5.1.1　自动调整图像色调

1．快速调整图像

使用“图像”下拉菜单中的“自动色调”“自动对比度”“自动颜色”命令可以自动对图像的色调、对比度、颜色等进行简单的调整，如图 5-1 所示。这尤其适合对于各种调色工具不太熟悉的初学者使用，因为这三个命令没有任何可以调整的参数选项。

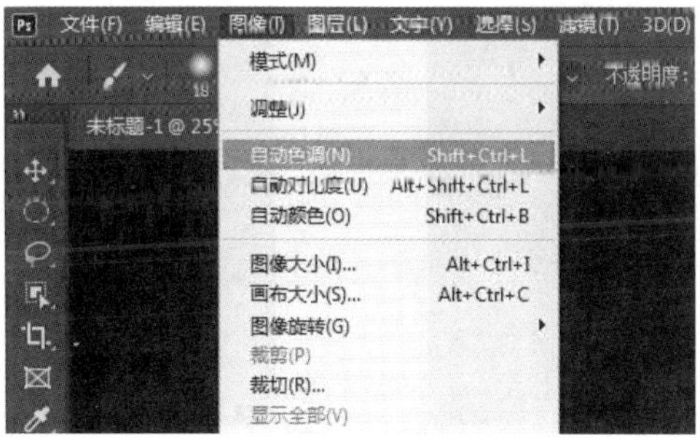

图 5-1　“图像”下拉菜单

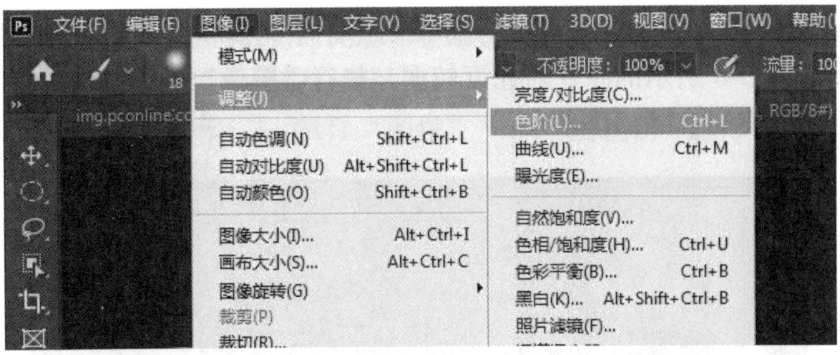

图 5-8 “色阶”命令

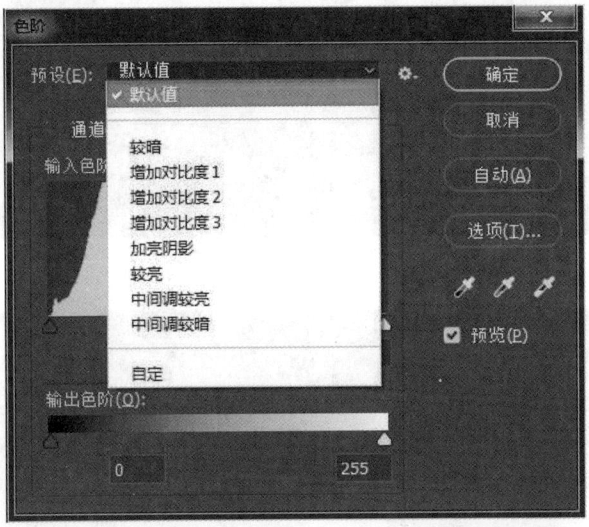

图 5-9 色阶预设下拉列表

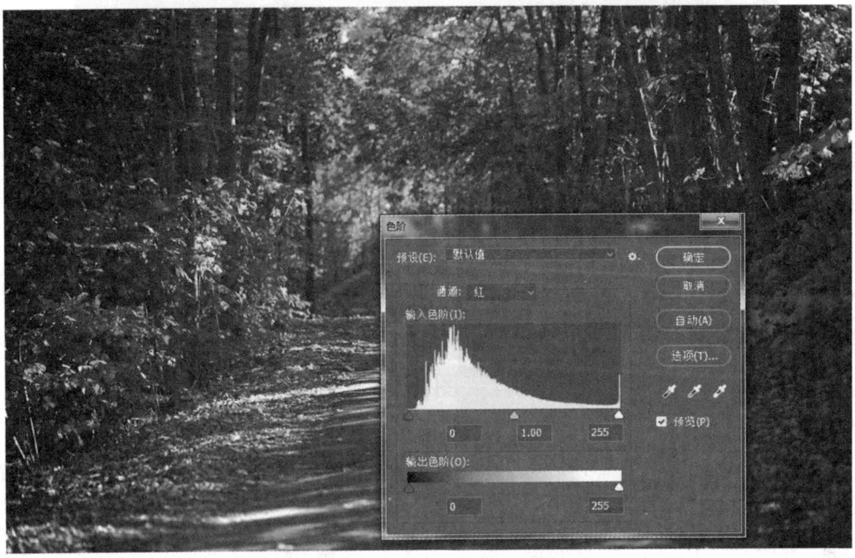

图 5-10 红色通道调整前效果

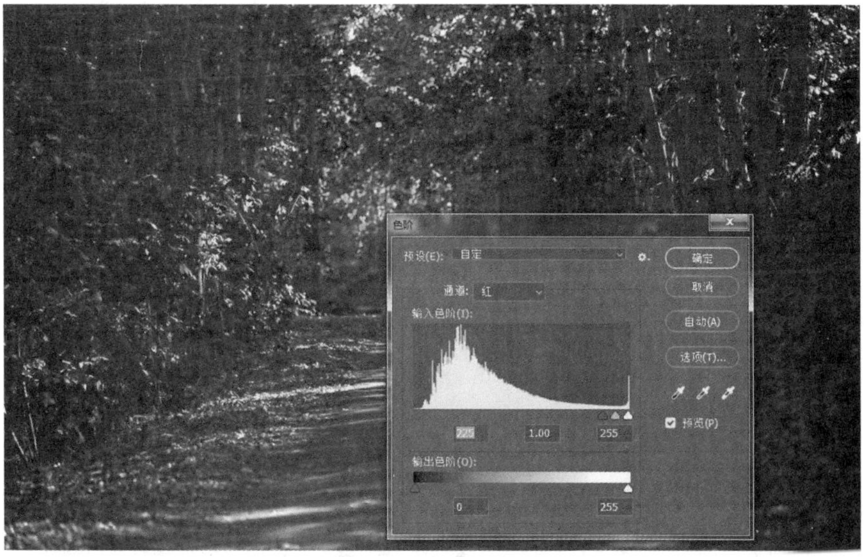

图 5-11　红色通道调整后效果

3）吸管工具：用于完成图像中的黑场、灰场和白场的设置，如图 5-12 所示。

图 5-12　“吸管工具”

使用“设置黑场吸管”在图像中单击取样，可以将单击点处的像素调整为黑色，同时图像中比该单击点暗的像素也会变成黑色。

使用“设置灰场吸管”在图像中单击取样，可以将单击点像素的亮度作为参考标准，用来调整画面中其他中间调的平均亮度。

使用“设置白场吸管”在图像中单击取样，可以将单击点处的像素调整为白色，同时图像中比该单击点亮的像素也会变成白色。

4）自动：单击该按钮 Photoshop 会自动调整图像的色阶，使图像的亮度分布更加均匀，从而达到校正图像颜色的目的，如图 5-13、图 5-14 所示。

图 5-13　自动调整前效果

图 5-14　自动调整后效果

5）输入色阶：主要分为阴影滑块、中间调滑块和高光滑块三部分，如图 5-15 所示。通过拖动滑块可以调整图像的阴影、中间调和高光，同时也可以直接在对应的输入框中输入数值。当将滑块向右拖动时，可以使图像变暗；反之，将滑块向左拖动，可以使图像变亮，如图 5-16、图 5-17 所示。

使用“阴影滑块”时，向右拖动该滑块可以增大图像的暗调范围，使图像更暗。同时拖拽的程度会在“输入色阶”最左侧的参数框中得到量化。

使用“中间调滑块”时，左右拖拽此滑块，可以增大或减小中间色调范围，从而改变图像的对比度。其作用与在“输入色阶”中间的参数框中键入数值相同。

使用“高光滑块”时，向左拖拽此滑块，可以增大图像的高光范围，使图像变亮。高光的范围会在“输入色阶”最右侧的参数框中显示。

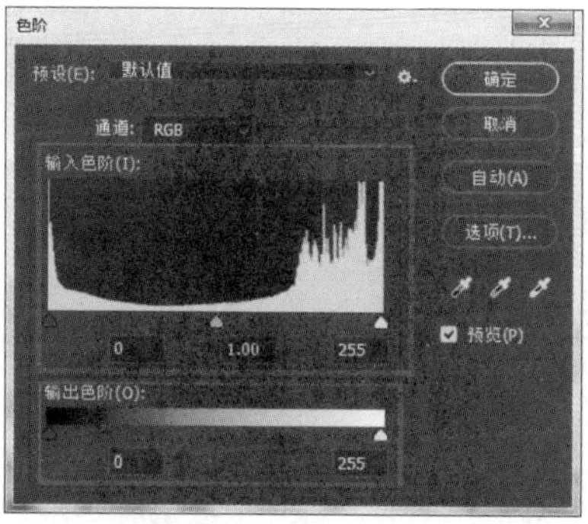

图 5-15　输入色阶

图 5-16　图像调暗

图 5-17　图像调亮

6）输出色阶：可以设置图像的亮度范围，从而降低对比度，移动滑块可以使画面变亮或变暗，如图 5-18、图 5-19 所示。

（2）“色彩平衡”命令：可以对图像的色调进行调整，可通过控制各个单色的成分来平衡图像的暗调区、灰色调区和高光区色彩，操作简单直观。

执行“图像”→“调整”→“色彩平衡”命令或按 Ctrl+B 组合键，如图 5-20 所示，打开“色彩平衡”对话框，对话框中有数个选项参数。

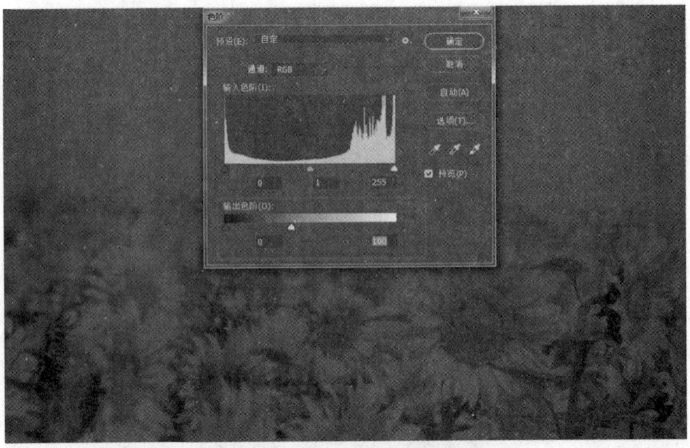

图 5-18　输出色阶调暗效果

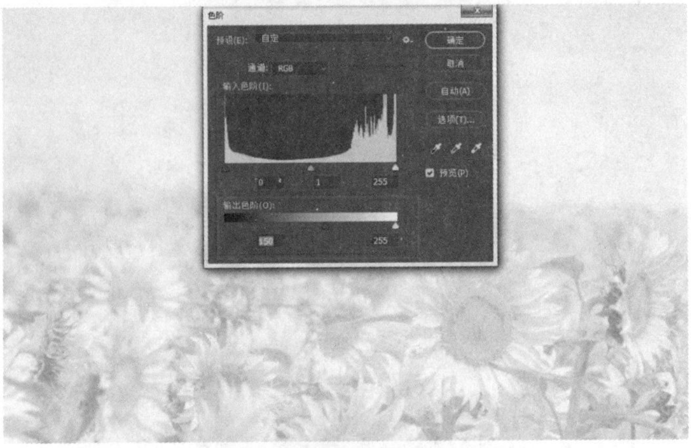

图 5-19　输出色阶调亮效果

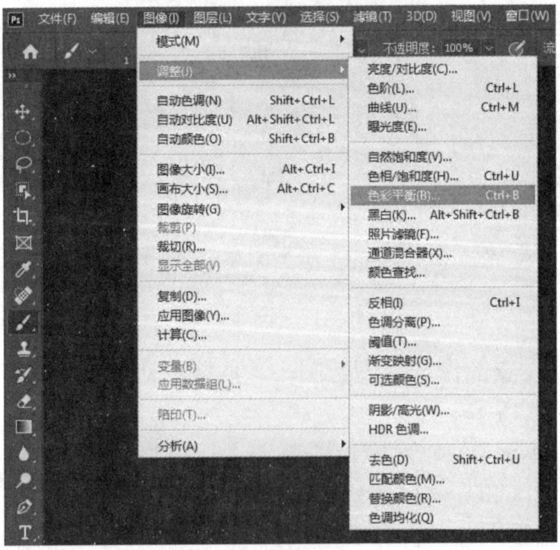

图 5-20　“色彩平衡”命令

1）色彩平衡：用于调整“青色-红色”“洋红-绿色”“黄色-蓝色”在图像中所占的比例，可以通过手动输入数值进行调整，也可以手动拖动滑块进行调整。比如，向左拖动“黄色-蓝色”滑块，可以在图像中减少黄色，同时增加其补色——蓝色，如图 5-21、图 5-22 所示。

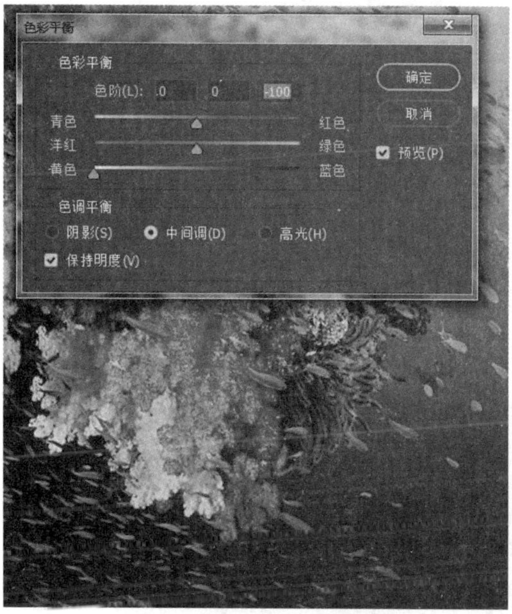

图 5-21　色彩平衡调整黄色

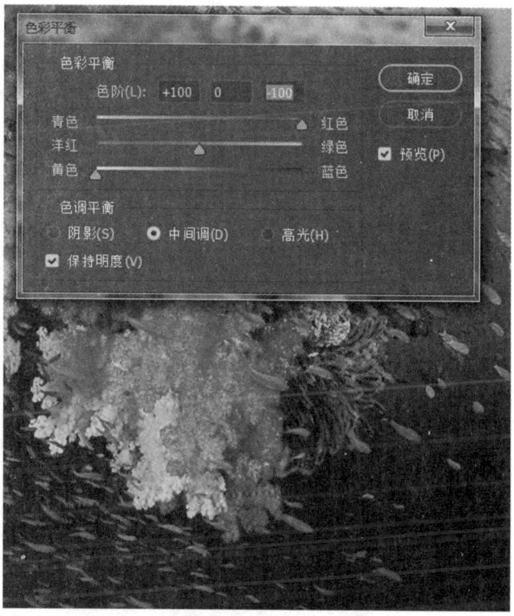

图 5-22　色彩平衡调整“青色-红色”滑块

2）色调平衡：包含“阴影”“中间调”“高光”。当勾选“保持明度”复选框后，可以防止亮度值随着颜色的改变而改变。

（3）“亮度/对比度”命令：可以对图像的色调范围进行简单的调整。执行“图像”→“调整”→“亮度/对比度”命令，如图 5-23 所示，打开“亮度/对比度”对话框。

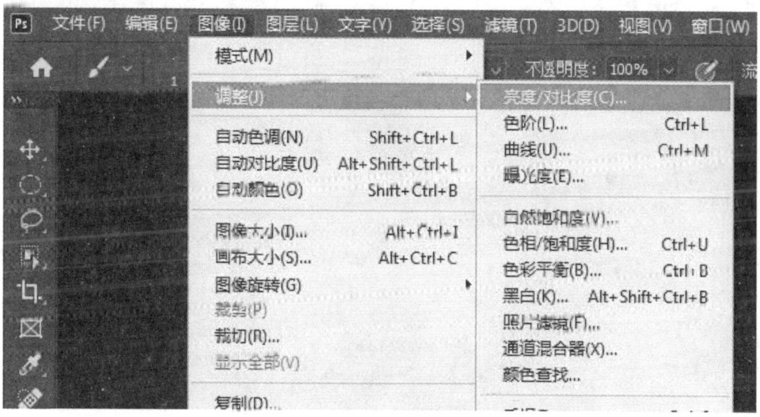

图 5-23　“亮度/对比度”命令

1）亮度：用来设置图像的整体亮度。打开图 5-24，当数值为负值时，图像的亮度降低，如图 5-25 所示；当数值为正值时，图像的亮度提高，如图 5-26 所示。

图 5-24 “亮度/对比度”设置

图 5-25 亮度降低效果

图 5-26 亮度提高效果

2）对比度：用于设置图像亮度对比的强烈程度，效果如图 5-27、图 5-28 所示。

图 5-27　对比度调低效果

图 5-28　对比度调高效果

3）使用旧版：勾选该复选框后，可以得到与 Photoshop CS3 以前的版本相同的调整结果。

4）自动：单击“自动”按钮，会根据画面自动调整图像的亮度及对比度。

5）预览：勾选该复选框后，在“亮度/对比度”对话框中调节参数时，可以在文档窗口中观察到图像的亮度变化。

（4）“曲线”命令：其核心工具是一条可以弯曲的“线”，它整合了“色阶”“阈值”“亮度/对比度”等多个命令的功能，通过调整曲线各个位置的弯曲度即可控制图像的明暗。曲线上可以添加多个控制点，移动这些控制点可以对图像色彩及色调进行精准的控制。

执行“图像”→“调整”→“曲线”命令或按 Ctrl+M 组合键，打开“曲线”对话框，如图 5-29 所示，可以看到面板中有很多按钮和选项，它们可以帮助用户更好地调整图像色彩。

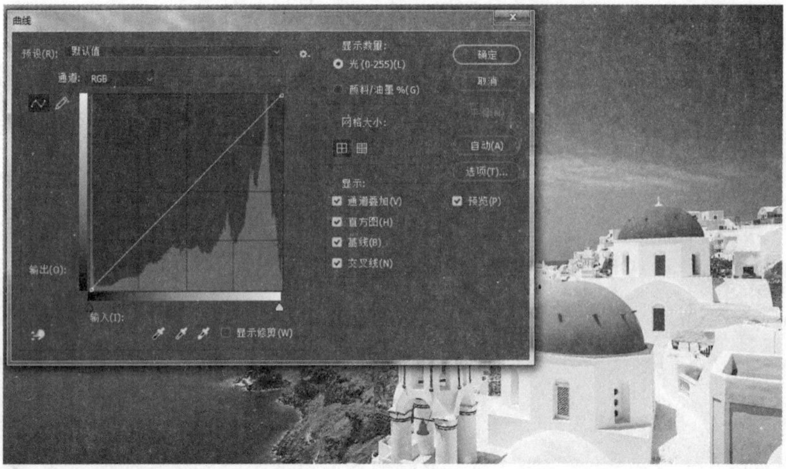

图 5-29 “曲线”对话框

1）通道：若要调整图像的色彩平衡，则可以在“通道”下拉列表中选择一个通道进行调整，以校正图像的颜色，如图 5-30 所示。

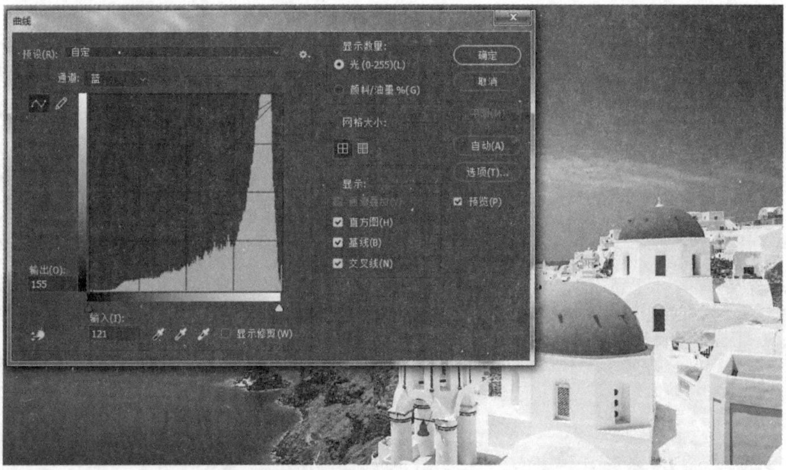

图 5-30 通道色彩平衡

2）曲线：将曲线向上弯曲会使图像变亮，将曲线向下弯曲会使图像变暗。曲线上比较陡直的部分代表图像对比度较高的区域；相反，曲线上比较平缓的部分代表图像对比度较低的区域。如果想精确地调整曲线，那么可以按住 Alt 键单击缩略图来增加曲线后面的网格数。

默认状态下，移动曲线顶部的点主要是调整高光；移动曲线中间的点主要是调整中间调；移动曲线底部的点主要是调整暗调。如果希望将暗调图像变亮，那么可向上移动靠近曲线底部的点；如果希望高光变暗，那么可向下移动靠近曲线顶部的点。

3）输入/输出：“输入”即“输入色阶”，显示的是调整前的像素值；“输出”即“输出色阶”，显示的是调整以后的像素值。

（5）“色调均化”命令：可以重新分布图像中像素的亮度值，使它们更均匀地呈现所有范围的亮度级别。将最亮的值调整为白色，最暗的值调整为黑色，中间的值分布在整个灰度范围中。原图和执行了“色调均化”命令后的效果对比如图 5-31、图 5-32 所示。

图 5-31　原图

图 5-32　色调均化后效果

需要提示的是，如果图像中存在选区，那么执行“色调均化”命令时会打开一个“色调均化”对话框，如图 5-33 所示。

图 5-33　“色调均化”对话框

1）“仅色调均化所选区域”：仅均化选区内的像素。

2）“基于所选区域色调均化整个图像”：可以按照选区内的像素均化整个图像的像素。

（6）“色调分离”命令：可以按照指定的色阶数减少图像的颜色，从而简化图像内容。

执行“图像”→“调整”→“色调分离”命令，如图 5-34 所示，打开“色调分离”对话框。

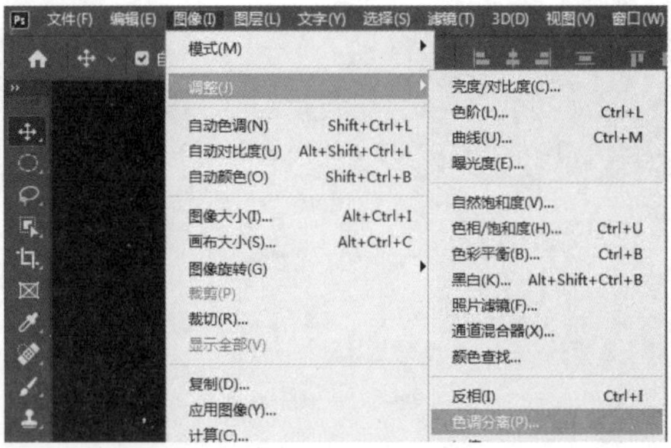

图 5-34 “色调分离”命令

在“色调分离”对话框中设置的“色阶”值越大，色彩变化越细微，显示细节越多；反之，数值越小，色彩变化效果越粗略，图像更简化，效果如图 5-35、图 5-36 所示。

图 5-35 “色阶”数值大效果

图 5-36 “色阶”数值小效果

5.1.2　细致调整色彩

1. “色相/饱和度”命令

“色相/饱和度”命令可以对图像的全部或某个通道进行色相、饱和度、明度的处理。“色相”即红、橙、黄、绿、青、蓝、紫；“饱和度”即一种颜色的纯度，纯度越高，饱和度越大；反之，饱和度越小；“亮度”即图像的明暗。

执行“图像”→“调整”→“色相/饱和度”命令或按 Ctrl+U 组合键，打开“色相/饱和度”对话框，如图 5-37 所示。

图 5-37　色相/饱和度

（1）预设：在“预设”下拉列表中提供了八种预设，如图 5-38 所示。

图 5-38　“预设”下拉列表

（2）通道：在“通道”下拉列表中可以选择全图、红色、黄色、绿色、青色、蓝色和洋红通道进行调整。选择好通道以后，拖动下面的“色相”“饱和度”和“明度”滑块，可以对该通道的色相、饱和度和明度进行调整。

（3）着色：勾选该复选框后，图像会整体偏向于某一单一的色调，还可以通过拖动三个滑块来调节图像的色调，如图 5-39 所示。进行着色调整后，效果如图 5-40 所示。

图 5-39　原图

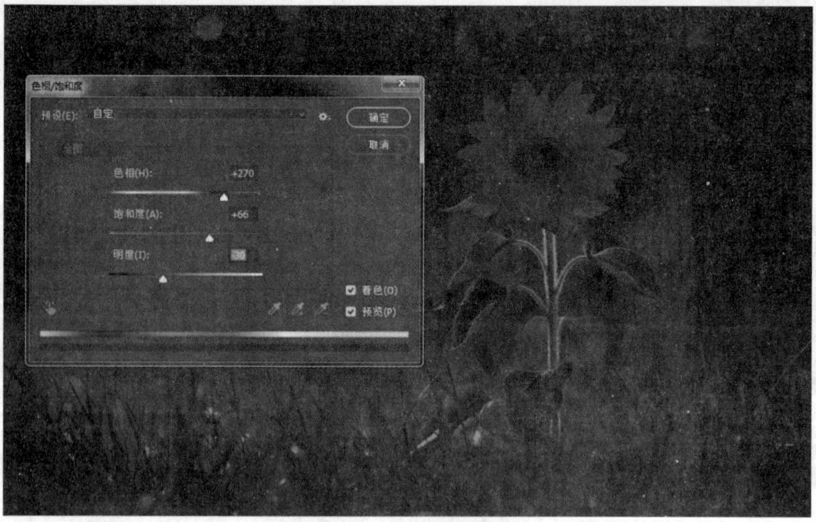

图 5-40　“着色”效果

2. “自然饱和度”命令

“自然饱和度”命令在调整图像饱和度时，会保护已经饱和的像素，即在调整时会大幅增加不饱和像素的饱和度，而对已经饱和的像素只做很少、很细微的调整。它不但能够增加图像某一部分的色彩，而且能使整幅图像的饱和度恢复正常。

（1）自然饱和度：滑块向左，可降低饱和度；滑块向右，可增加饱和度。执行“图像”

→“调整”→“自然饱和度”命令，如图 5-41 所示，打开“自然饱和度”对话框。对图片进行调整，可得到如图 5-42、图 5-43 所示效果。

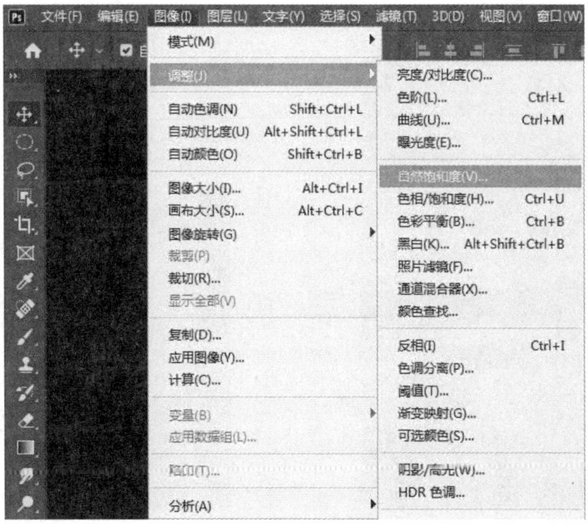

图 5-41 “自然饱和度”命令

图 5-42 “自然饱和度”低效果

图 5-43 “自然饱和度”高效果

（2）饱和度：滑块向左，可增加所有颜色的饱和度；滑块向右，可降低所有颜色的饱和度，如图 5-44、图 5-45 所示。

3. “去色”命令

使用“去色”命令可以将图像的颜色去掉，整个画面完全变为黑白色，每个像素仅保留原有的明暗度。执行“图像”→“调整”→“去色”命令（图 5-46）或按 Shift+Ctrl+U 组合键，可以看到图像变成黑白效果，如图 5-47 所示。

图 5-44 “饱和度”低效果

图 5-45 “饱和度”高效果

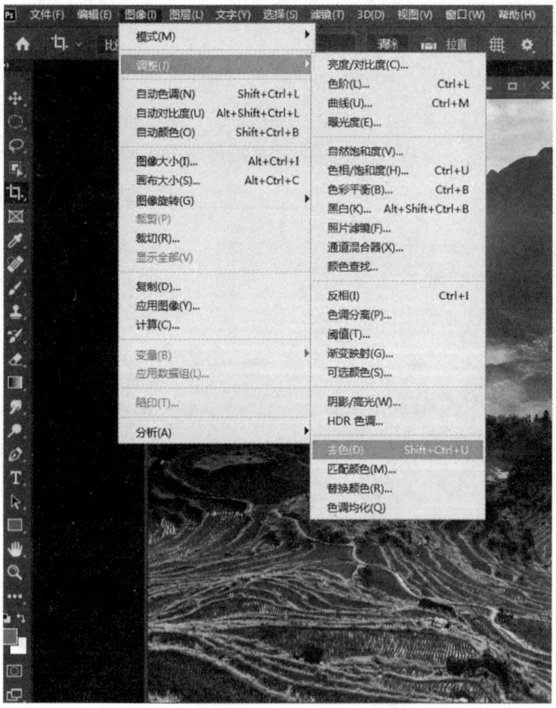

图 5-46 “去色”命令

图 5-47 去色后效果

4. “黑白”命令

“黑白”命令不仅可以将图像处理为黑白效果，还可以将黑白图像调整为单色图像。

执行“图像”→“调整”→“黑白”命令或按 Alt+Shift+Ctrl+B 组合键，打开“黑白”对话框，如图 5-48 所示。

图 5-48　“黑白”对话框

（1）预设：该下拉列表中提供了 12 种黑白效果，如图 5-49 所示。

图 5-49　“预设”下拉列表

（2）自动：单击此按钮，系统会自动对图像进行黑白调整。打开图 5-50，单击“自动”按钮后效果如图 5-51 所示。

图 5-50　原图

图 5-51　单击“自动”按钮后效果

（3）色调：勾选“色调”复选框后可以设置一个单色的图像，还可以调整单色图像的“色相”和“饱和度”，如图 5-52、图 5-53 所示。

图 5-52　暖色调效果

图 5-53　冷色调效果

5. “通道混合器”命令

使用“通道混合器”命令可以通过源通道向目标通道加减灰度数据，对各个通道进行混合来调整颜色。执行“图像”→“调整”→“通道混合器”命令，打开“通道混合器”对话框，如图 5-54 所示。

图 5-54　“通道混合器”对话框

（1）输出通道：选择进行调整后作为最后输出的颜色通道，可随颜色模式而异。

（2）源通道：向右或向左拖拽滑块可以增大或减小该通道颜色在输出通道中所占的百分比。向右拖动增大百分比；向左拖动减小百分比。

（3）常数：用来设置输出通道的灰度值，将一个具有不透明度的通道添加到输出通道上，负值可以在通道中增加黑色；相反，正值可以增加白色。

（4）单色：勾选此复选框后，创建只包含灰度值的彩色模式图像，图像颜色将变成黑白效果。

6. “渐变映射”命令

“渐变映射”命令在将图像转换为灰度图像的基础上，将图像的灰阶映射为一组渐变颜色。

执行“图像”→“调整”→“渐变映射”命令，打开“渐变映射”对话框，如图 5-55 所示。

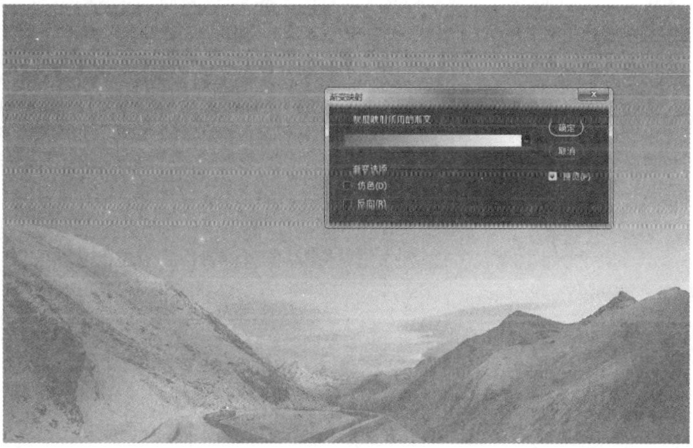

图 5-55　“渐变映射”对话框

（1）灰度映射所用的渐变：默认情况下，图像的暗调、中间调和高光分别映射到渐变填充的起始颜色、中间点和结束颜色。单击渐变条，打开“渐变编辑器”对话框，在该对话框中可以选择或重新编辑一种渐变应用到图像上。

（2）仿色：通过添加随机杂色，来平滑渐变效果。

（3）反向：反转渐变的填充方向，形成反向映射的效果。

7. “匹配颜色”命令

“匹配颜色”命令是将不同图层之间的颜色进行匹配而产生的效果。

执行“图像”→“调整”→“匹配颜色”命令，打开“匹配颜色”对话框，如图 5-56 所示。

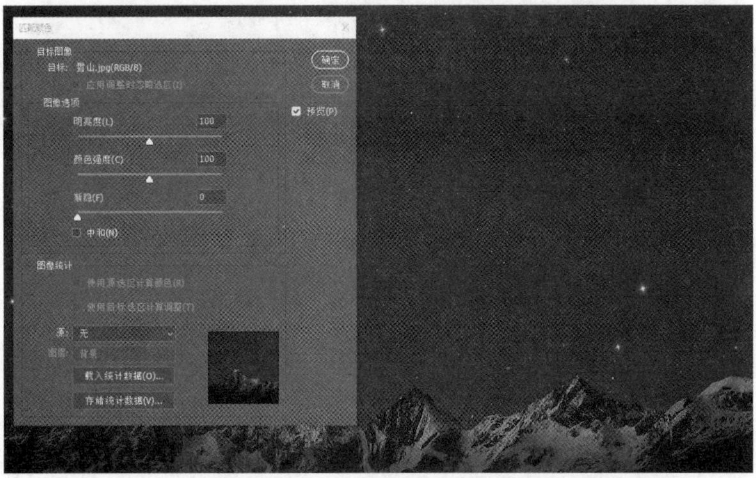

图 5-56 “匹配颜色”对话框

（1）目标：显示图像名称及颜色模式。

（2）应用调整时忽略选区：勾选该复选框，如果被修改的图像中存在选区，那么在执行命令时将忽略选区的存在，将调整应用到整个图像，如对图 5-57 进行调整，将得到图 5-58 所示的效果。如不勾选，那么调整只针对选区内图像进行改变，效果如图 5-59 所示。

图 5-57 原图

图 5-58　勾选“应用调整时忽略选区”后效果

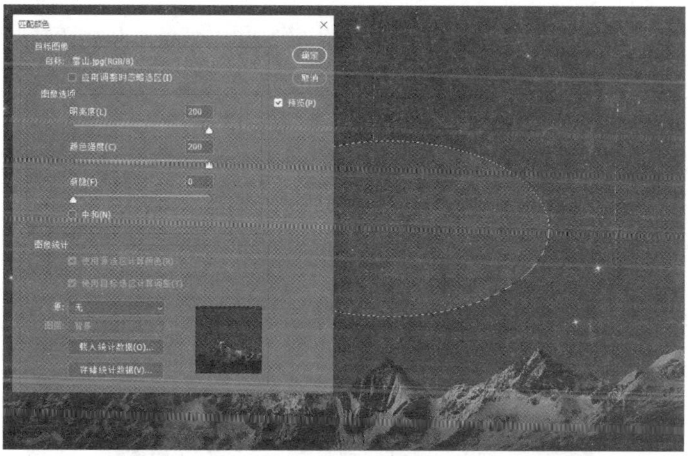

图 5-59　取消“应用调整时忽略选区”后效果

（3）明亮度：调整与图像匹配的明亮程度。

（4）颜色强度：此选项相当于调整图像的饱和度，如图 5-60、图 5-61 分别为颜色强度值为 1 和 200 时的颜色匹配效果。

图 5-60　颜色强度 1

图 5-61　颜色强度 200

（5）渐隐：类似图层蒙版，它决定了有多少源图像的颜色能够匹配到目标图像的颜色中。

（6）中和：主要去除图像中的偏色现象。

8. “替换颜色”命令

使用“替换颜色”命令可以创建蒙版，以选择图像中的特定颜色，然后替换这些颜色。还可以设置选定区域的色相、饱和度和亮度，通过使用拾色器来替换颜色。执行“图像”→“调整”→“替换颜色”命令，打开“替换颜色”对话框，如图 5-62 所示。

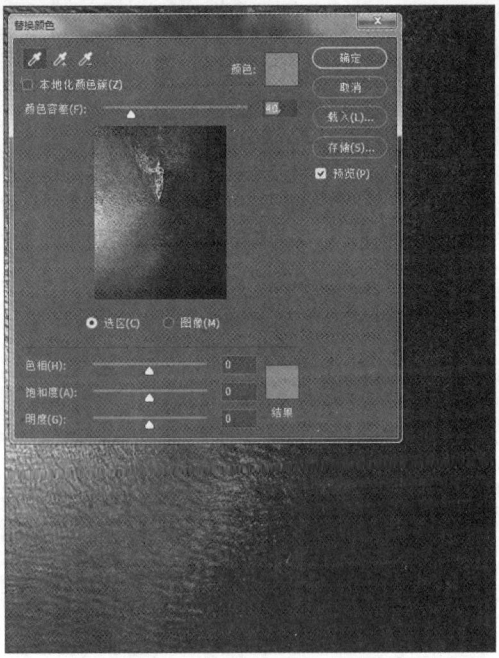

图 5-62　“替换颜色”对话框

（1）本地化颜色簇：主要用来在图像上选择多种颜色。

（2）吸管：使用该工具在图像上单击，可以选中单击点处的颜色。同时在“选区”缩略图中也会显示出选中的颜色区域，白色代表选中的颜色。

（3）颜色：显示选中的颜色。

（4）颜色容差：用来控制选中颜色的范围。数值越大，选中颜色范围越广；反之，越窄。

（5）选区/图像：选择“选区”选项，可以以蒙版方式进行显示，其中，白色代表选中的颜色，黑色代表未选中的颜色，灰色表示只选中了部分颜色，如图 5-63 所示；选择“图像”选项，则只显示图像，如图 5-64 所示。

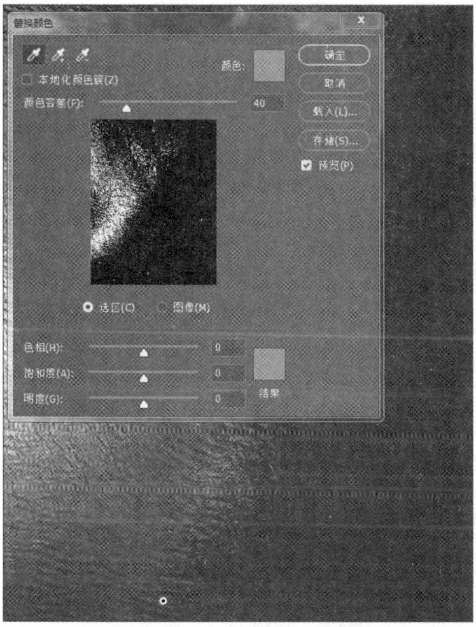

图 5-63　“选区”选项

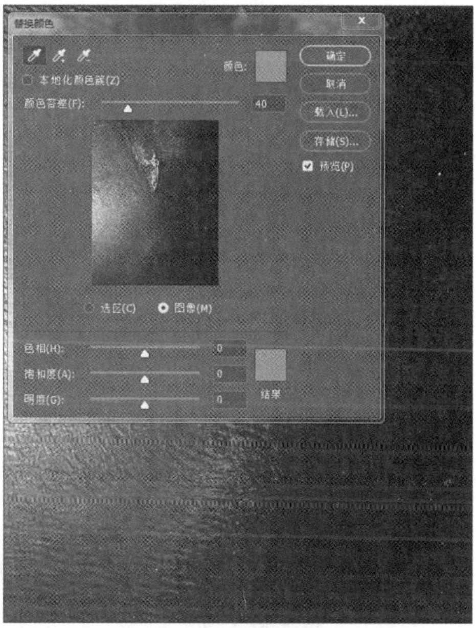

图 5-64　“图像”选项

（6）色相/饱和度/明度：可以调整选定颜色的色相、明度和饱和度。

9. “可选颜色”命令

使用“可选颜色”命令可以对图像中某一类颜色进行单独调色，而不会影响到图像中的其他颜色。执行“图像”→“调整”→“可选颜色”命令，打开“可选颜色”对话框，如图 5-65 所示。

图 5-65　“可选颜色”对话框

（1）颜色：在下拉列表中选择要修改的颜色，然后对下面颜色中的青色、洋红、黄色和黑色所占的百分比进行调整，原图如图 5-66 所示，图 5-67 所示为画面调整效果。

图 5-66　原图

图 5-67　调色后效果

（2）方法：选择“相对”方式，可以根据颜色总量的百分比来修改 C、M、Y、K 的数量；选择“绝对”方式，可以采用绝对值来调整颜色。

10.“反相”命令

使用“反相”命令可以反转图像的色彩和色调，若在此执行该命令，则可以将图像重新恢复为正常效果。执行“图像”→“调整”→“反相”命令或按 Ctrl+I 组合键，即可看到反相效果，如图 5-68、图 5-69 所示。

11.“阈值”命令

使用“阈值”命令可以得到一种特殊的高对比反差的黑白效果。执行“图像”→“调整”→“阈值”命令，打开“阈值”对话框，如图 5-70 所示。在“阈值”对话框中拖动折线图下面的滑块或输入“阈值色阶”数值可以指定一个色阶作为阈值。阈值越大，黑色像素分布越广；阈值越低，白色像素分布越广，如图 5-71、图 5-72 所示。

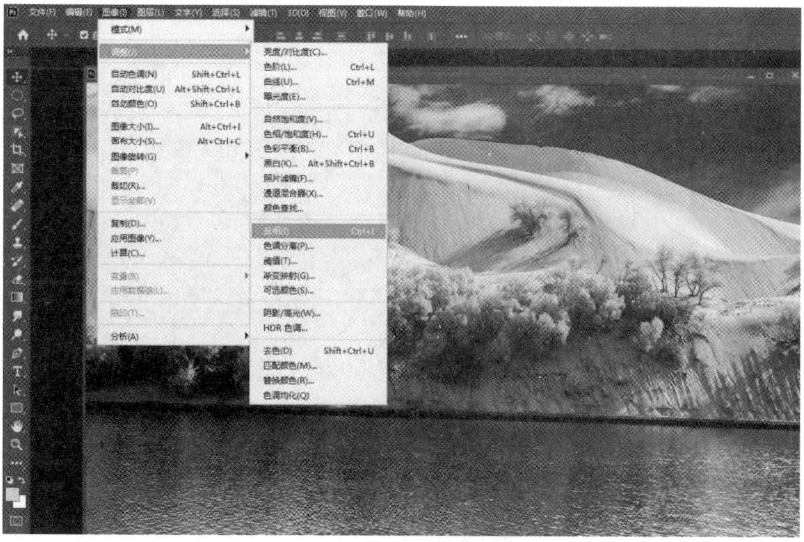

图 5-68　反相前

图 5 69　反相后

图 5-70　“阈值”对话框

图 5-71　高阈值效果

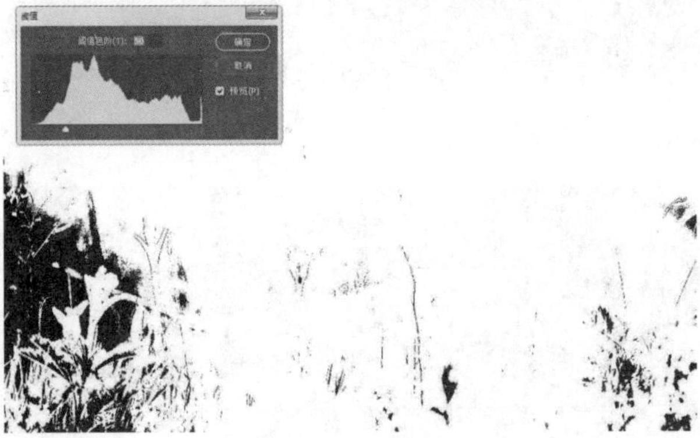

图 5-72　低阈值效果

13.“照片滤镜”命令

使用“照片滤镜”命令可以快速地修改照片的整体颜色倾向。打开图 5-73，执行“图像”→“调整”→“照片滤镜”命令，打开“照片滤镜”对话框，如图 5-74 所示。

图 5-73　原图

图 5-74　“照片滤镜”对话框

（1）滤镜：在下拉列表中包含很多种效果，选择一种预设效果应用到图像中，如图 5-75、图 5-76 所示。

图 5-75　蓝色（Cooling Filter）滤镜

图 5-76　绿色（Deep Emerald）滤镜

（2）颜色：选中“颜色”选项，可以自行设置颜色，如图 5-77、图 5-78 所示。

图 5-77　颜色设置偏紫色

图 5-78　颜色设置偏青绿色

（3）密度：设置滤镜颜色应用到图像中的颜色百分比。数值越高，应用到图像中的颜色浓度就越大；反之，浓度越小，效果如图 5-79、图 5-80 所示。

（4）保留明度：勾选该选项后，可以保留图像的明度不变。

图 5-79　密度高效果

图 5-80　密度低效果

14. “阴影/高光”命令

“阴影/高光”命令是专门用来修复图像太暗和太亮的区域的。打开图 5-81，执行“图像”→“调整”→“阴影/高光”命令，打开“阴影/高光”对话框，如图 5-82 所示。

图 5-81 原图

图 5-82 “阴影/高光”对话框

（1）阴影：“数量”选项用来控制阴影区域的亮度，值越大，阴影区就越亮；“色调”选项用来控制色调的修改范围，非常低的设置只影响最暗的色调；“半径”选项用来控制像素是在阴影中还是在高光中，如图 5-83、图 5-84 所示。

图 5-83 半径数值低效果

图 5-84　半径数值高效果

（2）高光："数量"用来控制高光区域的黑暗程度，值越大，高光区域越暗；"色调"选项用来控制色调的修改范围，非常低的设置只影响最暗的色调；"半径"选项用来控制像素是在阴影中还是在高光中，如图 5-85、图 5-86 所示。

图 5-85　过暗的"高光"效果

（3）调整："颜色"选项用来调整已修改区域的颜色；"中间调"选项用来调整中间调的对比度。

（4）存储为默认值：单击该按钮，可将对话框中的参数设置存储为默认值，再次打开"阴影/高光"对话框时，就会显示该参数。

15. "HDR 色调"命令

"HDR 色调"命令是一种特殊的效果，对比度和色彩度更好，在处理摄影作品时经常可以看到。执行"图像"→"调整"→"HDR 色调"命令，打开"HDR 色调"对话框，如图 5-87 所示。

图 5-86　较为合理的“高光”效果

图 5-87　“HDR 色调”对话框

（1）预设：在下拉列表中可以选择预设的“HDR”色调，其中黑白及彩色效果都有，单色效果如图 5-88 所示。

图 5-88　HDR 单色效果

（2）方法：采用何种 HDR 方法对图像进行调整。

（3）边缘光：用于调整图像边缘光的强度，强度越大，画面细节越突出。

（4）色调和细节：调节该选项可以使图像的色调和细节更丰富细腻，如图 5-89、图 5-90 所示。

图 5-89 细节降低效果

图 5-90 细节提高效果

（5）高级：通过该组命令可以调整画面整体的阴影、高光自然饱和度和饱和度。

（6）色调曲线和直方图：该命令使用方法与“曲线”命令使用方法相同。

5.2 实战演练

5.2.1 批处理和常用工具的应用

当我们在进行大批量图像的色彩调整时，可以将常用的“色阶”“曲线”“色相/饱和度”等工具编辑成动作按钮，通过再次编辑动作按钮的次数进行相近图片的批量处理。

（1）打开一张图片，按 Ctrl+J 组合键复制图层，如图 5-91 所示。

（2）执行“窗口”→“动作”命令（如图 5-92 所示），也可以使用组合键 Alt+F9，打开“动作”窗口。

图 5-91　复制图层

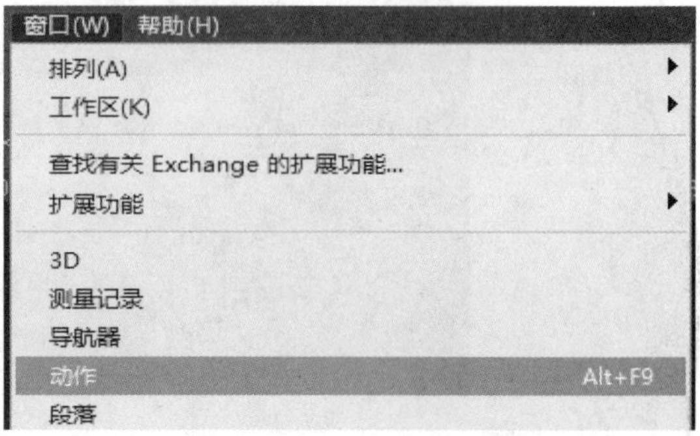

图 5-92　“动作”命令

（3）单击“动作”窗口右下角的“创建组”按钮，新建“组 1”，单击“确定”按钮，如图 5-93 所示。再次单击右侧的“新建动作”按钮，打开“新建动作”对话框，如图 5-94 所示。新建动作的名称可以命名为“色阶+10”，便于区分，单击“记录”按钮。

图 5-93　“新建组”对话框

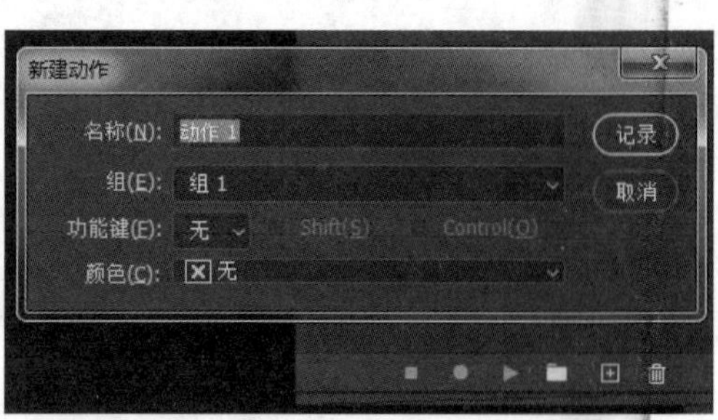

图 5-94　“新建动作”对话框

（4）按组合键 Ctrl+L 打开“色阶”对话框，在“输入色阶”左侧的参数框中输入 10，勾选右下角的“预览”复选项可以对比修改后和修改前的效果，单击“确定”按钮。原相机拍摄的图片常用的色阶修改范围在 10～30 之间，如图 5-95 所示。

（5）单击“动作”面板的“停止播放/记录”按钮结束录制，如图 5-96 所示。

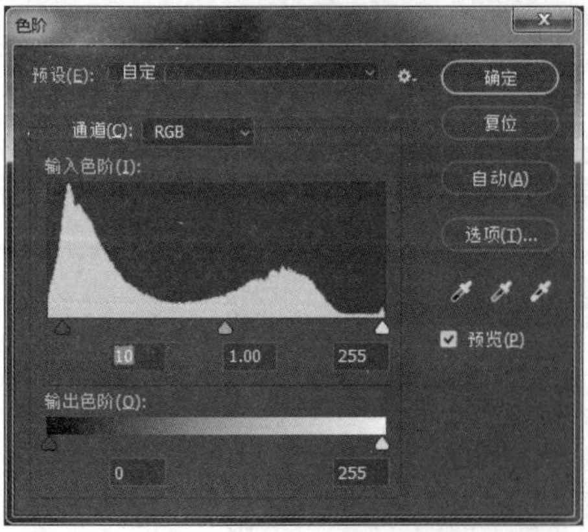

图 5-95　打开“色阶”工具

图 5-96　“停止播放/记录”按钮

（6）再次新建动作用来提高对比度，如图 5-97 所示，预览确定后停止录制。

图 5-97 提高对比度

（7）新建动作命名为“主体外饱和度”，执行“选择”→“主体”命令，如图 5-98 所示，按“反选”组合键 Ctrl+Shift+I。执行“图像”→“调整”→“自然饱和度”命令，如图 5-99 所示，按取消选区组合键 Ctrl+D 完成对背景饱和度的调色。

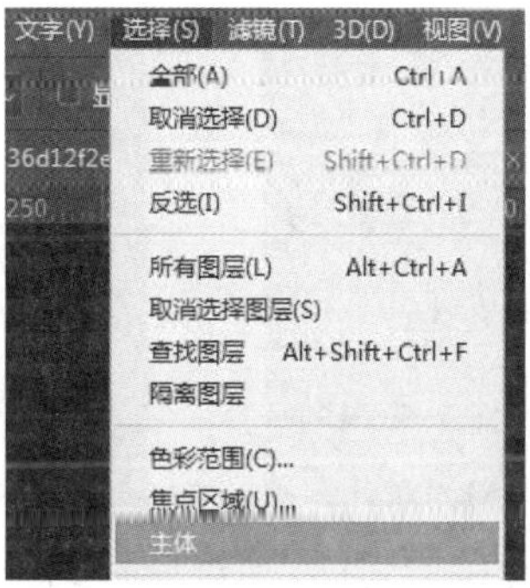

图 5-98 执行“主体”命令

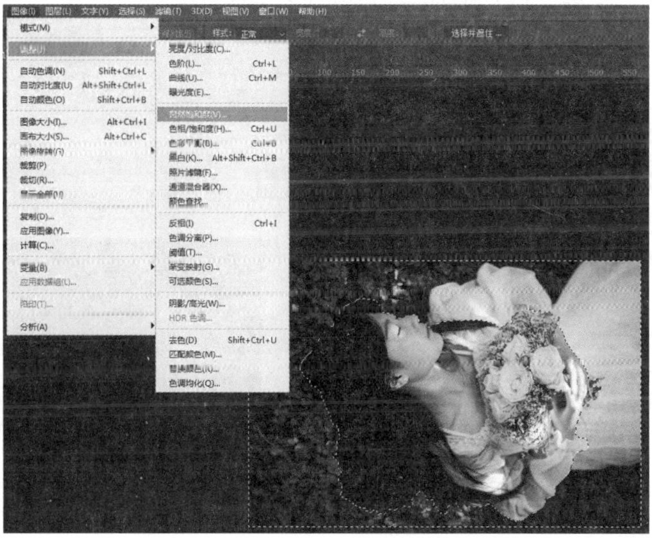

图 5-99 执行“自然饱和度”命令

（8）右键单击“图层”面板的图层 1，选择“拼合图像”命令（如图 5-100 所示），单击“停止播放/记录”按钮结束录制。

（9）单击动作条中刚才创建的“色阶”“对比度”“主体外饱和度”按钮，再次单击“动作”面板中的“播放”按钮，播放选定动作。新建“动作 3”，在记录状态下单击“播放”按钮，播放前面创建的三个动作。按组合键 Ctrl+S 和 Ctrl+W，保存并关闭播放，单击“结束”按钮，如图 5-101 所示。

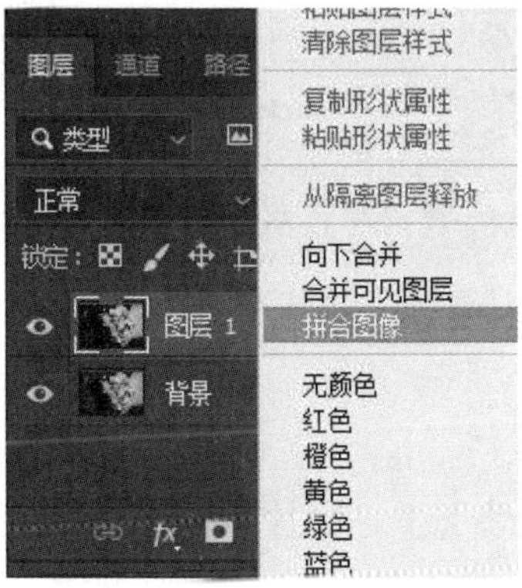

图 5-100　“拼合图像”命令

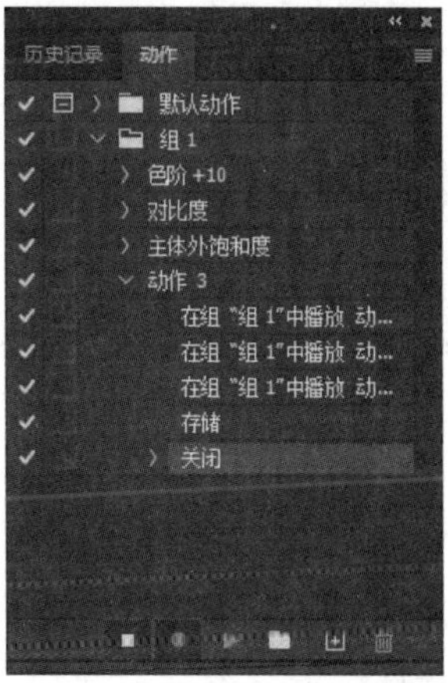

图 5-101　单击“结束”按钮并结束录制

（10）执行“文件”→“自动”→“批处理”命令，如图 5-102 所示。在“播放”选框里选择“组 1，动作 3”，单击“选择”按钮，选定目标图片文件夹，单击“确定”按钮，即可完成色彩调整的批处理应用，如图 5-103 所示。

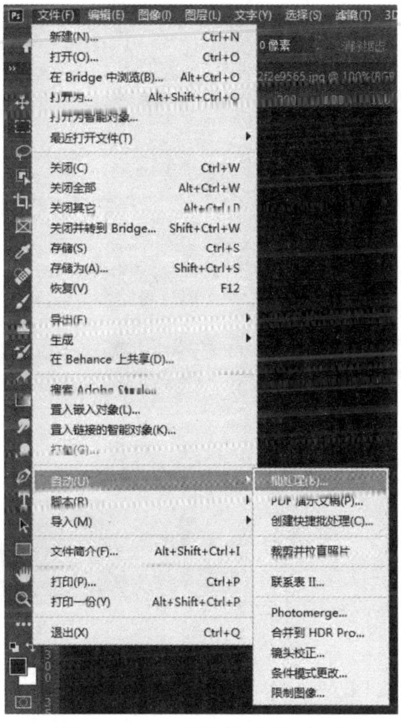

图 5-102　“批处理”命令

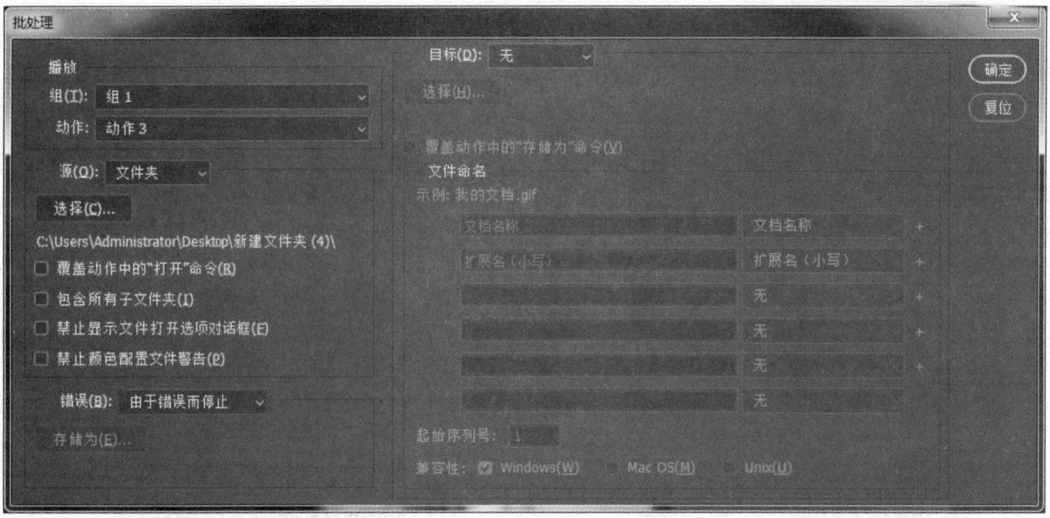

图 5-103 “批处理”对话框

5.2.2 去色功能应用

当人们在浏览饱和度高、颜色鲜艳的图片产生色彩疲劳后，会比较倾向看颜色简单一些，甚至是黑白图片，本节案例讲解 Photoshop 的去色功能。

（1）打开一张图片，按组合键 Ctrl+J 复制两次图层，如图 5-104 所示。

（2）执行“图像”→“调整”→“去色”命令，如图 5-105 所示，或使用组合键 Ctrl+Shift+U，就可以快速将图片调整为黑白效果。

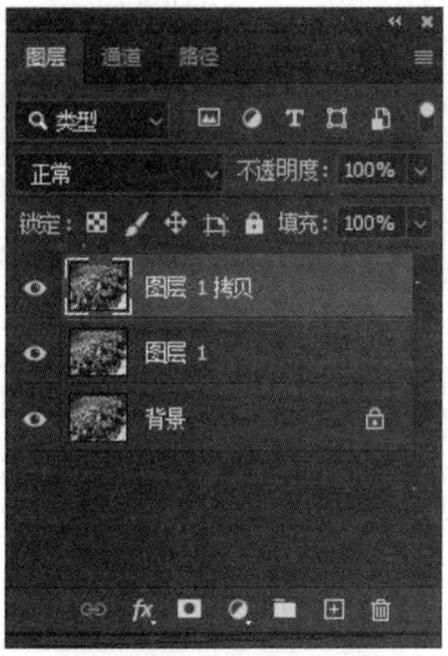

图 5-104 复制图层

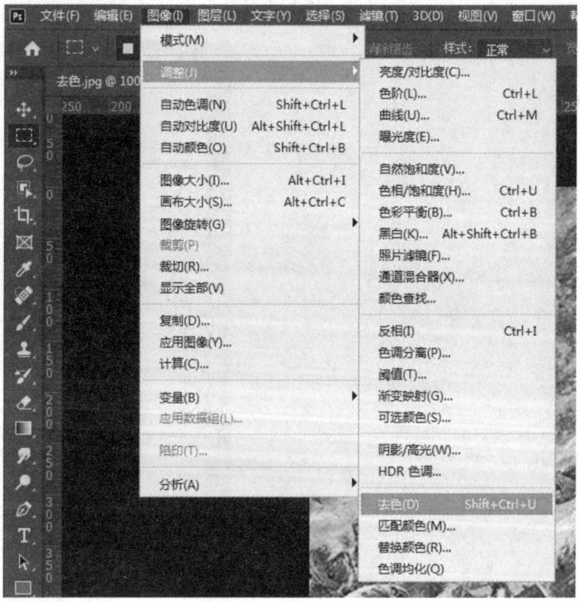

图 5-105 “去色”命令

（3）还可以执行黑白命令为图片调整黑白效果和单色图像。执行“图像”→“调整”→“黑白”命令，如图 5-106 所示，也可以使用组合键 Ctrl+Alt+Shift+B。

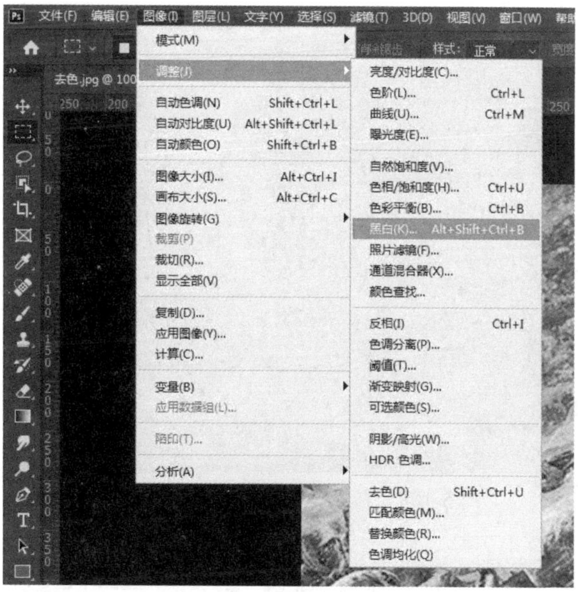

图 5-106　“黑白”命令

（4）在“图层”面板中单击“图层 1”，选择“黑白”命令打开“黑白”对话框，如图 5-107 所示。

图 5-107　执行黑白命令

（5）在“预设”下拉列表中选择“蓝色滤镜”，如图 5-108 所示。画面比刚才的黑白灰对比效果更强一些。

（6）若想要营造一点黑白照片老旧泛黄的感觉，可以勾选“色调”复选框，如图 5-109 所示。

（7）调整“饱和度”，将其降低到 10%，如图 5-110 所示。

图 5-108　蓝色滤镜不同的黑白灰对比

图 5-109　勾选“色调”复选框

图 5-110　降低饱和度

（8）下面是两种去色效果的对比，如图 5-111、图 5-112 所示。

图 5-111　简单的黑白去色

图 5-112　去色+色调调整

5.2.3　“HDR 色调”命令应用

（1）在摄影作品中经常会用到色调调整。打开一张图片，执行“选择”→“图像”→“调整”→“HDR 色调”命令，如图 5-113 所示。

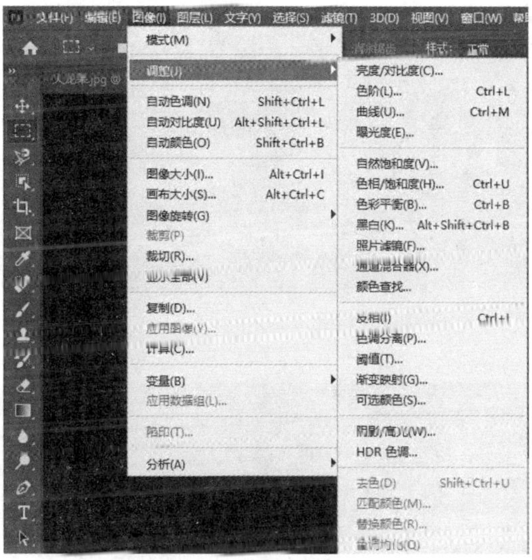

图 5-113　选择 HDR 色调

（2）预设选项默认设置会提高原图的饱和度和清晰度，如图 5-114 所示。

（3）预设选项里的四种单色效果也可以将图片调整为黑白模式，分别是“单色艺术效果”“单色高对比度”“单色低对比度”“单色”，如图 5-115 所示。

（4）单击展开下侧的“色调曲线和直方图”，调整曲线，如图 5-116 所示，使这张图片的光线和单色低对比度更加匹配。

（5）预设选项中“更加饱和”命令会将图片的自然饱和度和饱和度调得过高，如图 5-117 所示。

（6）预设选项中“饱和”命令的颜色相比更加自然，如图 5-118 所示。

图 5-114　预设选项默认效果

图 5-115　“预设”下拉菜单

图 5-116　选择匹配效果并调整曲线

图 5-117　“更加饱和”效果

图 5-118　根据实际情况选择饱和度

（7）预设选项中“逼真照片”与“饱和”相比，颜色的鲜艳程度会略微低一些，但是细节清晰度会更高一些，如图 5-119 所示。

图 5-119　“饱和”效果低画面偏灰

（8）下面是原图和 HDR 色调调整后的对比效果，如图 5-120、图 5-121 所示。

原图　　　　预设默认

图 5-120　对比效果

原图　　　　单色低对比度+曲线

图 5-121　对比效果

本章小结

本章重点介绍了图像色彩调整的相关知识，通过本章的学习，读者可掌握色彩调整的常用工具及命令，在进行图像合成及特效处理的过程中能够制作出效果丰富的画面。从简易入手操作的自动调整图像，到需要设置参数的色调调整，及需要根据图片实际情况，有针对的进行细致调整色彩，最后到实战应用和批量处理。各种命令工具并无优劣之分，皆是为不同图像的明度、纯度、色相而调整出更佳的视觉效果，所以根据不同的图像调整目标，并且将流程不断优化并提高效率。

思考与练习

1．图像色彩调整的常用命令有哪些？

2．运用本章介绍的相关知识调整一批图片。

第 6 章　文字创建与编辑

本章导读

Photoshop 的文本工具有四个，它们分别是横排文本工具、直排文本工具、横排文本蒙版工具和直排文本蒙版工具，这些工具的快捷键是 T。

本章重点介绍了 Photoshop 软件的文本工具及文字的编辑功能，通过学习读者可以掌握文字的各种编辑方法、文字的类型和属性，并灵活运用文字工具创建特殊的文字效果、学会输入和编辑文字、能够创建文字和转换文字对象。

本章要点

- 掌握横排与直排文字。
- 掌握创建路径文字和变形文字、编辑文字及转换文字的方法。

6.1　文字类型

6.1.1　点文字

点文字是 Photoshop 中使用最为广泛的一类文字，用于创建和编辑较少内容的文本信息，如标题文字。点文字在输入的过程中随着参数增加，但不会自动换行，可按 Enter 键换到下一行，然后继续输入。

6.1.2　段落文字

段落文字是一类以段落文字文本框来确定文字位置与换行情况的文字，当用户改变文本框时，文本会根据文本框的形状自动换行。其主要应用于内容较多的文字，如宣传品中的正文部分。

6.2　输入文字

6.2.1　输入横排文字和直排文字

“横排文字工具”是最常用的文字工具，选择该工具后在页面单击就可以输入文字，添加横向排版的文字效果，按下 Enter 键可以换行，如图 6-1 所示。“直排文字工具”可以在图像中添加纵向排版的文字效果，使用方法和“横排文字工具”相似，如图 6-2 所示。

1. 文字工具属性栏的功能

（1）更改文本方向：当前文字为横排文字时，单击“更改文本方向”按钮可转换为直排文字；文字为直排文字时则转换为横排文字。

（2）设置字体：选择需要处理的文字，在文字工具属性栏的“设置字体”选项的下拉列表中选择需要的字体，所选择的文字字体会随之改变。

（3）设置字体样式：文字工具属性栏的“设置字体样式”选项只对部分字体有效。可以在此设置“Regular”（规则的）、“Bold”（粗体）、“Italic”（斜体）、“BoldItalic”（粗斜体）等。

（4）设置字体大小：选择需要设置字体大小的文字，在“文字工具”属性栏的“设置字体大小”选项中，通过选择或直接输入数值的方式设置字体的大小。

（5）消除文字锯齿：在文字工具属性栏的“设置消除锯齿的方式”选项中，可以为选择一种文字消除锯齿方法，有“锐利”“犀利”“浑厚”“滑”四种选项。如果没有设置消除锯齿，那么文字的边缘就会产生硬边和锯齿。选择“锐利”，使文字边缘有清晰的轮廓；选择“犀利”使文字显得更鲜明；选择“浑厚”，使文字更为粗重；选择“平滑”，使文字变得更为平滑。设置“消除文字锯齿”的效果如图 6-12、图 6-13 所示。

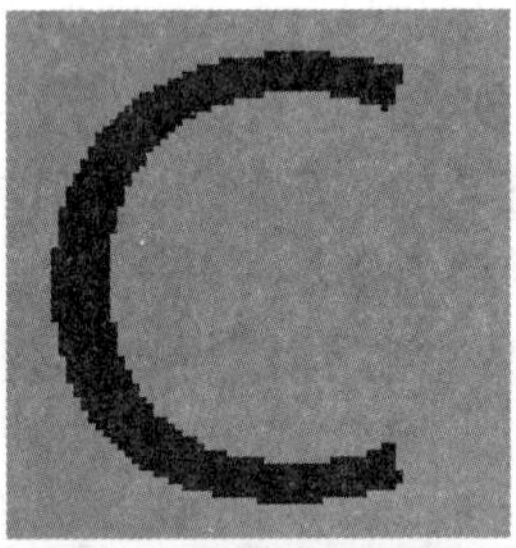

图 6-12　没有设置“消除锯齿”

图 6-13　设置“消除锯齿”效果

（6）设置文本对齐：文字工具属性栏提供了三种文本的对齐方式，即左对齐、右对齐、居中对齐，是根据输入文字光标的位置为基准的文本对齐方式。

（7）设置文字颜色：单击文字工具属性栏中“设置文字颜色”选项的颜色色块，在打开的“拾色器”对话框中选择想要的字体颜色即可。

较小的文字如果包含多种颜色，容易产生套印不准，从而导致文字模糊。如常用的默认黑色就要慎用，Photoshop 默认的黑色不是纯粹的黑色，而是四色叠加的黑色（C93 M88 Y89 K80），设计师如需使用黑色应该使用（C0 M0 Y0 K100），再将图层模式设置为“正片叠底”，这样能有效地避免套色不准的现象。

（8）创建文字变形：单击文字工具属性栏中的“创建文字变形”按钮，打开“文字变形”对话框，可以创建变形文字，这一部分的内容在后面进行详细地介绍。

2. 字符面板

单击文字工具属性栏中“显示/隐藏字符段落面板”按钮，可以打开“字符”面板，如图 6-14 所示。

“字符”面板中与文字工具属性栏相同的功能在此不重复介绍，仅介绍文字工具属性栏中没有的常用功能。

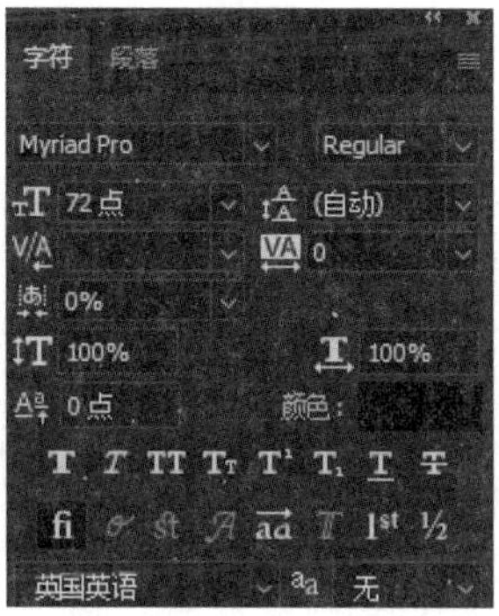

图 6-14　“字符”面板

（1）调整行距：行距是各文字行之间的距离，数值越大，行距越大。设置行距的具体操作方法是：选择需要调整行距的文字，在“字符”面板中单击旁的下拉列表，可以选择数值，也可以直接输入数值来改变所选文字行与行之间的距离，如图 6-15、图 6-16 所示。

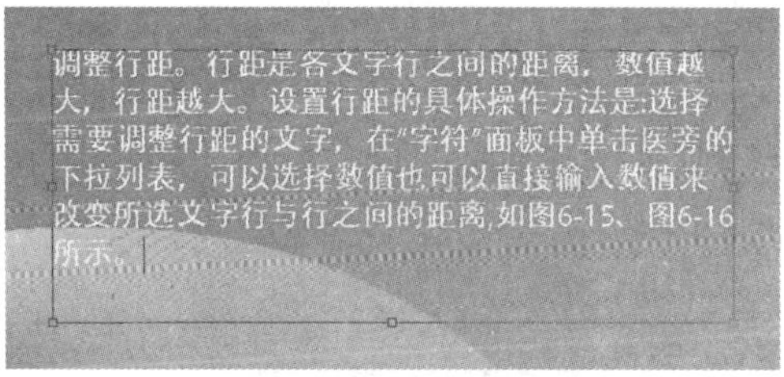

图 6-15　行距自动

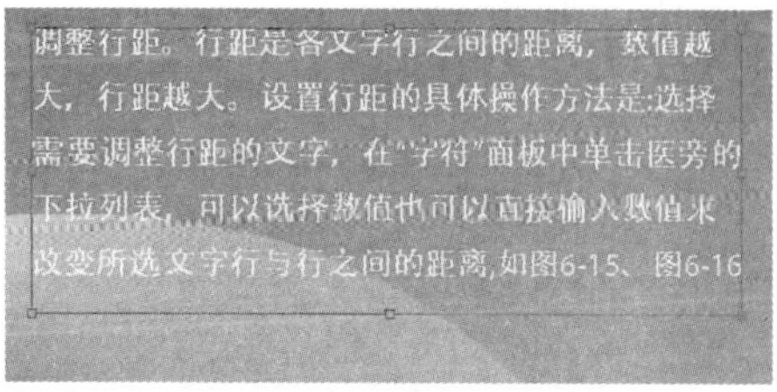

图 6-16　行距 30

（2）调整字距：字距是字与字之间的距离，合理的间距使阅读更为舒适。具体操作方法是：在“字符”面板中单击旁的下拉列表，可以选择数值，也可以直接输入数值来改变所选文字之间的距离。

如果需要对两字符之间的距离进行微调有两种方法：①使用文字工具在两字符之间单击，在“字符”面板中单击“设置两字间字距微调”选项右侧的下拉列表，从中选择数值或直接输入数值。②使用文字工具在两字符之间单击后，按 Alt+←组合键和 Alt+→组合键进行两字字距微调。

（3）更改字符长宽比例：输入文字后，选择需要调整的文字，在“字符”面板中的“垂直缩放”选项和“水平缩放”选项的输入框中输入数值，就可以改变文字的长宽比例，如图 6-17、图 6-18 所示。

图 6-17　正常比例

图 6-18　更改长宽比例后

6.3.2　设置段落属性

“段落”面板用来设置段落属性，如图 6-19 所示。

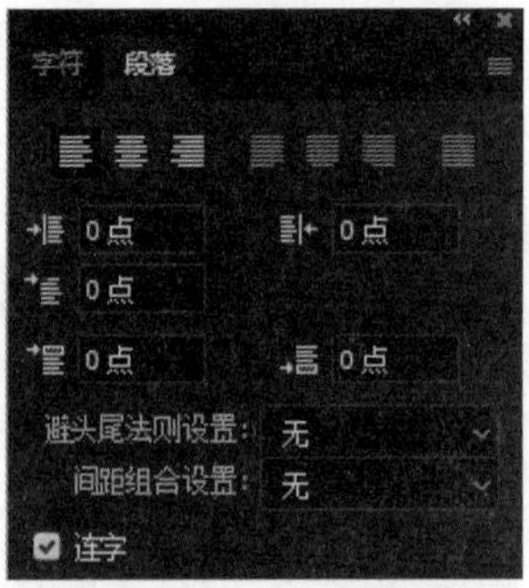

图 6-19 “段落”面板

如需单独设置某一段落的格式，可以用文字工具在该段落任意位置单击；如需设置全部段落格式，则需在“图层”面板中选择该文本图层。

1. 设置段落的对齐

“段落”面板最上面一排的按钮用来设置段落的对齐方式，有以下几种方式。

（1）左对齐文本：文本左对齐，段落右端参差不齐，如图 6-20 所示。

（2）居中对齐文本：文本居中对齐，段落两端参差不齐，如图 6-21 所示。

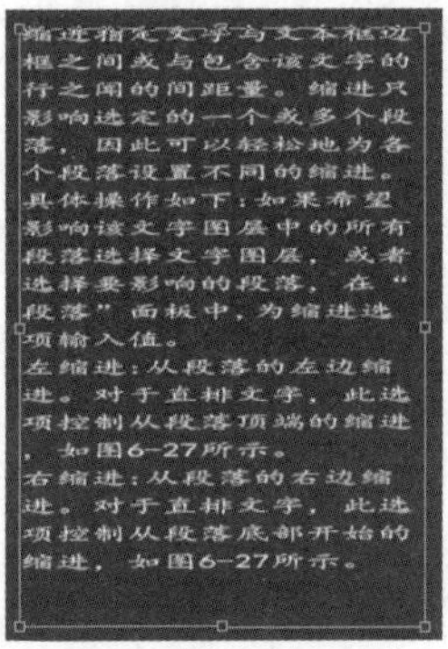

图 6-20 左对齐

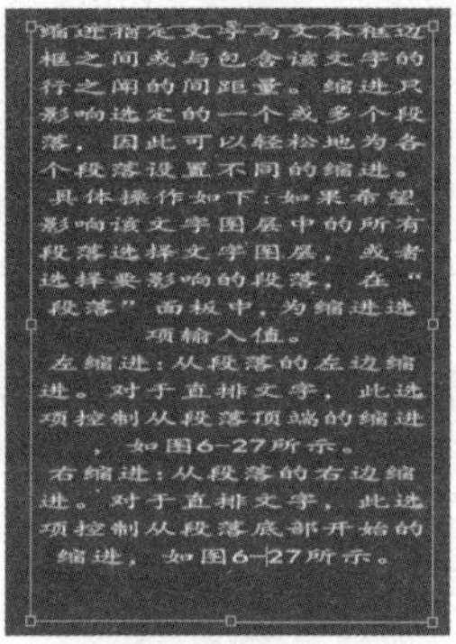

图 6-21 居中对齐

（3）右对齐文本：文本右对齐，段落左端参差不齐，如图 6-22 所示。

（4）最后一行左对齐：每自然段最后一行左对齐，其他行左、右两端强制对齐，如图 6-23 所示。

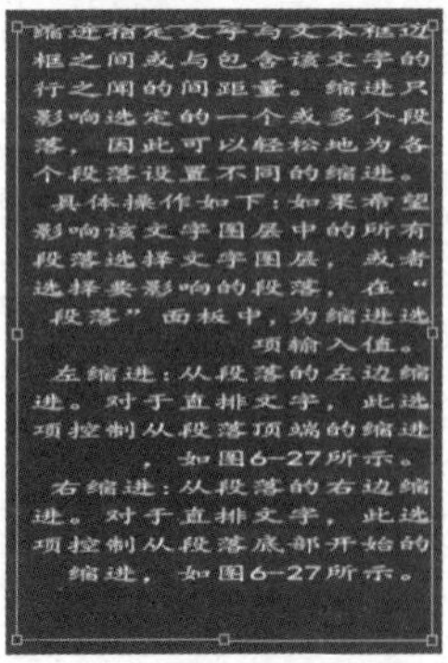

图 6-22 右对齐

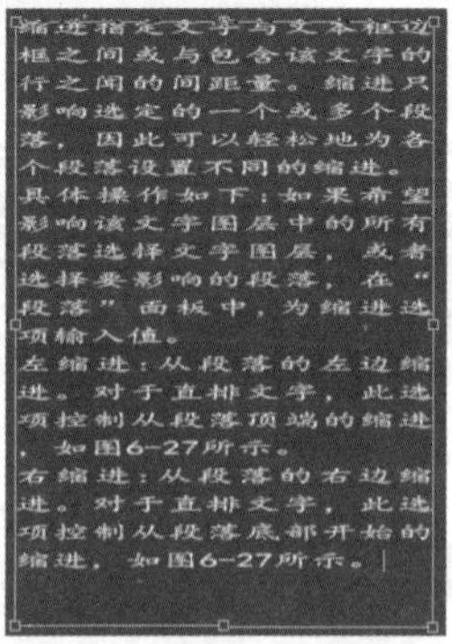

图 6-23 最后一行左对齐

（5）最后一行居中对齐▤：每自然段最后一行居中对齐，其他行左、右两端强制对齐，如图 6-24 所示。

（6）最后一行右对齐▤：每自然段最后一行右对齐，其他行左、右两端强制对齐，如图 6-25 所示。

（7）全部对齐▤：在字符间添加间距，使文本两端强制对齐，如图 6-26 所示。

图 6-24　最后一行居中对齐

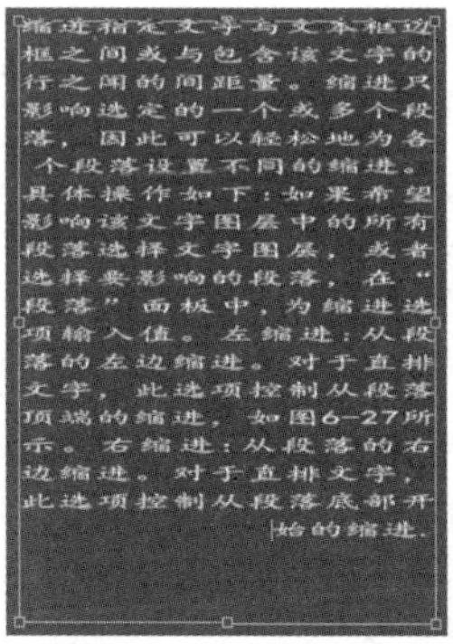

图 6-25　最后一行右对齐

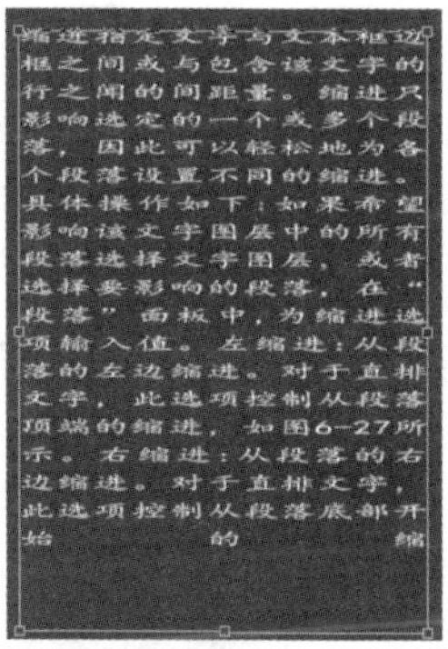

图 6-26　全部对齐

2. 设置段落的缩进

缩进指定文字与文本框边框之间或与包含该文字的行之间的距离。缩进只影响选定的一个或多个段落，因此可以轻松地为各个段落设置不同的缩进。

具体操作为：如果希望影响该文字图层中的所有段落，则选择文字图层，或者选择要影响的段落，在“段落”面板中，为缩进选项输入值。

（1）左缩进▤：从段落的左边缩进。对于直排文字，此选项控制从段落顶端的缩进，如图 6-27 所示。

（2）右缩进▤：从段落的右边缩进。对于直排文字，此选项控制从段落底部开始的缩进，如图 6-28 所示。

（3）首行缩进▤：缩进段落的首行文字。对于横排文字，首行缩进与左缩进有关，如图 6-29 所示；对于直排文字，首行缩进与顶端缩进有关。若要创建首行悬挂缩进，则输入一个负值。

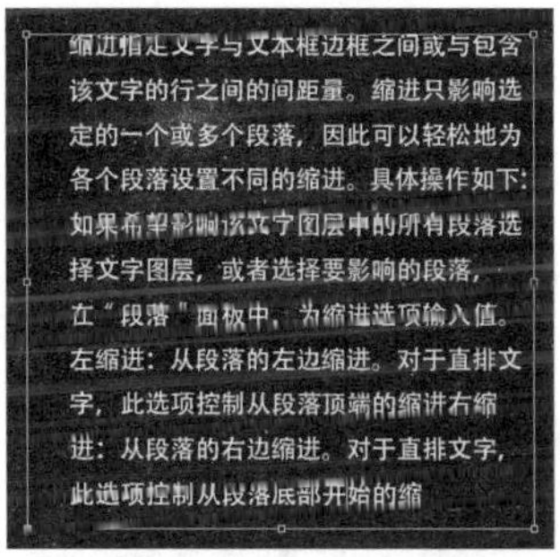

图 6-27　左缩进 20

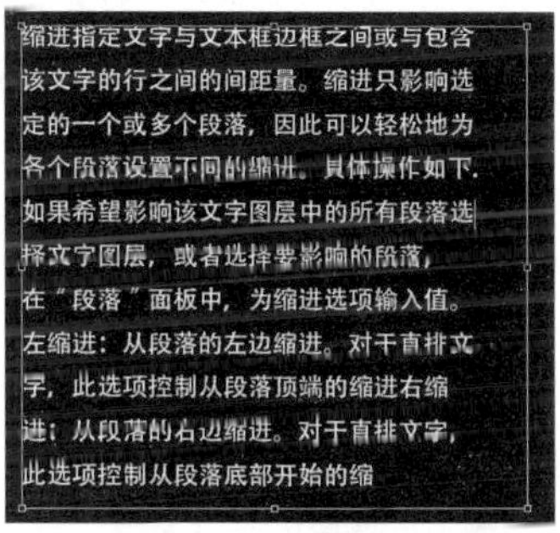

图 6-28　右缩进 20

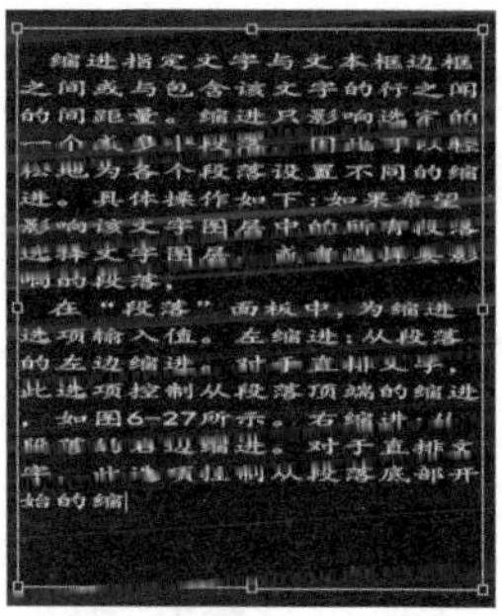

图 6-29　首行缩进 20

3. 设置段落的间距

“段落”面板中的“段前添加空格”▤按钮和“段后添加空格”▤按钮可以控制段落间的距离。

4. 设置避头避尾法则

在段落排版中对行首和行尾可使用的标点是有限制的，称为避头尾。如行首不允许出现逗号、句号、问号、感叹号等；行尾不允许出现前引号、前括号、前书名号等。我们可以通过“段落”面板中的“避头避尾法则设置”选项选择是严格还是宽松地遵照避头避尾法则，如图 6-30、图 6-31 所示。

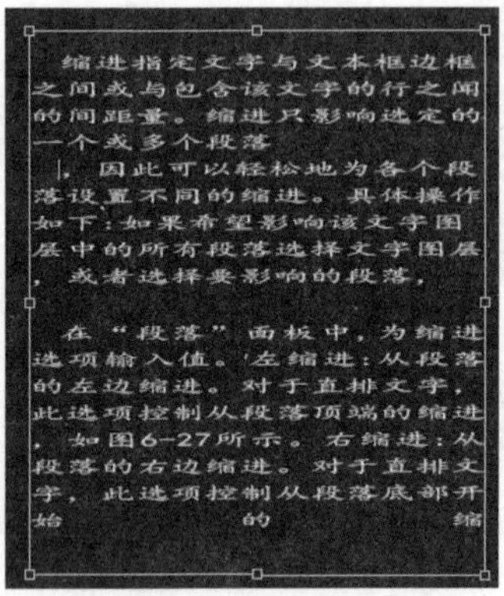

图 6-30　没有设置避头尾法则

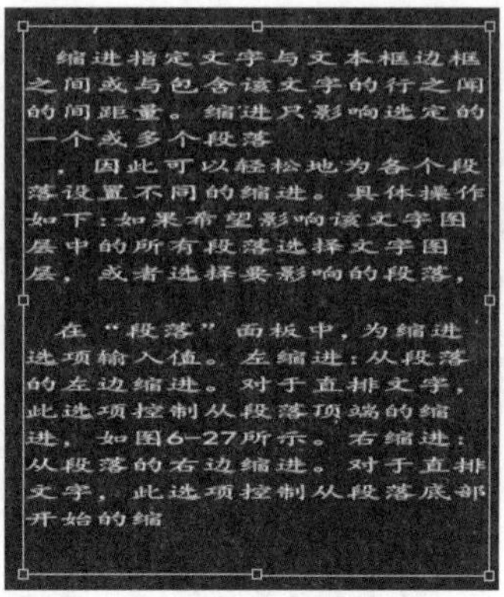

图 6-31　设置避头尾法则

6.4　编辑文字

6.4.1　选择文字

在对已经输入的文字进行更改和调整前，必须先选中文字。使用“横排文字工具”单击文本，则自动选择“文字”图层，并进入文字编辑模式。在文本中单击并拖动，可以选择一个或多个字符，选中的字符成反色显示，如图 6-32 所示。按下 Shift 键的同时单击，可以将置入点到鼠标单击处之间的字符选中，如图 6-33 所示。

双击“图层”面板中“文字”图层的 T 图标，如图 6-34 所示，可以快速地选择图层中的所有字符。接 Esc 键可退出文字的选中状态。

图 6-32　选中文字

图 6-33　按 Shift 键选中文字

图 6-34　双击选中所有文字

6.4.2　更改文字排列方向

执行“类型”→“文本排列方向”→“横排/竖排”命令，或单击文字工具属性栏中的“更改文本方向”按钮，可以切换文本方向。

6.4.3　切换点文字和段落文字

执行“类型”→“转换为段落文本”命令，可以将点文本转换为段落文本；执行“类型”→“转换为点文本”命令，可以将段落文本转换为点文本。但是需要注意的是，段落文本中超出文本框边界的文字在转换过程中将被删除，因此在转换前需要调整段落文本的文本框大小，确保所有的文字都显示出来，这样才不会丢失文字。

6.5　创建变形文字

由于设计需要，设计师常常需要对文字进行变形、旋转等编辑，Photoshop 中的文字图层可以和普通图层一样进行“自由变换”。此外，用户还可以通过“变形文字”功能对文字进行变形，将文字扭曲成波浪形、扇形等形状，从而创建更为丰富的文字效果。

6.5.1　创建变形文字和“变形文字”样式

1. 创建变形文字

输入文字后，执行“类型”→“文字变形”命令，或单击文字工具属性栏中的“创建文字变形”按钮，弹出“变形文字”对话框，选择相应样式后，调整数值，文字即可产生想要的变形效果，如图 6-35～图 6-37 所示。

图 6-35　输入文字

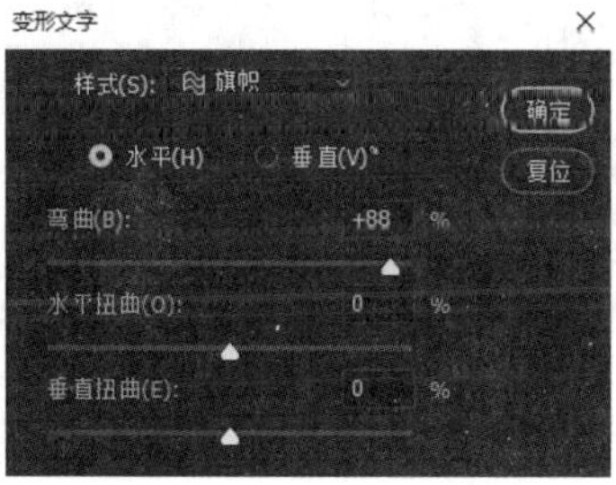

图 6-36　“变形文字”对话框

图 6-37　文字变形后效果

2. “变形文字”样式

在样式选项的下拉列表中，Photoshop 提供了 15 种变形样式，如图 6-38～图 6-40 所示。

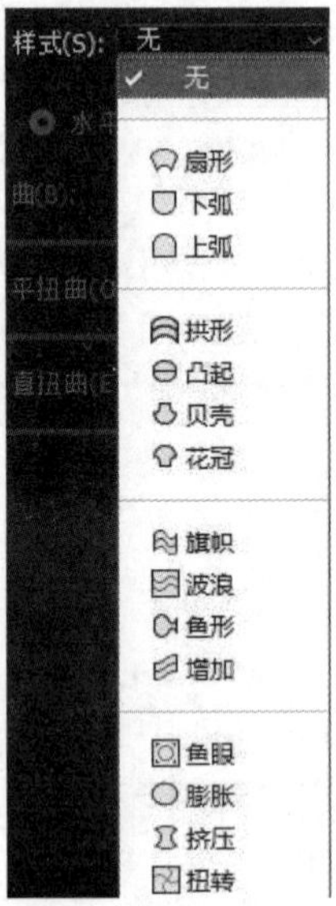

图 6-38 样式列表

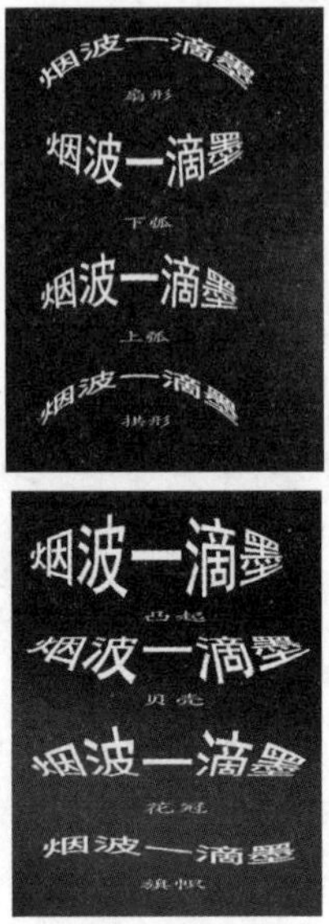

图 6-39 变形样式

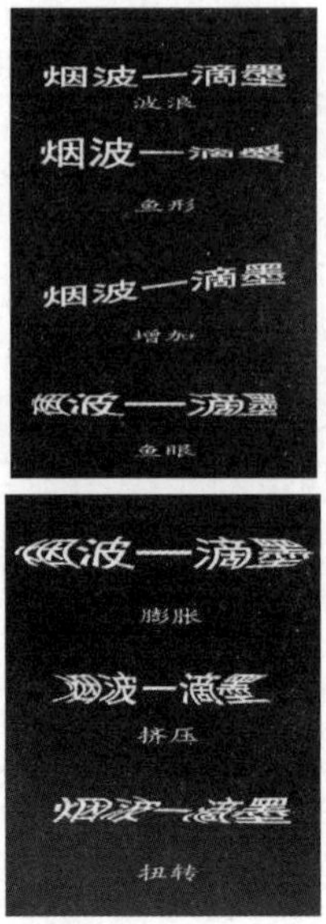

图 6-40 变形样式

（1）水平/垂直：选择“水平”，文字扭曲的方向为水平方向，如图 6-41 所示。选择“垂直”，文本扭曲的方向为垂直方向，如图 6-42 所示。

图 6-41 文本扭曲方向水平

图 6-42 文本扭曲方向垂直

（2）弯曲：可设置文本的弯曲程度，范围为-100%～100%。

（3）水平扭曲/垂直扭曲：可对文本应用水平方向或垂直方向的扭曲效果，如图 6-43、图 6-44 所示。

图 6-43 水平扭曲效果

图 6-44 垂直扭曲效果

6.5.2　编辑变形文字效果

1. 重置变形

如果对变形效果不满意需要微调，或者想要更换其他变形效果，还可以再次进行修改。执行“类型”→“文字变形”，再次打开“变形文字”对话框，在对话框中修改数值或者在“样式”选项下拉列表中选择其他样式选项，设置后即可更改文字的变形效果，如图 6-45、图 6-46 所示。

图 6-45　更改变形文字

图 6-46　更改后效果

2. 取消变形

在“变形文字”对话框的“样式”下拉列表中选择“无”，单击“确定”按钮后即可将文字恢复为变形前状态。

6.6　创建路径文字

在 Photoshop 中，用户可以通过将文字沿路径排列，使文字产生特殊的排列效果。在开放路径上文字沿路径边缘排列，还可以将文字排列在封闭的路径内，形成类似段落文本框的效果。当路径形状改变时，文字的排列方式也会随之改变，因此文字的处理方式更为灵活。

6.6.1　输入沿路径排列的文字

1. 沿开放路径排列文字的具体操作

（1）使用“钢笔工具”在图像文件中绘制出一条曲线路径，如图 6-47 所示。

（2）选择“横排文字工具”，设置好字体、字号和颜色后将光标放在路径上时，光标会变成 S 曲线。在路径上单击设置文字插入点，然后输入文字，文字就会沿着路径的形状进行排列。按下 Ctrl+Enter 组合键结束操作。在“路径”面板的空白处单击即可隐藏路径，效果如图 6-48 所示。

2. 沿封闭路径排列文字的具体操作

（1）使用“钢笔工具”绘制出一个封闭路径，本处绘制了一个五角星形状，如图 6-49 所示。

（2）选择“横排文字工具”，将光标移动到五角星形的路径之内时，光标显示为 T，表示在封闭区域内排版文字，此时输入文字就会按五角星的形状排版，如图 6-50 所示。

图 6-47 绘制路径

图 6-48 沿路径排列文字

图 6-49 创建封闭路径

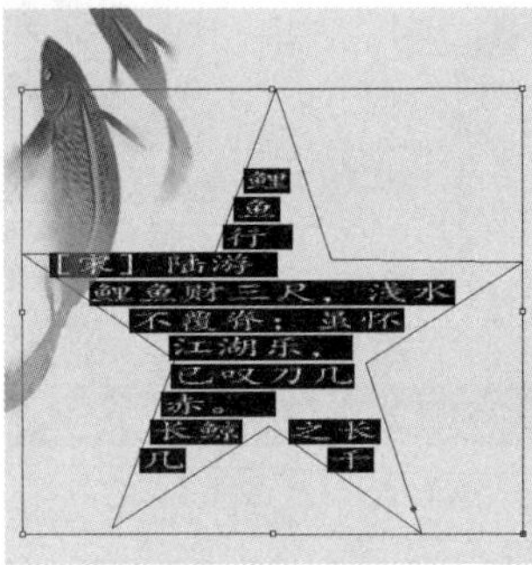

图 6-50 沿封闭路径排列文字

6.6.2 调整文字排列的位置

选择“直接选择工具”或者“路径选择工具”，将光标移动到文字上，这时光标会变成形状。单击鼠标左键并沿路径拖拽，就可以调整文字在路径上的位置，如图 6-51 所示。

单击鼠标左键并向路径的另一侧拖拽文字，就可以翻转文字，如图 6-52 所示。

使用“路径选择工具”拖动路径锚点，改变路径形状，从而影响文字的排列形状，如图 6-53 所示。

图 6-51 调整文字排列的位置

图 6-52 翻转文字

图 6-53 拖动路径锚点

6.6.3 调整文字与路径的距离

在“字符”面板中调整“设置基线偏移”选项的参数，可以调整路径与文字之间的距离，如图 6-54～图 6-56 所示。

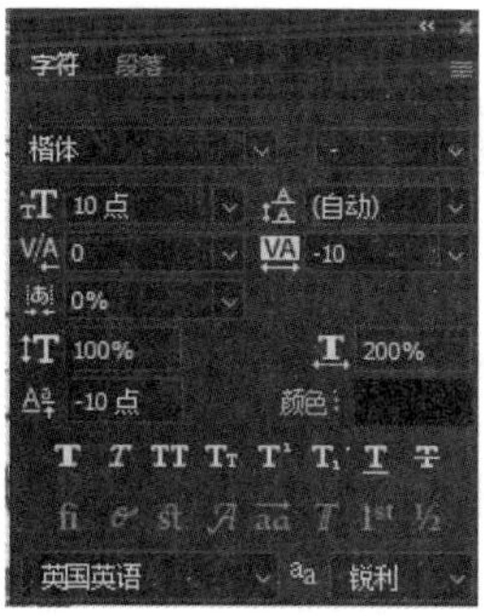

图 6-54　设置基线偏移

图 6-55　基线偏移 10 点

图 6-56　基线偏移-10 点

6.7　转换文字对象

6.7.1　将文字转换为路径

选择一个文字图层，执行“类型”→“创建工作路径”命令，可以将文字转化为与文字外形相同的工作路径，原本的文字图层依然保留，如图 6-57～图 6-60 所示。

图 6-57　原图

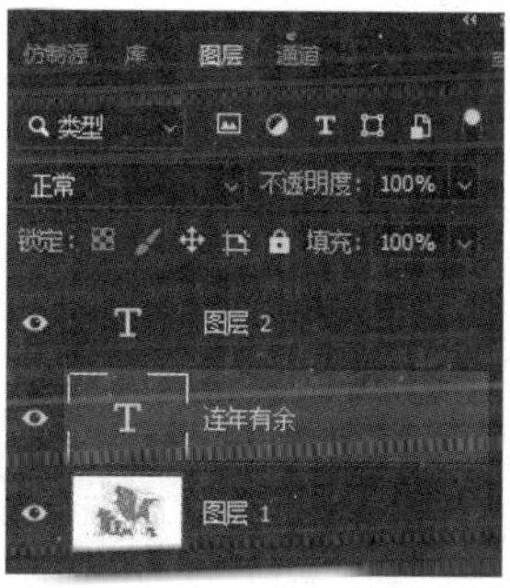

图 6-58　选中文字图层

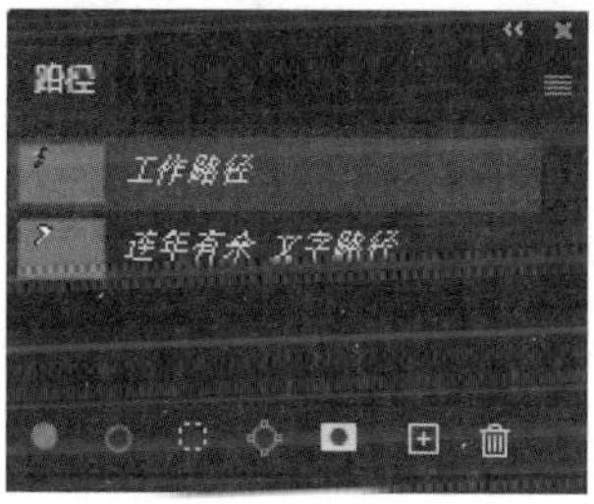

图 6-59　创建工作路径

图 6-60　最终效果

6.7.2　将文字转换为形状

执行“类型”→“转换为形状”命令，可以将文字转化为形状图层。文字被转换为带有矢量蒙版的路径，用户可以使用“路径编辑工具”对锚点进行编辑，也可用“直接选择工具”选择和拖拽锚点，从而改变文字的形状，如图 6-61～图 6-63 所示。

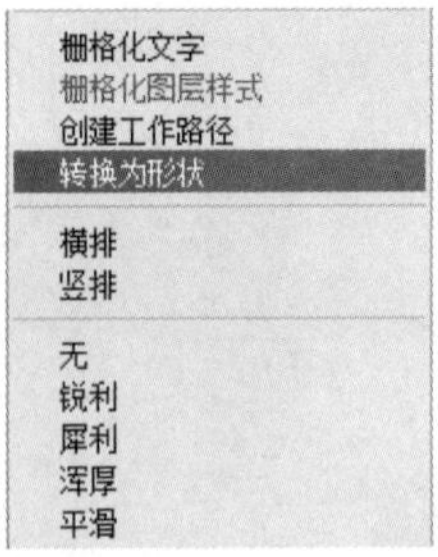

图 6-61 “转换为形状”命令

图 6-62 拖拽锚点

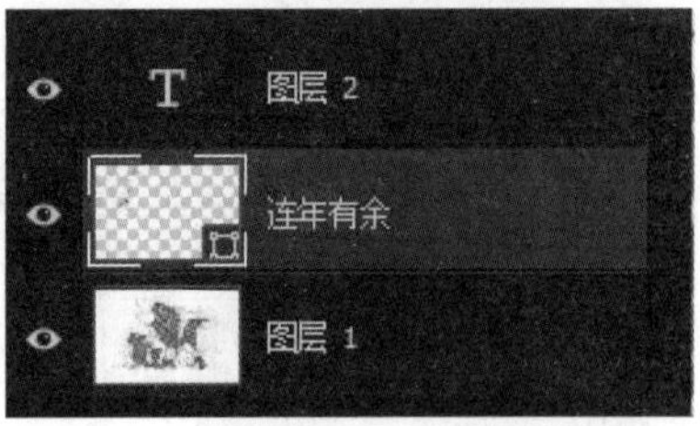

图 6-63 转换为形状后的图层面板

6.7.3 将文字转换为图像

使用“文字工具”输入文字后，会自动在“图层”面板创建文字图层。文字图层能够保留文字的属性，但在编辑时受到一定的限制，如不能使用滤镜、无法应用绘画工具等。因此必须将文字图层转换为图像图层才能对文字做进一步的编辑。用户可以通过执行“类型”→“栅格化文字图层”命令，也可以右击“图层”面板上的文字图层，执行“栅格化文字图层”命令，将文字转化为图像，如图 6-64～图 6-66 所示。

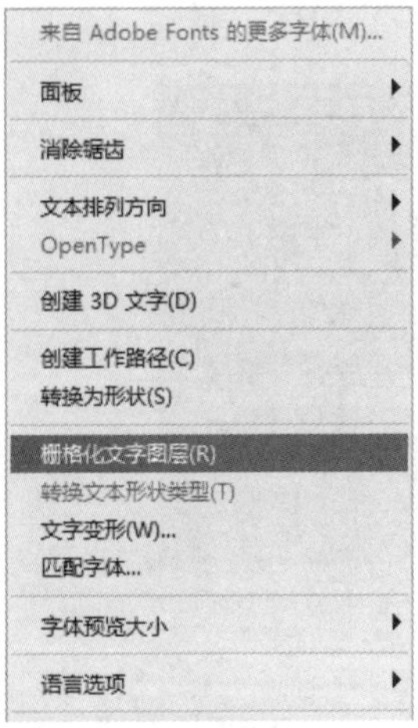

图 6-64 “栅格化文字图层”命令

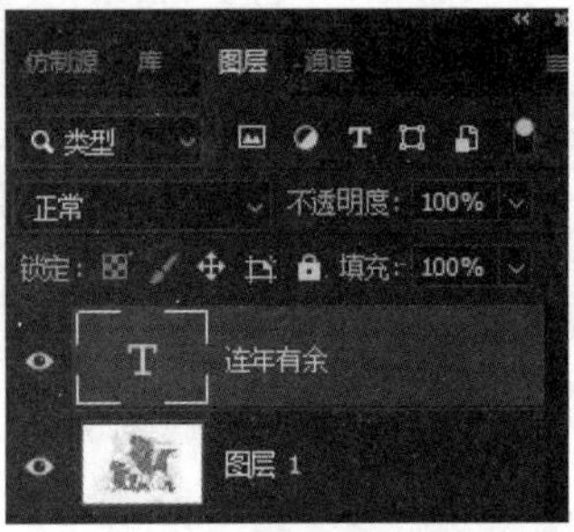

图 6-65 栅格化前

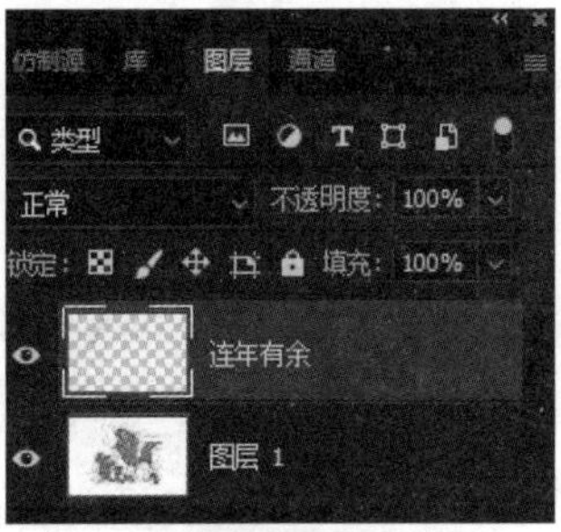

图 6-66 栅格化后

6.8 实战演练：五四青年节海报

下面我们要用前面学过的字体编辑制作的知识来做一个综合实例——五四青年节的海报，五四青年节源于中国 1919 年反帝爱国的“五四运动”，五四爱国运动是一次彻底的反对帝国主义和封建主义的爱国运动，也是中国新民主主义革命的开始。1939 年，陕甘宁边区西北青年救国联合会规定 5 月 4 日为中国青年节。海报的主题物由青年节三个汉字组成，汉字中穿插着数字 5 和 4，下面就开始我们的制作吧。

（1）单击“文件”→“新建”命令，制作宽 1080 像素，高 660 像素，分辨率为 72 的画布；按组合键 Ctrl+J 复制背景图层，然后执行“滤镜”→“滤镜库”→“纹理化”→“缩放”→“凸现”命令，给背景添加纹理，如图 6-67 所示。

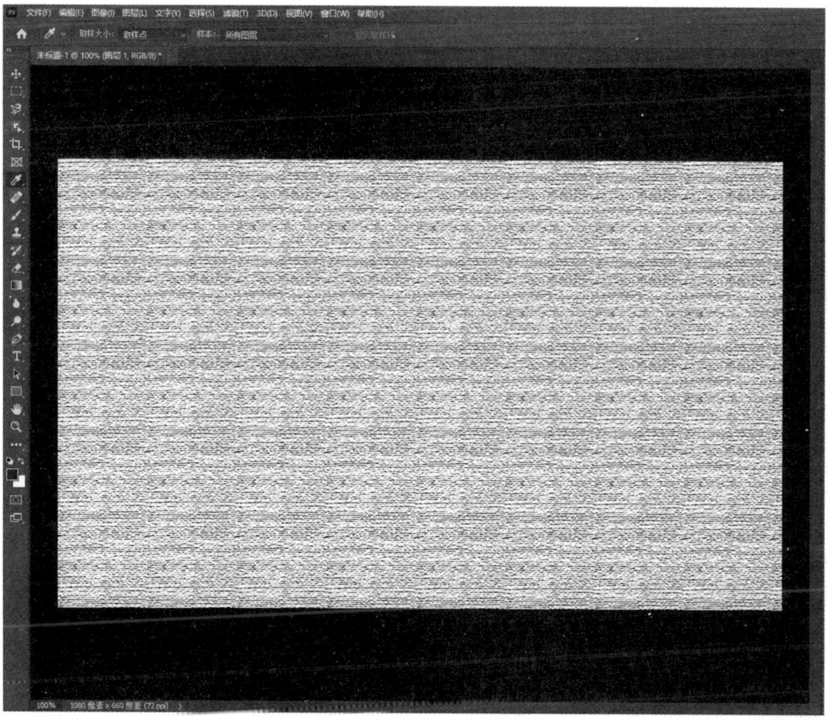

图 6-67　给背景添加纹理

（2）单击“矩形选区工具”创建与画布同样大的矩形选区，右击“描边”按钮，颜色设为深蓝色、宽度设为 10px，如图 6-68 所示。

图 6-68　创建矩形选区

（3）单击“文字工具”输入文案，字体设为“方正粗谭黑简体”，输入青年节三个字，将字体转化为形状，方便我们编辑字体外形。用“路径选择工具”先选中“青”字，单击笔画的节点，按方向键移动调整位置，用同样的方法编辑其他两个字的字体形状，如图 6-69 所示。

图 6-69　画出路径

（4）选中文字“青”字，通过布尔运算把青字的笔画做出三个缺口，效果如图 6-70 所示。

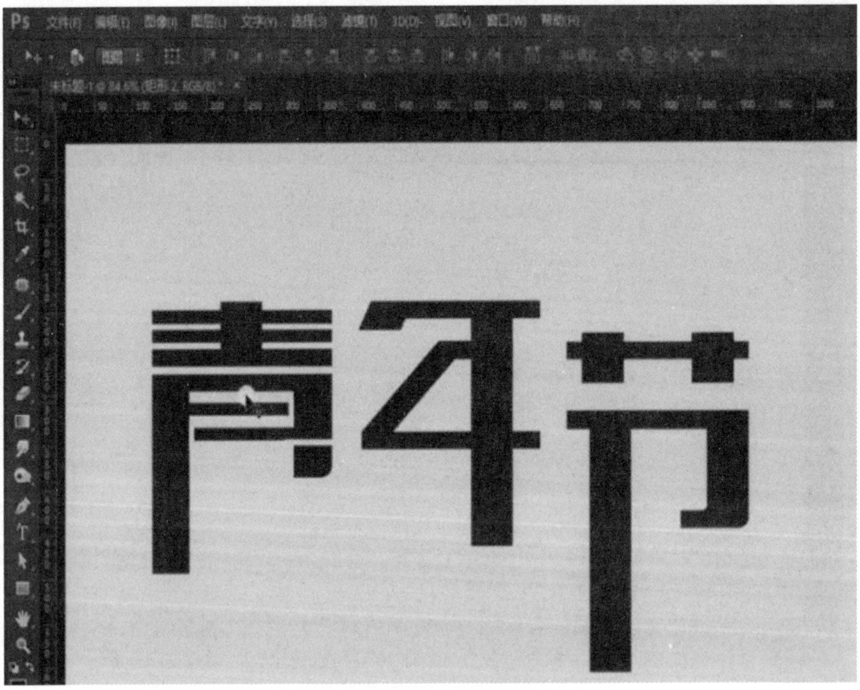

图 6-70　“青”字效果

（5）使用“多边形套索工具”在文字的笔画上创建数字“5”的形状，填充红色；在“青年”字体上做出数字 5、4 的样式，如图 6-71 所示。

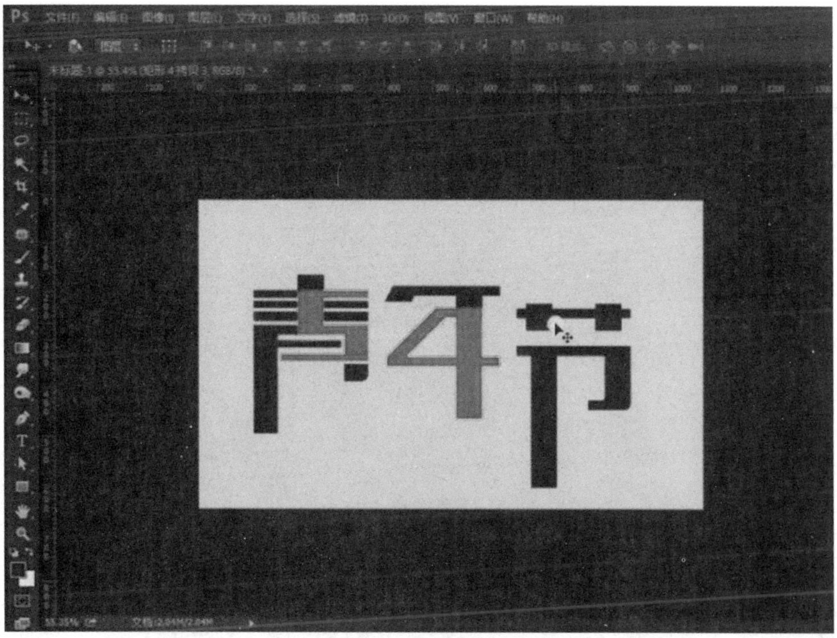

图 6-71　创建数字 5、4

（6）选中节点，按方向键左右移动，使其和 4 的笔画在同一水平线，选中矩形的节点向右拖动，延长矩形，将“年”和“节”两个文字连接，如图 6-72 所示。

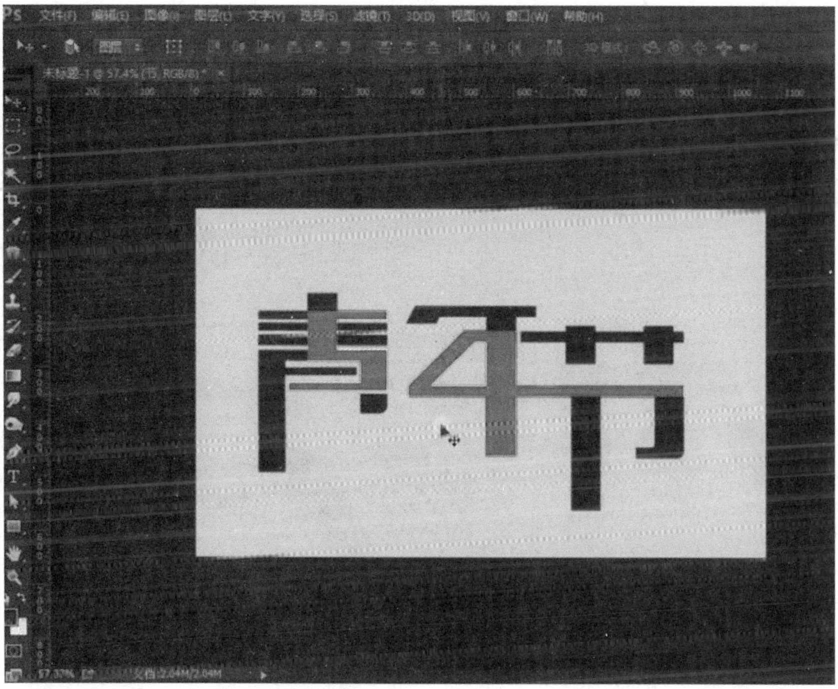

图 6-72　连接文字

（7）选择文字图层，按组合键 Ctrl+G 将文字图层变为图层组，按组合键 Ctrl+T 选中文字，单击“斜切”按钮调整文字的倾斜角度，如图 6-73 所示。

图 6-73 调整倾斜角度

（8）按住 Ctrl 键单击缩览图将文字载入选区，添加“描边”效果，颜色设为黑色、宽度设为 1px，按方向键向右下方移动一定距离；复制图层，再移动调整位置，如图 6-74 所示。

图 6-74 添加“描边”效果

（9）最后加上一些装饰元素，一幅海报就这样完成了，如图 6-75 所示。

图 6-75　最终效果

本章小结

本章要求读者熟练掌握文字工具的使用，通过实例熟悉文字工具的基本操作，掌握变形文字的创建方式，熟练掌握沿路径创建文字、将文字转换为形状、将文字转换为图像的方法。

思考与练习

1．如何调整段落文本的行距？
2．如何将点文字转换为段落文字？
3．用“文字工具”在图像文件中输入点文字，并将其分别转换为工作路径和形状。

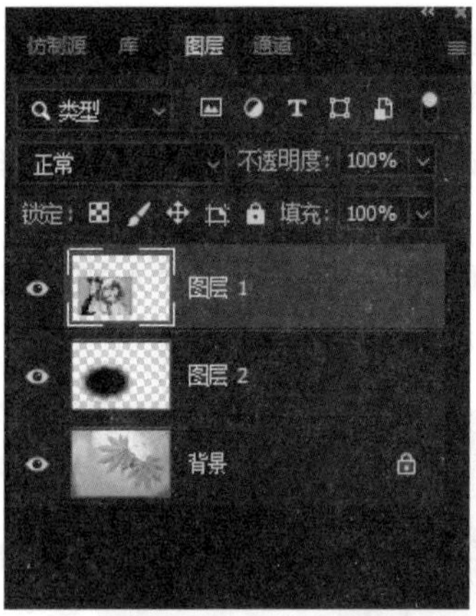

图 7-4 填充后取消选区

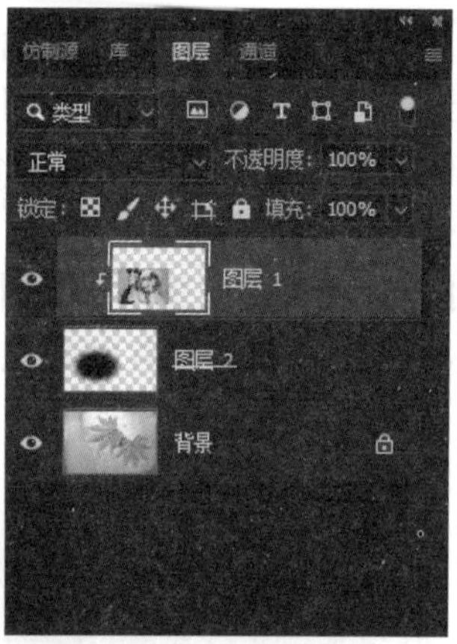

图 7-5 创建剪贴蒙版组

图 7-6 最终效果

2. 快速蒙版

快速蒙版是一种与选区密不可分的蒙版，快速蒙版模式可以将任何选区作为蒙版进行编辑，而无须使用“通道”面板，在查看图像时也可如此。将选区作为蒙版来编辑的优点是几乎可以使用任何 Photoshop 工具或滤镜修改蒙版。使用快速蒙版时，通过用黑、白、灰三类颜色画笔来做选区，白色画笔可画出被选择区域（未受保护区），黑色画笔可画出不被选择区域（受保护区），灰色画笔画出半透明选择区域。受保护区域和未受保护区域以不同颜色进行区分，当离开快速蒙版模式时，未受保护区域成为选区。

快速蒙版可以与“绘图工具”结合起来创建选区，适合用于需要快速制作时。

选区同时对选择对象边缘精度容错度较高的情况。

（1）打开素材文件“第 7 章\素材文件\荷花.jpg”，如图 7-7 所示。

（2）选择“图层 1”，单击工具箱底部的“以快速蒙版模式编辑”按钮，进入快速蒙版模式的编辑状态下；然后选择“画笔工具”，在视图中的向日葵图像上使用黑色画笔进行涂抹，将花朵图像全部遮盖，涂抹过的地方会有颜色的变化。涂抹时如果超过花朵边缘，那么可将前景色设置为白色，反向涂抹，以确保与花朵的边缘一致，如图 7-8 所示。

（3）单击工具箱中的“以快速蒙版模式编辑”按钮，退出快速蒙版模式，此时未遮盖的区域成为选区，如图 7-9 所示。

图 7-7　打开素材

图 7-8　使用“画笔工具”涂抹

图 7-9　退出快速蒙版

（4）打开“历史记录”面板，单击其顶部的“显示文档初始状态”按钮，将文件还原为刚打开时的状态。使用“钢笔工具”沿花朵图像绘制工作路径，按下 Ctrl+Enter 组合键，将路径转换为选区，如图 7-10、图 7-11 所示。

（5）保持选区浮动状态，单击工具箱中的“以快速蒙版模式编辑”按钮进入快速蒙版模式的编辑状态，选区外的区域被覆盖 50%透明的红色，其效果如图 7-12 所示。

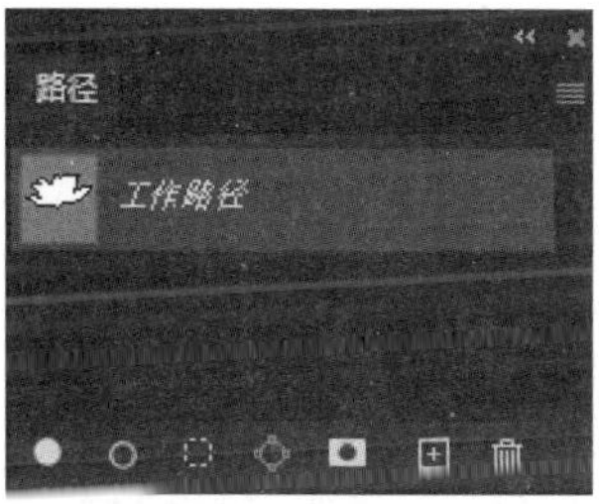

图 7-10　工作路径

图 7-11　路径转换为选区

图 7-12　以快速蒙版模式编辑

3. 图层蒙版

图层蒙版通过蒙版中的灰度信息来控制图像的显示区域，它可以控制填充图层、调整图层及智能滤镜的有效范围，是使用最为频繁的一类蒙版。同时，图层蒙版也是通道的另一种表现形式，可用于为图像添加遮罩效果。灵活运用蒙版与选区，可以制作出丰富多彩的图像效果。

图层蒙版可以很好地控制图层区域的显示或隐藏，可以在不破坏图像的情况下反复编辑图像，直至得到所需要的效果，使修改图像和创建复杂选区变得更加方便。

在图层蒙版中，纯白色对应的图像是可见的，纯黑色会遮盖图像，灰色区域会使图像呈现出一定程度的透明效果。

（1）打开素材文件“第 7 章\素材文件\工笔荷花.jpg”和“笔.jpg”，使用“移动工具”把“工笔荷花.jpg”拖入“笔.jpg”文档里，生成“图层 1”，如图 7-13 所示；将图层的不透明度设置为 50%，如图 7-14 所示。

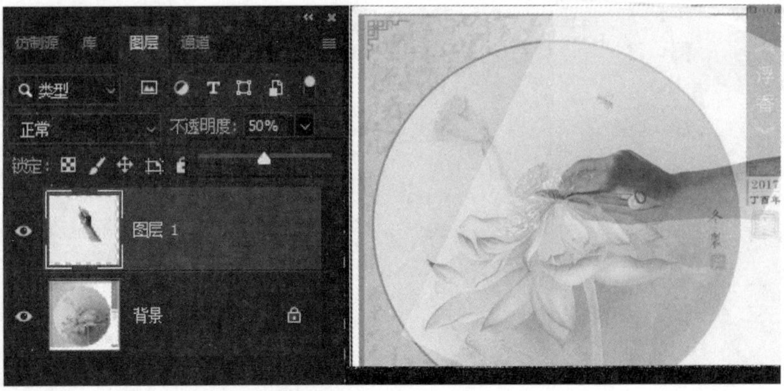

图 7-13 添加素材

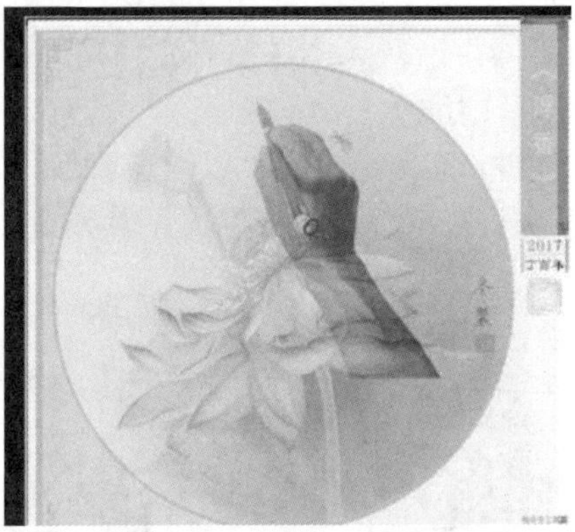

图 7-14 设置不透明度

（2）单击图层面板中的“创建蒙版”按钮，为“图层 1”添加蒙版；按 D 键，将前景色调整为黑色。单击“画笔工具”，在“图层 1”上涂抹，如图 7-15 所示。

（3）将“图层 1”的不透明度调整为 100%，效果如图 7-16 所示。

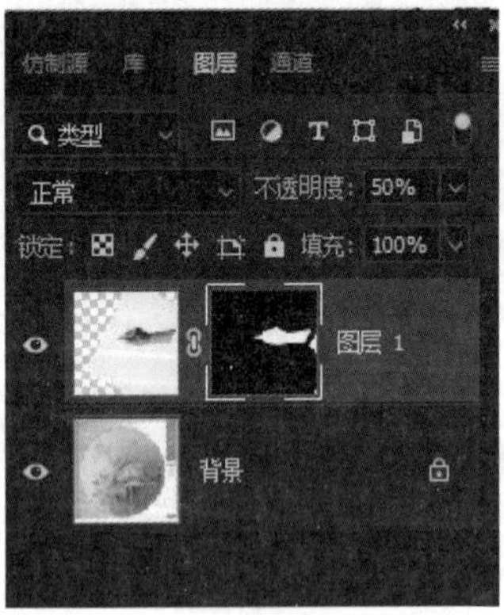

图 7-15 使用画笔工具

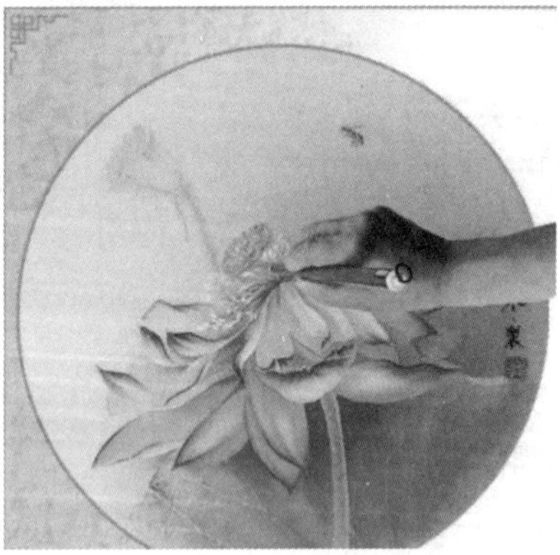

图 7-16 最终效果

4. 矢量蒙版

矢量蒙版，顾名思义，就是可以任意放大或缩小的蒙版。矢量蒙版是通过形状控制图像显示区域的，它仅能作用于当前图层，它是图层蒙版的另一种类型，两者可以共存。矢量蒙版中创建的形状是矢量图，可以使用“钢笔工具”和“形状工具”对图形进行编辑修改，从而改变蒙版的遮罩区域，也可以对它任意缩放而不必担心产生锯齿。

矢量图：不会因放大或缩小操作而影响清晰度的图像。一般的位图包含的像素点在放大或缩小到一定程度时会失真，而矢量图的清晰度不受这种操作的影响。

蒙版：可以对图像实现部分遮罩的一种图片，遮罩效果可以通过具体的软件设定。

矢量蒙版是由“钢笔工具”“自定义形状工具”等矢量工具创建的蒙版，矢量蒙版与分辨率无关，而且可以得到平滑的轮廓，所以常用来制作 Logo、字体设计、按钮或其他 Web 设计元素。

（1）打开素材文件“第 7 章\素材文件\蜻蜓.jpg”和“荷花.jpg”，在蜻蜓文档中用“矩形选框工具”绘制合适的选区；选择工具箱中的“移动工具”，将所选的“蜻蜓”拖拽至“荷花”文档中，软件默认生成“图层 1”；按 Ctrl+T 组合键，调整图像的位置与大小，并将其图层透明度设置为 60%，如图 7-17、图 7-18 所示。

图 7-17　添加素材

图 7-18　设置透明度

（2）首先将“图层 1”的透明度设置为 82%，然后选择“钢笔工具”，把蜻蜓的外廓勾勒出来，执行“图层”→“矢量蒙版”→“当前路径”命令，为图像添加矢量蒙版，如图 7-19 所示。

（3）选中“图层 1”，单击“钢笔工具”按钮，再选择工具属性栏中“建立选区”选项，弹出“建立选区”的对话框，在其中设置参数，如图 7-20 所示。

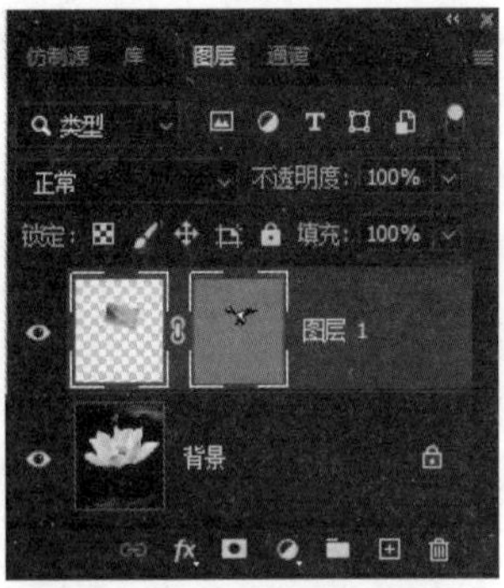

图 7-19 添加矢量蒙版

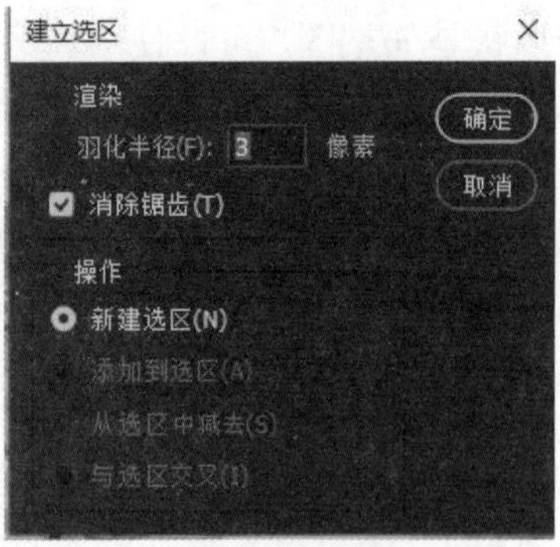

图 7-20 建立选区

（4）单击图层面板上的“添加图层样式”按钮，在弹出的下拉菜单中选择“投影”选项，在打开的“图层样式”对话框中进行参数设置，如图 7-21、图 7-22 所示。

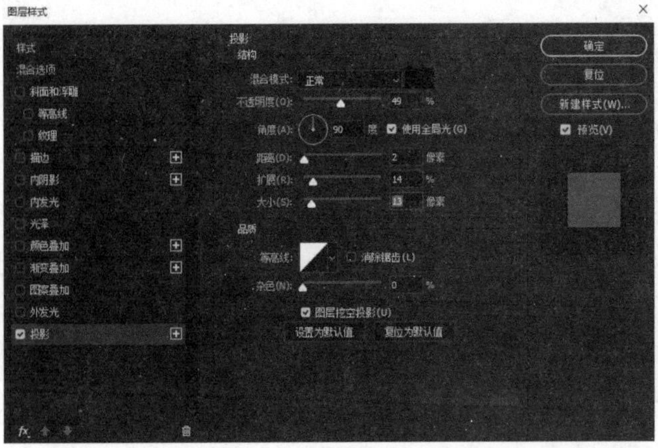

图 7-21 添加图层样式

图 7-22 样式设置

（5）按 Ctrl+D 组合键取消选区，最终效果如图 7-23 所示。

图 7-23 最终效果

7.2　通道

通道是 Photoshop 中一个很重要的概念，简单地说，通道是用来保存颜色信息和选区的载体。通道可以选择一些较为复杂的物体并保存选区，此外还可以管理各种单色通道并对单色通道进行调整。

7.2.1　认识通道

通道是 Photoshop 2020 的高级功能，它与图像内容、色彩和选区有关，主要用来存储图像的色彩信息和图层中的选择信息，并且可以复原失真严重的图像以及对图像进行合成，从而创造出一种意想不到的效果。

在“通道”面板中可以创建、保存和管理通道。当我们打开一个图像时，Photoshop 会自动创建该图像的颜色信息通道，如图 7-24 所示。

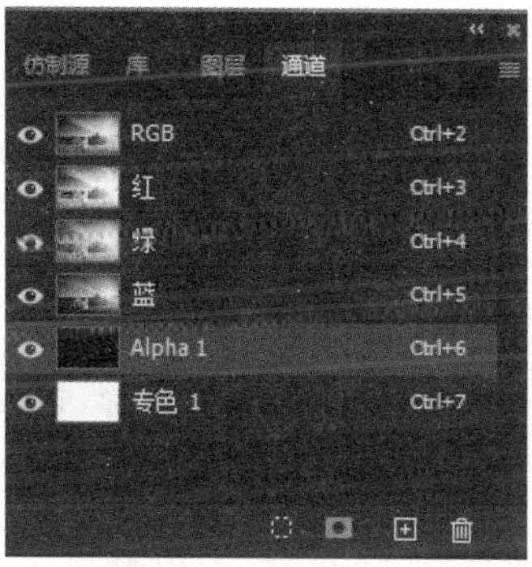

图 7-24　“通道”面板

7.2.2　通道的类型

1. 颜色通道

颜色通道又称原色通道，它主要用于存储图像的颜色数据。RGB 图像有 3 个颜色通道，如图 7-25 所示；CMYK 图像有 4 个颜色通道，如图 7-26 所示；Lab 图像有 3 个颜色通道，如图 7-27 所示。

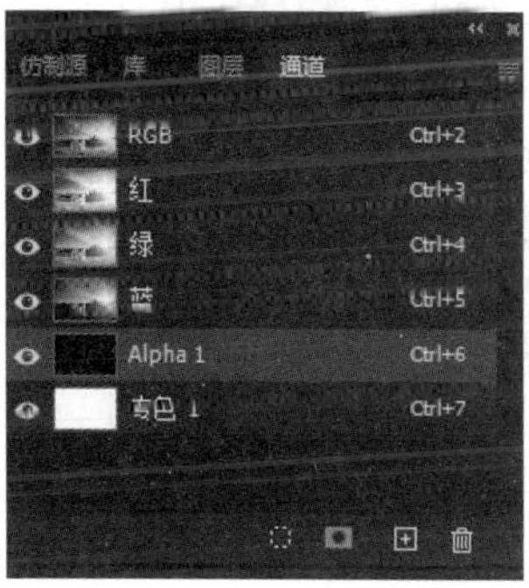

图 7-25　RGB 图像通道

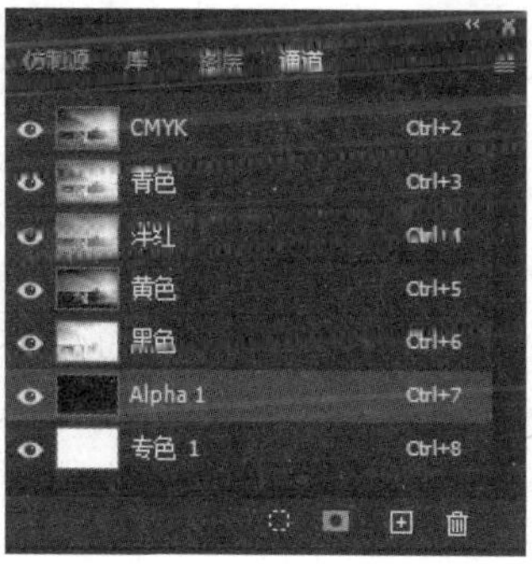

图 7-26　CMYK 图像通道

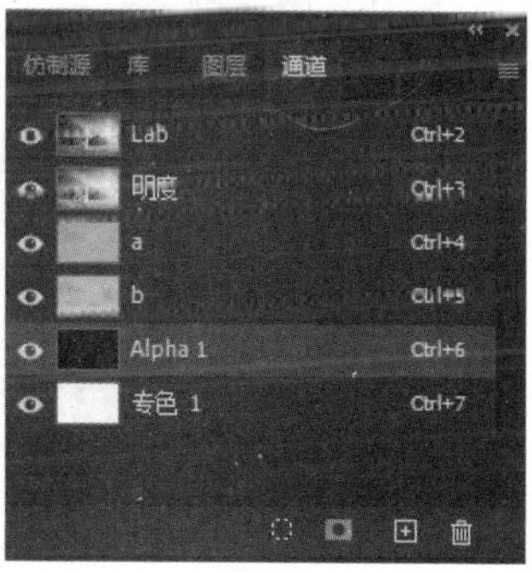

图 7-27　Lab 图像通道

2. 专色通道

专色通道设置只是用来在屏幕上显示模拟效果，对实际打印输出并无影响。此外，如果在新建专色通道之间制作了选区，那么新建通道后，将在选区内填充专色通道，在进行专色印刷、烫金、烫银等特殊印刷工艺时将用到此类通道，以便单独输出。

3. Alpha 通道

有的通道不仅可以保存颜色信息，还可以保存选区的信息，此类通道称为 Alpha 通道，其主要用于创建和存储选区。创建并保存选区后，其将以一个灰度图像的形式保存在 Alpha 通道中，在需要的时候可以载入选区。

7.2.3 通道的应用

1. 创建通道

“通道”面板用于创建和管理通道，通道的许多操作都是在“通道”面板中进行的。

（1）打开素材文件“第 7 章\素材文件\风景.jpg”文件，单击“通道”面板，如图 7-28 所示。

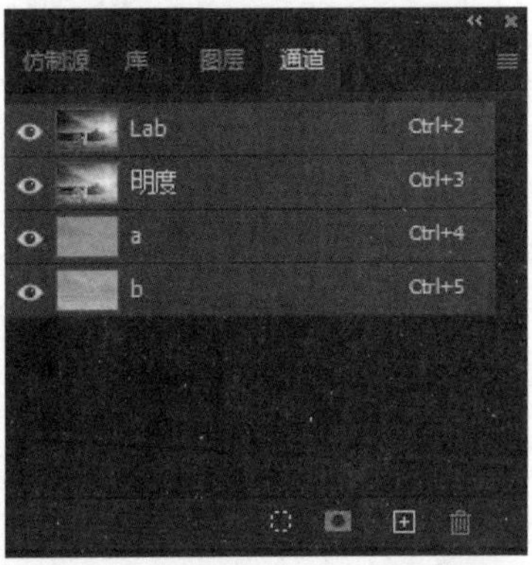

图 7-28 “通道”面板

（2）单击面板右上角的快捷菜单按钮，在弹出的菜单中，选择“新建通道”命令，打开“新建通道”对话框，单击“确定”按钮，创建一个新的 Alpha 通道，如图 7-29 所示。单击“通道”面板“Alpha 1”通道左侧的“指示通道可见性”图标，可将其显示，如图 7-30 所示。

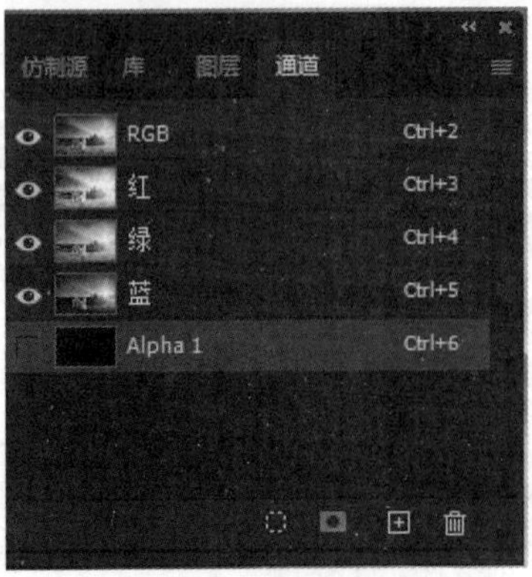

图 7-29 新建 Alpha 通道

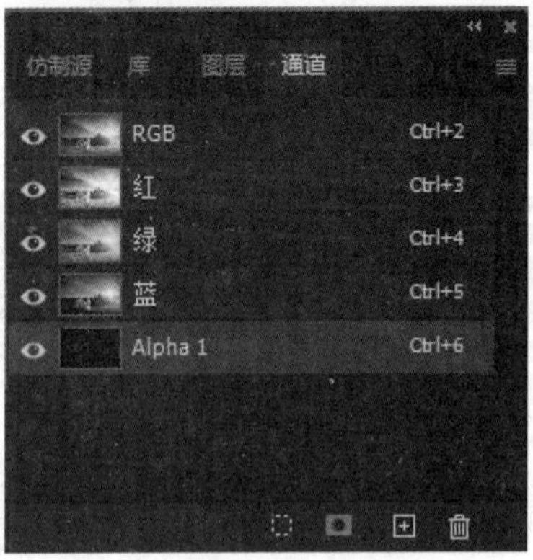

图 7-30 显示通道

（3）执行操作后，即可显示 Alpha 1 通道，此时图像编辑窗口中的图像效果也随之改变，最终效果如图 7-31 所示。

图 7-31　最终效果

2. 复制与删除通道

复制与删除通道操作可以制作不同的图像效果。

（1）打开素材文件“第 7 章\素材文件\魔方.jpg”文件，展开“通道”面板，选择“蓝”通道，如图 7-32 所示。

（2）在“蓝通道”上右击，选择“复制通道”命令，在打开的“复制通道”对话框中单击“确定”按钮，即可复制“蓝”通道，如图 7-33 所示。

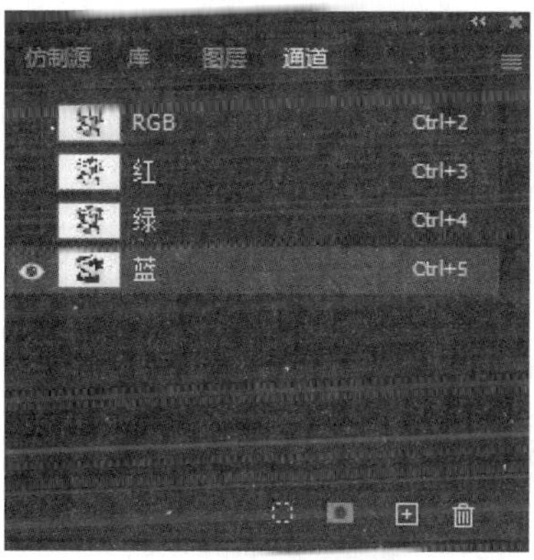

图 7-32　选择蓝通道

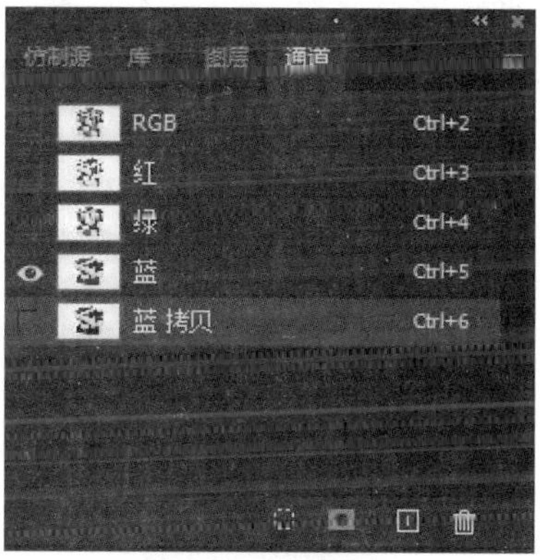

图 7-33　复制通道

（3）单击“蓝拷贝”通道和 RGB 通道左侧的“指示通道可见性”图标，显示所有通道，此时图像编辑窗口中的图像效果也随之改变，效果如图 7-34 所示。

（4）选择“蓝拷贝”通道，单击并将其拖拽至面板底部的“删除当前通道”按钮上，即可删除选择的通道，如图 7-35 所示，此时图像编辑窗口中的图像效果也随之改变，最终效果如图 7-36 所示。

图 7-34　显示所有通道

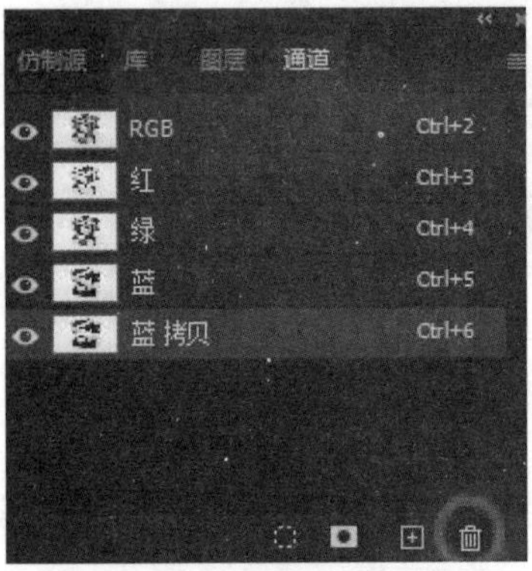

图 7-35　删除当前通道

图 7-36　最终效果

3. 分离和合并通道

分离通道可以将拼合图像的通道分离为单独的图像，分离后原文件会被关闭，每一个通道均以灰度颜色模式成为一个独立的图像文件。

（1）打开素材文件“第 7 章\素材文件\魔方.jpg”文件，打开“通道”面板，单击通道面板右上角的快捷菜单按钮，在弹出的菜单中选择“分离通道”命令，执行操作后，即可将 RGB 模式图像的通道分离为 3 幅灰色图像，效果如图 7-37 所示。

图 7-37　分离通道

（2）单击“通道”面板右上角的快捷菜单按钮，选择“合并通道”命令，将打开“合并通道”对话框，保持默认设置，如图 7-38 所示，单击“确定”按钮，打开“合并多通道”对话框，保存默认值，单击“下一步”按钮，如图 7-39 所示。

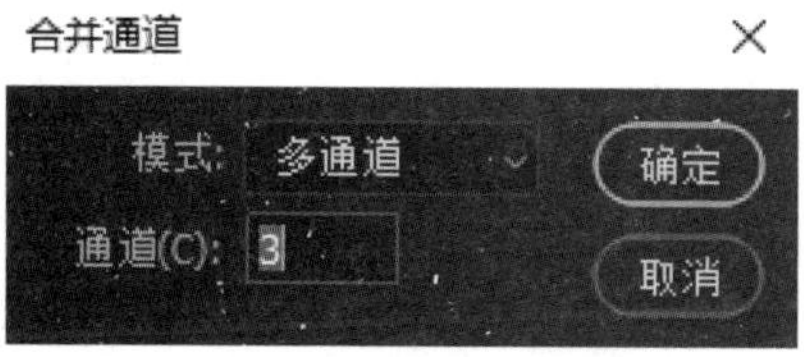

图 7-38　“合并通道”对话框

图 7-39　“合并多通道”对话框

（3）单击“确定”按钮，即可完成通道的合并。将全部通道显示，此时图像编辑窗口中的图像效果也随之发生改变，最终效果如图 7-40 所示。

图 7-40　最终效果

4. 保存选区至通道

（1）打开素材文件“第 7 章\素材文件\苹果.jpg”文件，选取工具栏中的“磁性套索工具”，创建一个选区，如图 7-41 所示。

（2）执行“窗口”→“通道”命令，打开“通道”面板，单击面板底部的“将选区存储为通道”按钮，如图 7-42 所示。

（3）执行操作后，即可保存选区到通道。单击 Alpha 1 通道左侧的“指示通道可见性”图标，即可显示 Alpha 1 通道，如图 7-43 所示。

图 7-41 磁性套索工具

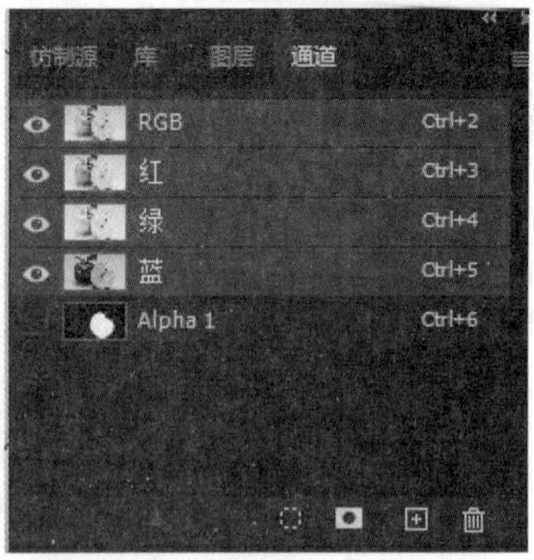

图 7-42 将选区存储为通道

图 7-43 显示 Alpah 1 通道

5. 利用通道运算进行图像合成

（1）运用“应用图像”命令合成图像：运用“应用图像”命令可以将所选图像中的一个或多个图层和通道与其他具有相同图层和通道进行合成，产生特殊的合成效果。

1）打开素材文件“第 7 章\素材文件\工笔荷花.jpg”和“叶子 3.jpg”文件，把“叶子 3.jpg”拖拽到“工笔荷花.jpg”文档中，如图 7-44～图 7-46 所示。

图 7-44 “工笔荷花”素材文件

图 7-45 “叶子 3”素材文件

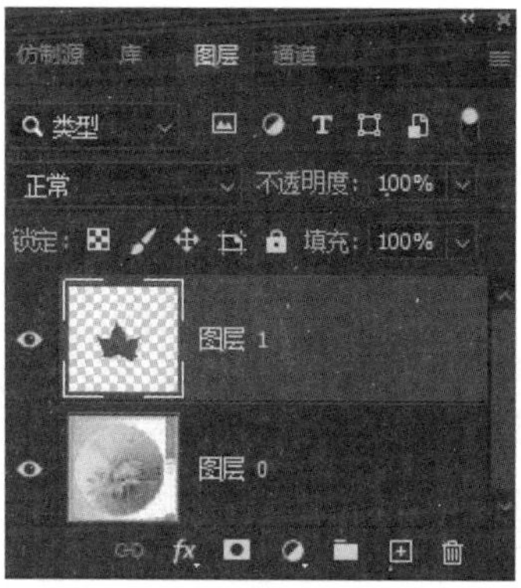

图 7-46　素材文件

2）执行“图像”→“应用图像”命令，设置“应用图像”对话框参数，如图 7-47 所示。

3）单击“确定”按钮，最终效果如图 7-48 所示。

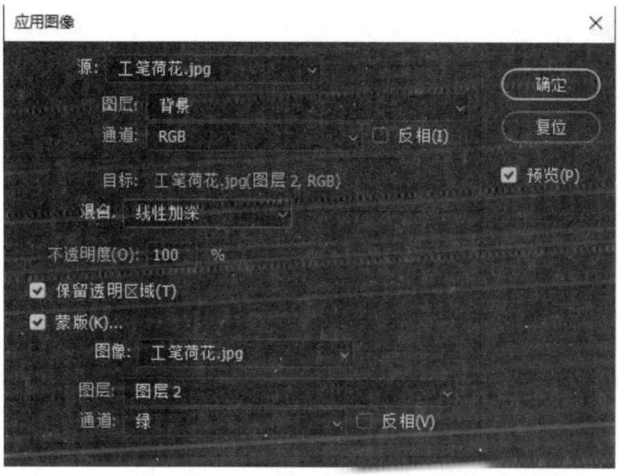

图 7-47　“应用图像”对话框

图 7-48　最终效果

（2）运用“计算”命令合成图像。

1）打开素材文件“第 7 章\素材文件\风景.jpg”和“叶子 3.jpg”文件，把“风景.jpg”拖拽到“叶子 3.jpg”文档中，如图 7-49、图 7-50 所示。按 Ctrl+T 组合键调整“风景”大小，如图 7-51 所示。

图 7-49　“风景”素材文件

图 7-50　“叶子 3”素材文件

图 7-51　调整大小

2）执行“图像”→“计算”命令，设置“计算”对话框参数，如图 7-52 所示。

3）单击“确定”按钮，最终效果如图 7-53 所示。

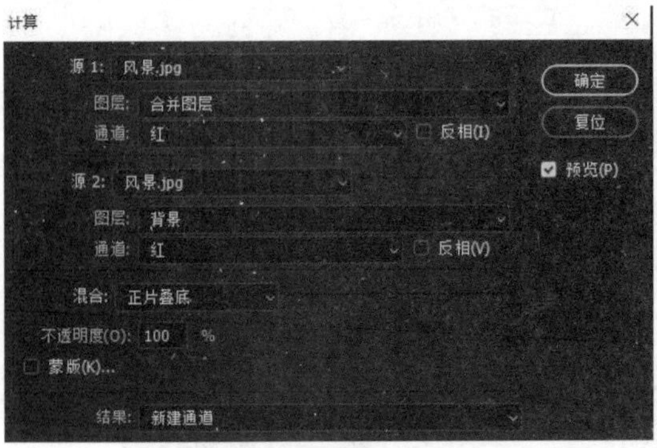

图 7-52　“计算”对话框

图 7-53　最终效果

7.3　实战演练：设计彩虹字效

（1）执行“文件”→“新建”命令，建立一个新文件，如图 7-54 所示。

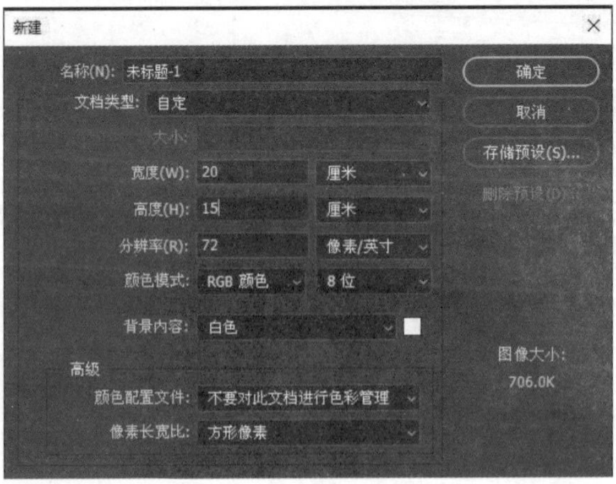

图 7-54　“新建”对话框

（2）按键盘上的 D 键，设置前景色是黑色，背景色是白色。按 Alt+Delete 组合键为新建文件填充黑颜色，如图 7-55 所示。

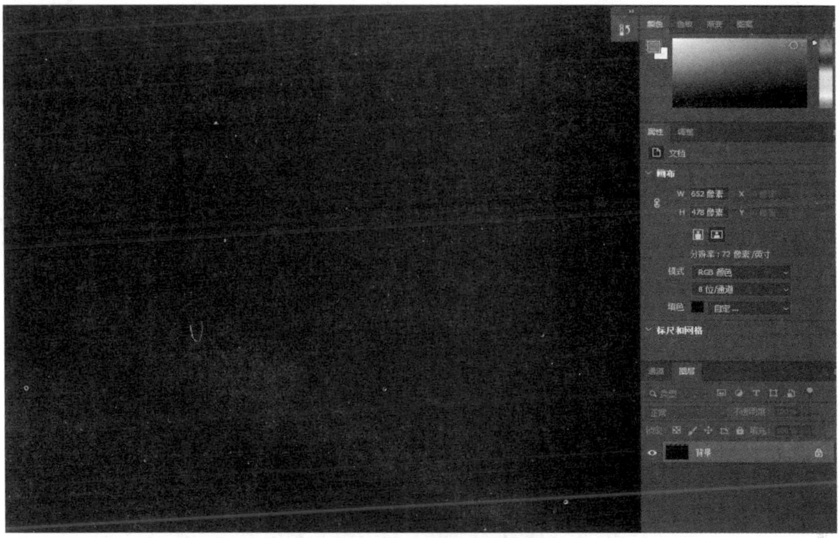

图 7-55　填充黑颜色

（3）单击“通道”面板中的“新建”按钮，新建一个 Alpha 1 通道，如图 7-56 所示。

（4）单击“工具箱”中的文字工具，选择“横排文字工具”，输入文字“大美龙江”，字体选择“黑体”，如图 7-57 所示。

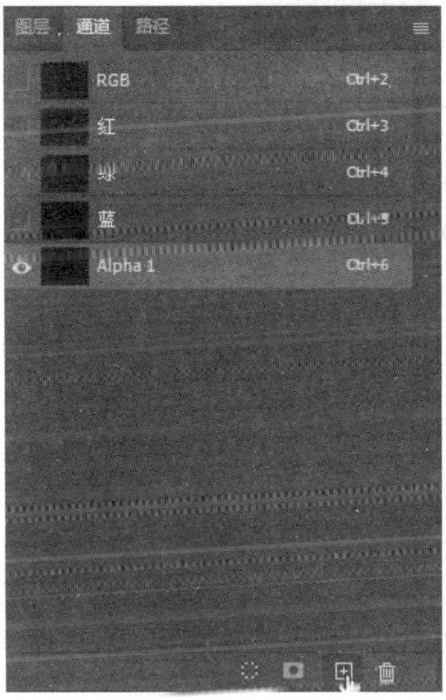

图 7-56　新建一个 Alpha 1 通道

图 7-57　输入文字

（5）单击并拖动 Alpha 1 通道到右下角“新建”按钮上，复制出一个 Alpha 1 拷贝通道，如图 7-58 所示。

（6）执行“滤镜”→“模糊”→“高斯模糊”命令，“半径”设置为 2 像素，如图 7-59 所示。

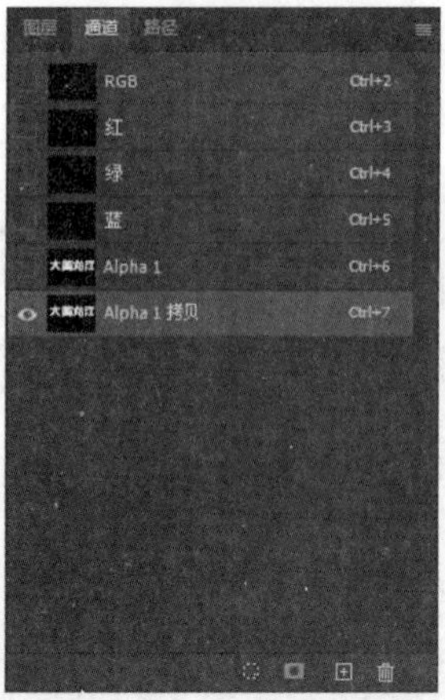

图 7-58 复制 Alpha 1 通道拷贝

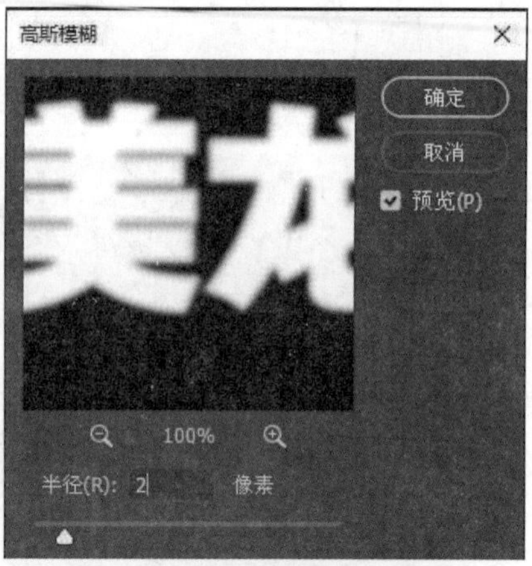

图 7-59 “高斯模糊”对话框

（7）执行“图像”→“计算”命令，参数如图 7-60 所示，完成后的效果如图 7-61 所示。

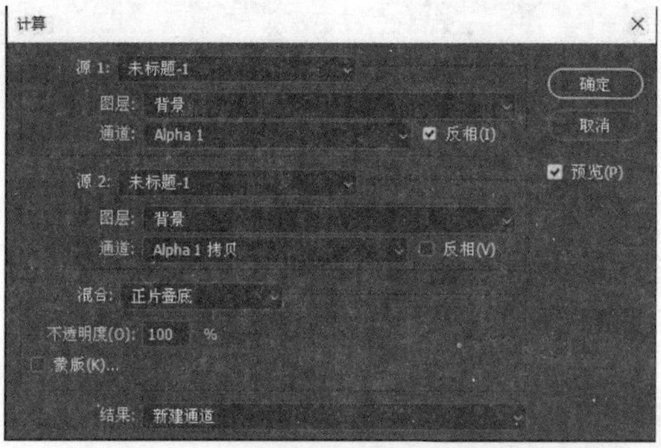

图 7-60 “计算”对话框

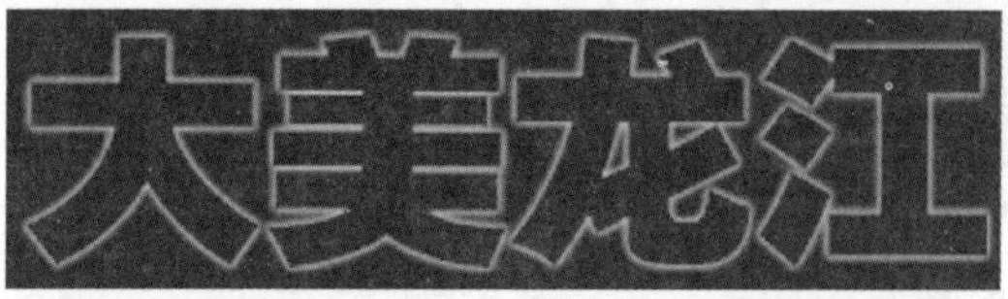

图 7-61 “计算”命令设置后效果

（8）选择“工具箱”中的“魔术棒工具”，其具体参数设置如图 7-62 所示，选中字体边线，效果如图 7-63 所示。

图 7-62 “魔术棒工具”属性栏

图 7-63 “魔术棒工具”效果

（9）点击“通道”面板中的“RGB”通道，再点击图层面板下方的“新建”按钮，建立一个新图层，如图 7-64 所示。

（10）单击“工具箱”中的“渐变工具”，类型选择“线性渐变”，然后在“彩虹色”中选中相应颜色，如图 7-65 所示。

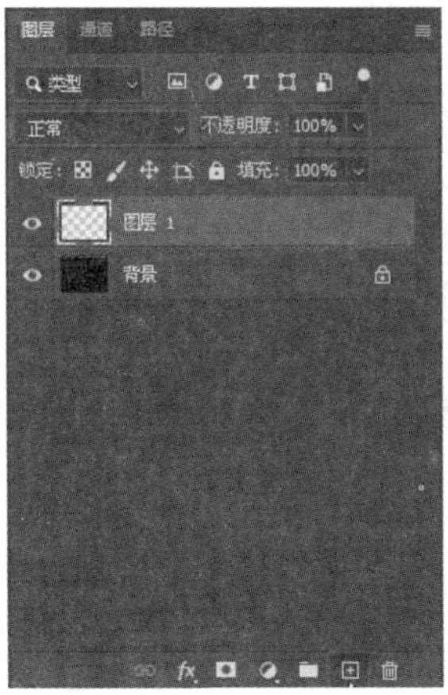

图 7-64 建立新图层

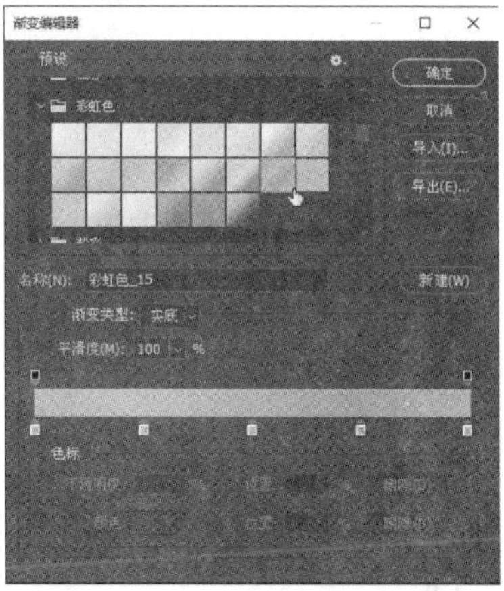

图 7-65 “渐变编辑器”对话框

（11）按 Shift 键水平在带有选区的文字上进行渐变，文字最终效果如图 7-66 所示。

图 7-66 最终效果

7.4 实战演练：替换人物背景

（1）执行“文件”→“打开”命令，或按 Ctrl+O 组合键打开一张人物素材图片，如图 7-67 所示。

图 7-67 打开人物素材

（2）单击“通道”面板，选择“绿”通道，该通道显示图片人物与背景比对较强，拖动“绿”通道到下面的“新建”按钮上，复制一个“绿”通道，如图 7-68 所示。

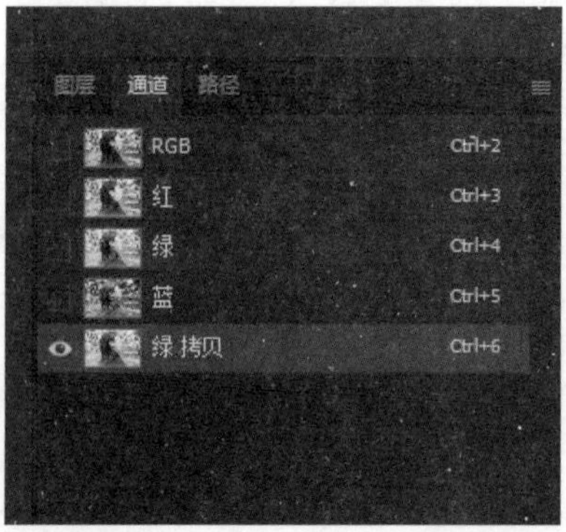

图 7-68　拷贝绿通道

（3）单击“工具箱”中的“减淡工具”，工具属性栏设置如图 7-69 所示，利用“减淡工具”对人像头发边缘进行涂抹，如图 7-70 所示。

图 7-69　设置减淡工具

图 7-70　涂抹头发边缘

（4）利用“工具箱”中的“画笔工具”，设置前景色为白色，在对背景进行涂抹，效果如图 7-71 所示。

图 7-71　涂抹背景

（5）执行“图像”→“色阶”命令，如图 7-72 所示。通过调整进一步加大人物与背景的黑白色彩对比，效果如图 7-73 所示。

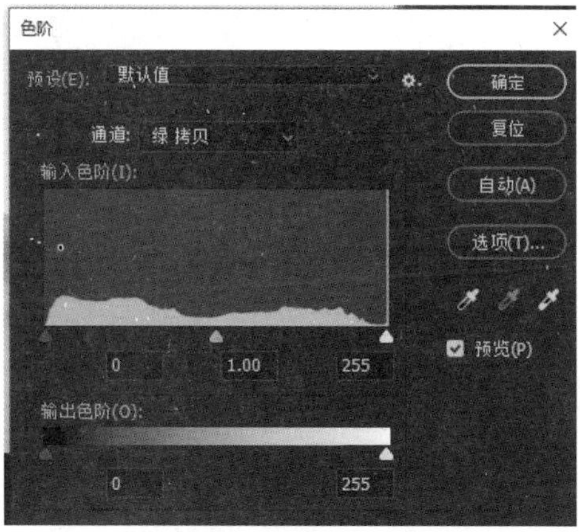

图 7-72　“色阶”对话框

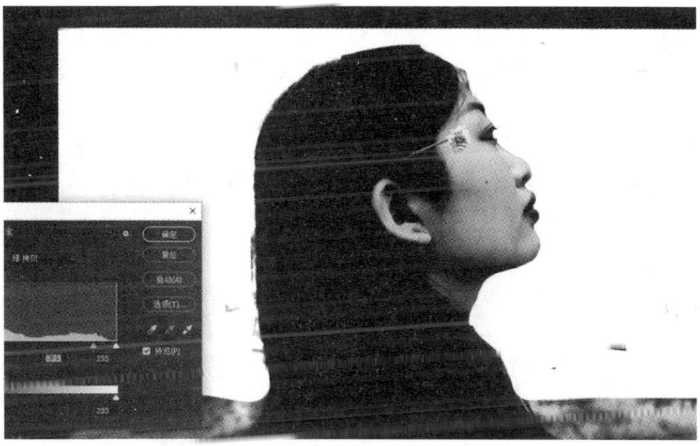

图 7-73　调整人物和背景的色彩对比

（5）单击工具箱中的“画笔工具”，按 D 键，默认前景色为黑色，背景色为白色，涂抹人物部分，效果如 7-74 所示。

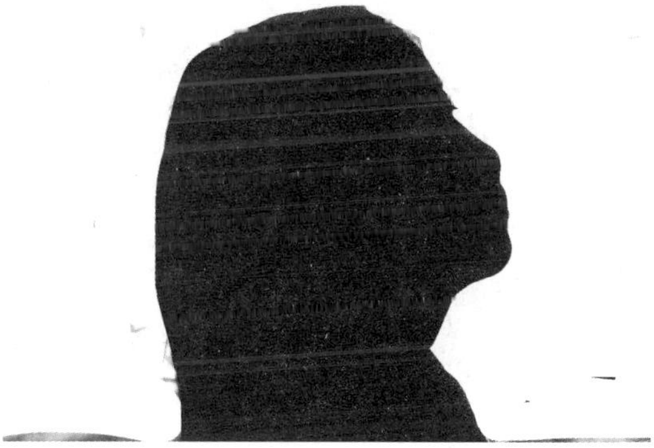

图 7-74　涂抹人物

（6）执行“图像”→“调整”→“反相”命令，或按 Ctrl+I 组合键，效果如图 7-75 所示。

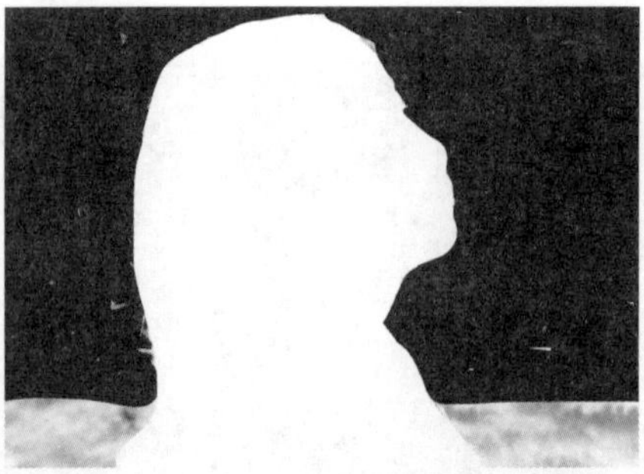

图 7-75 “反相”命令

（7）单击“通道”面板下的按钮，载入选区，单击 RBG 通道，再返回“图层”面板。拖动图片到“图层”面板下方的“新建”按钮上，复制一个图层，如图 7-76 所示。再单击“新建蒙版”按钮，为该图层添加一个蒙版，如图 7-77 所示。

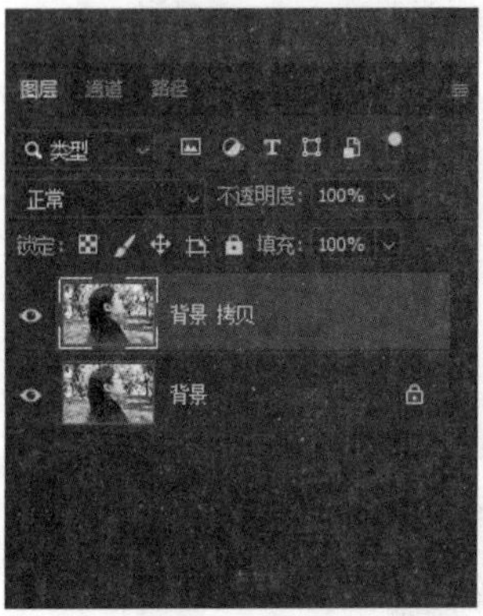

图 7-76 拷贝图层

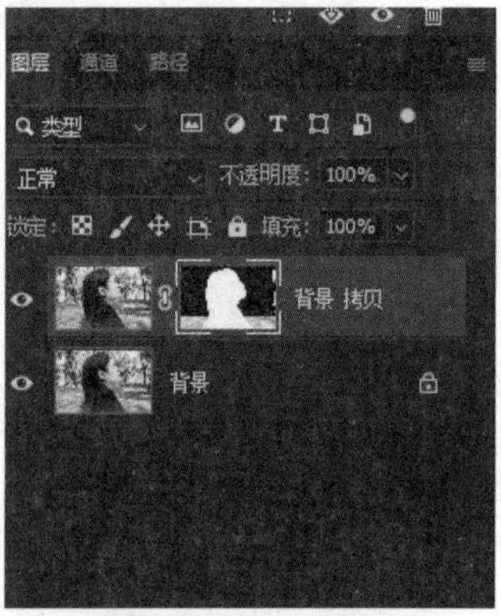

图 7-77 添加蒙版

（8）执行“文件”→“打开”命令，或按 Ctrl+O 组合键打开一张风景素材图片，放到带有蒙版图层的下方，如图 7-78 所示。

图 7-78 置入风景图片

（9）如发现人物边缘有白色残留，可以单击“工具箱”中的“吸管工具”，在人物头发处点击，吸取颜色，再单击“画笔工具”涂抹人物头发边缘，最终效果如图 7-79 所示。

图 7-79　最终效果

本章小结

通道类似喷涂时的模版，其在文件区域中可以设定颜色变化、执行滤镜命令或进行其他的一些编辑操作。熟练掌握通道的使用方法及功能特点对图片的绘制具有举足轻重的作用。

思考与练习

1. 通道分哪几类？颜色通道的作用是什么？
2. Alpha 通道的作用是什么？

第 8 章　滤镜

本章导读

滤镜是 Photoshop 中最具吸引力的功能之一，也是 Photoshop 软件的主要功能之一。使用滤镜不仅能修改图像内容、遮盖图像缺点，还能在原图的基础上创作出令人意想不到的各式各样的画面效果。滤镜原本是摄影镜头前的玻璃片，它能够使摄影作品产生特殊的效果，Photoshop 软件中的滤镜是一种插件，用来控制图像中的像素，它是一个神奇的魔术师，能让普通的图层呈现出令人惊奇的视觉效果。

本章要点

- 了解 Photoshop 相关滤镜的基本概念。
- 了解 Photoshop 滤镜的应用技巧。
- 了解常用滤镜的应用技巧。
- 掌握各个滤镜组的作用。
- 掌握外挂滤镜的作用。

8.1　认识滤镜

滤镜是 Photoshop 软件的主要功能之一。当图像中的像素位置或颜色发生改变时，图像也随之发生改变，并根据滤镜命令的不同生成各种特殊的画面效果。

8.1.1　滤镜库

“滤镜库”将 Photoshop 中提供的部分滤镜整合在一起，通过单击相应的滤镜命令，可以在对话框的“预览”窗口中看到应用该滤镜后的效果。

8.1.2　智能滤镜

“智能滤镜”是 Photoshop 中的一个强大功能。在使用 Photoshop 时，如果要对智能对象图层应用滤镜，就必须将智能对象图层栅格化，然后才可以应用智能滤镜效果，但如果用户要修改智能对象中的内容，那么需要重新应用滤镜，这样就在无形中增加了操作的复杂程度，而智能滤镜就是为了解决这一难题而产生的；同时，使用智能滤镜，还可以对所添加的滤镜进行反复地修改。

1. 智能滤镜的优势

智能滤镜是一种非破坏性的滤镜，它作为图层效果保存在“图层”面板上，不仅能够随时调整滤镜的参数，还能够被隐藏或删除，它兼有滤镜和智能对象两种功能的特点。

2. 智能滤镜的相关操作

下面介绍创建智能滤镜的操作方法：

（1）打开素材文件“第 8 章\素材文件\蝶恋花 5.jpg”，执行“滤镜”→“转化为智能滤镜”命令，这时“背景”图层转化为“智能对象”图层，并在图层缩览图上显示图标，如图 8-1 所示。

图 8-1　“智能对象”图层

（2）执行“滤镜”→“模糊”→“高斯模糊”命令，在对话框中进行如图 8-2 所示的设置，为图像添加滤镜效果。

（3）在“图层”面板中双击智能滤镜，可以在弹出的对话框中对滤镜选项进行设置。双击滤镜右边的“双击以编辑滤镜混合选项”图标，如图 8-3 所示；在弹出的“混合选项”对话框中编辑智能滤镜混合选项，将“半径”数值调整为 30 像素，如图 8-4 所示；历史记录如图 8-5 所示。

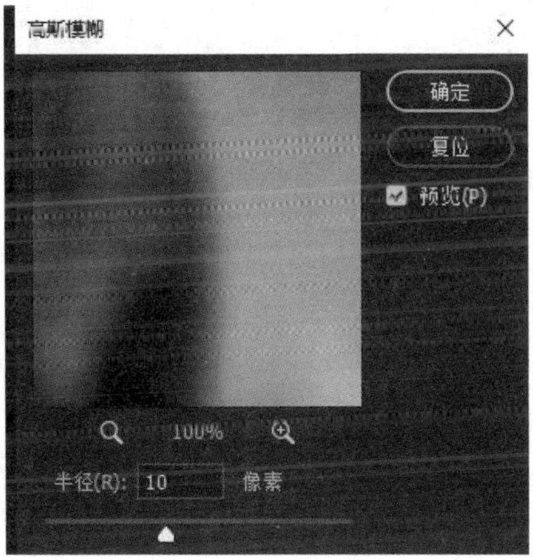

图 8-2　“高斯模糊”对话框

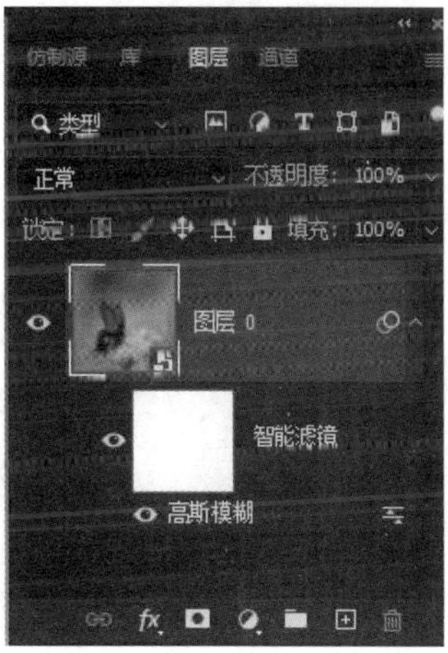

图 8-3　编辑滤镜混合选项

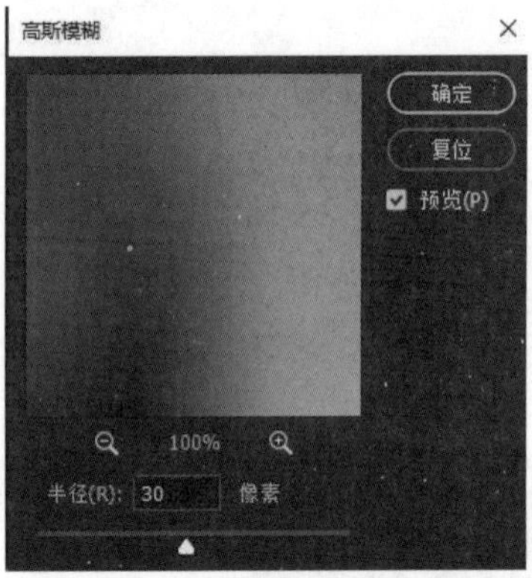

图 8-4　数值调整为 30 像素

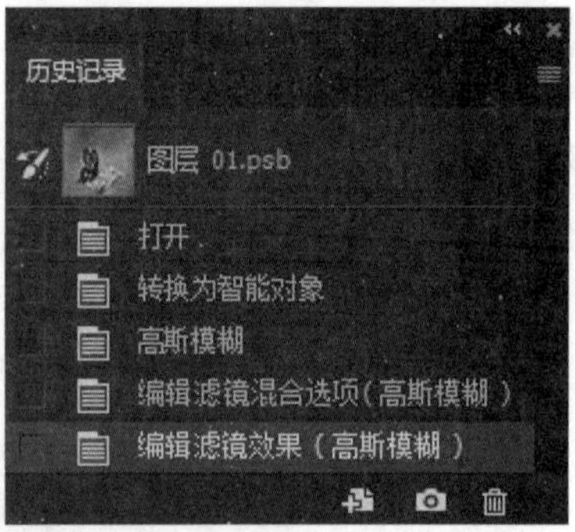

图 8-5　“历史记录”面板

（4）执行“图层”→“智能滤镜”→“消除智能滤镜”命令，将把智能对象图层上的智能滤镜删除。

8.1.3　特殊滤镜

1. 自适应广角

“自适应广角”滤镜可以修复超广角常见的变形现象，因此，运用该滤镜可以对镜头所产生的变形进行处理，得到一张完全没有变形的照片。

（1）打开素材文件“第 8 章\素材文件\广角建筑.jpg”，如图 8-6 所示。

（2）执行“滤镜”→“自适应广角”命令，打开“自适应广角”对话框，在左侧工具栏中选择“约束工具”，然后在图像中有变形的起始位置单击，之后继续移动鼠标指针到变形终点位置，操作完成后，画面中出现了一条线，这条线会自动沿着变形曲面计算广角变形，从而对画面进行修复，效果如图 8-7 所示。

图 8-6　原图

图 8-7 自适应广角

（3）运用同样的方法对变形位置进行校正，效果如图 8-8、图 8-9 所示。

图 8-8　变形位置进行校正

图 8-9　最后效果

2. 镜头校正

“镜头校正”滤镜可修复常见的镜头瑕疵，该滤镜在 RGB 或灰度模式下只能用于 8 位或 16 位通道图像。

（1）打开素材文件“第 8 章\素材文件\教室.jpg”，如图 8-10 所示，执行“滤镜”→“镜头校正”命令，打开“镜头校正”对话框，如图 8-11 所示。

图 8-10　原图

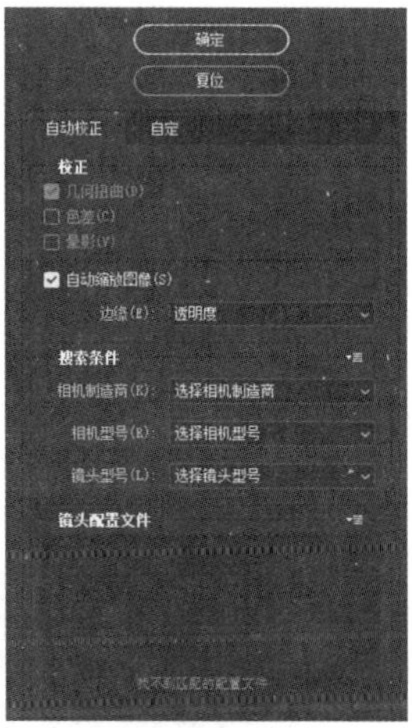

图 8-11　“镜头校正”对话框

（2）调整“镜头校正”对话框，从左边拉出一条直线，如图 8-12 所示；单击“确定”按钮，效果如图 8-13 所示。

图 8-12　调整参数

图 8-13　最后效果

3. 液化

“液化”滤镜可用于推、拉、旋转、反射、折叠和膨胀图像的任意区域。根据画面效果需要，我们所创建的扭曲可以是细微的也可以是剧烈的，这就是“液化”命令的强大之处；另外，“液化”滤镜可应用于 8 位或 16 位通道图像。

（1）打开素材文件“第 8 章\素材文件\胖模特 1.jpg”，如图 8-14 所示。

图 8-14　原图

（2）执行“滤镜”→“液化”命令，打开“液化”对话框，如图 8-15 所示，首先调整画笔大小和压力大小，然后在人物下颚处涂抹，我们会发现女子的脸型瘦了一些。

（3）继续调整画笔大小和压力，如图 8-16 所示，分别对眼睛及嘴巴处进行涂抹，让人物的眼睛变大，嘴唇变丰厚。

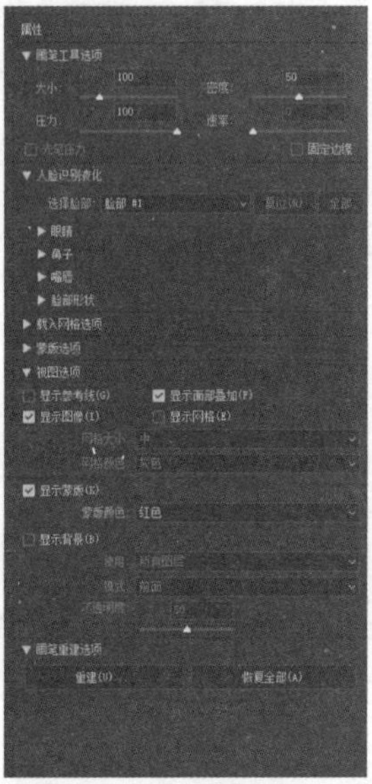

图 8-15　“液化”对话框

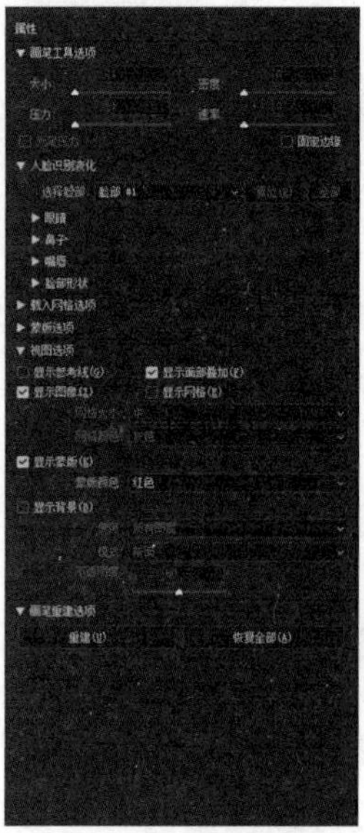

图 8-16　五官调整

（4）继续调整画笔大小，分别对眼睛及嘴巴处按步骤（3）相反方向涂抹，效果如图 8-17 所示。还可以通过液化滤镜调整人物其他部位（如胳膊），达到人物瘦身效果。

图 8-17　最后效果

4. 油画

“油画”滤镜可将图片处理成油画风格。

（1）打开素材文件“第 8 章\素材文件\蝶恋花 1.jpg”。

（2）执行“滤镜”→“油画”命令，打开“油画”对话框，调整参数，如图 8-18 所示；最终效果如图 8-19 所示。

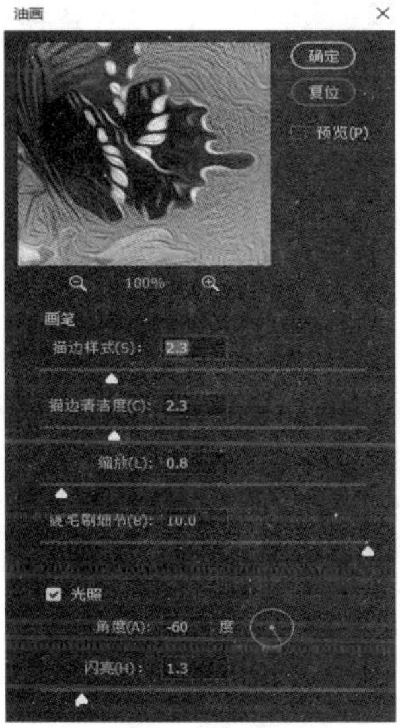

图 8-18　“油画”对话框

图 8-19　“油画”效果前后对比

5. 消失点

“消失点”滤镜可以自定义透视参考框，从而将图像复制、转换或移动到透视结构上。我们可以根据需要，在图像中指定编辑位置，并进行绘画、仿制、复制、粘贴以及变换等编辑操作。

（1）打开素材文件“第 8 章\素材文件\消失点.jpg”，如图 8-20 所示。

（2）执行“滤镜”→“消失点”命令，打开“消失点”对话框，单击“创建平面工具”按钮，创建一个透视矩形框，如图 8-21 所示。

（3）单击“选框工具”，首先在透视矩形框中双击创建选区，然后按住 Alt 键的同时单击并拖拽，效果如图 8-22、图 8-23 所示。

图 8-20 打开素材文件

图 8-21 创建透视矩形框

图 8-22 创建选区

图 8-23 拖拽选区

（4）单击“变换工具”按钮，调出变换控制框，拖拽鼠标至上方，单击“确定”按钮，效果如图 8-24 所示。

图 8-24 最后效果

8.2 滤镜组

8.2.1 风格化

“风格化”滤镜可以通过置换像素及查找来增加图像的对比度，在选区中生成绘画或印象派的效果，它是完全模拟真实艺术手法进行创作的。

1. 查找边缘

“查找边缘”滤镜能够自动搜索图像像素对比度变化剧烈的边界，并将高反差区变暗，其他区域介于两者之间，硬边变为线条，柔边变粗，使画面形成十分清晰的轮廓。

打开素材文件“第 8 章\素材文件\蝶恋花 3.jpg”，执行“滤镜”→“风格化”→“查找边缘”命令，效果如图 8-25 所示。

图 8-25　“查找边缘”效果前后对比

2. 等高线

“等高线”滤镜类似“查找边缘”滤镜，主要作用是勾画图像的色阶范围。

打开素材文件“第 8 章\素材文件\蝶恋花 3.jpg”，执行“滤镜”→“风格化”→“等高线”命令，等高线对话框如图 8-26 所示，最终效果如图 8-27 所示。

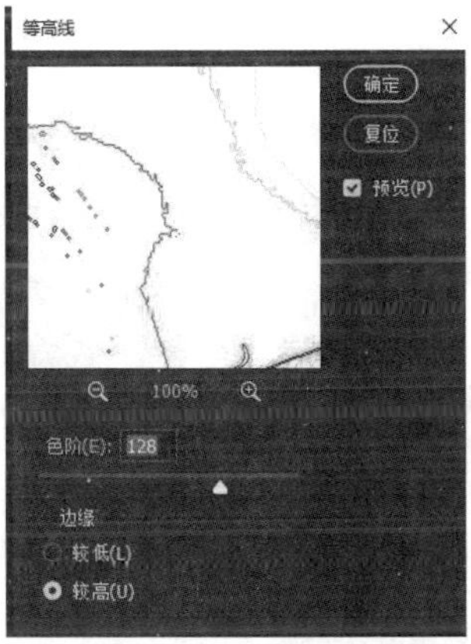

图 8-26　“等高线”对话框

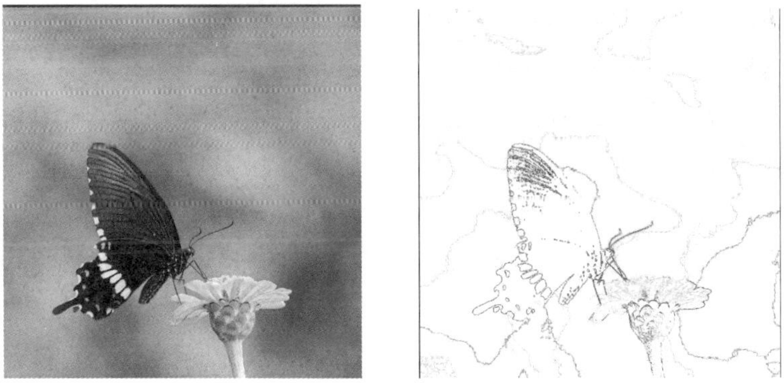

图 8-27　“等高线”效果前后对比

3. 风

“风”滤镜可在图像中增加一些细节的水平线来模拟风吹效果。

打开素材文件“第 8 章\素材文件\跑步.jpg”，执行“滤镜”→“风格化”→“风”命令，反复执行几次后的效果如图 8-28 所示。

图 8-28 “风”效果前后对比

4. 浮雕效果

“浮雕效果”滤镜可通过勾画图像或选区的轮廓以及降低周围的色值来使画面产生凸起或凹陷的浮雕效果。

打开素材文件“第 8 章\素材文件\静物.jpg”，执行“滤镜”→“风格化”→“浮雕效果”命令效果如图 8-29 所示。

图 8-29 “浮雕”效果前后对比

5. 扩散

“扩散”滤镜可以使图像中相邻的像素按规定的方式有机移动，形成一种类似于透过磨砂玻璃观察对象时的模糊效果。

扔开素材文件“第 8 章\素材文件\静物 2.jpg”，执行“滤镜”→“风格化”→“扩散”命令，效果如图 8-30 所示。

6. 拼贴

“拼贴”滤镜可将指定的图像分为块状，并使其偏离其原来的位置，产生不规则瓷砖拼凑的图像效果。

打开素材文件“第 8 章\素材文件\静物 2.jpg”，执行“滤镜”→“风格化”→“拼贴”命令，效果如图 8-31 所示。

图 8-30　“扩散”效果前后对比

图 8-31　“拼贴”效果前后对比

7　曝光过度

“曝光过度”滤镜可以混合负片和正片图像，模拟出摄影中因增加光线强度而产生的过度曝光效果。

打开素材文件“第 8 章\素材文件\静物 4.jpg”，执行“滤镜”→“风格化”→“曝光过度”命令，效果如图 8-32 所示。

图 8-32　“曝光过渡”效果前后对比

8. 凸出

“凸出”滤镜可以将图像分成一系列大小相同且有机重叠放置的立方体或锥体，从而产生 3D 效果。

打开素材文件“第 8 章\素材文件\静物 4.jpg”，执行“滤镜”→“风格化”→“凸出”命令，在弹出的对话框中输入数值，如图 8-33 所示；单击“确定”按钮，效果如图 8-34 所示。

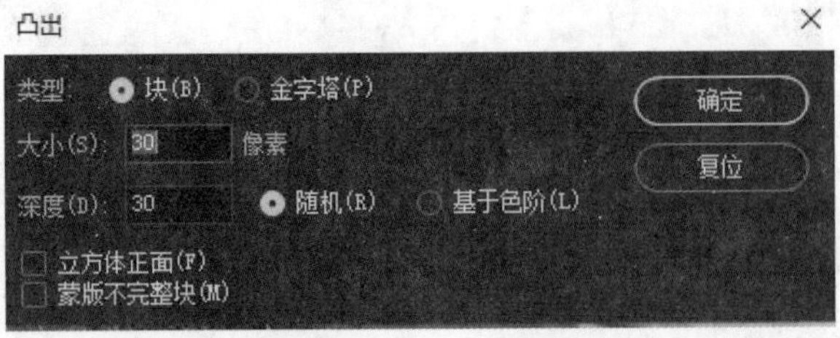

图 8-33 “凸出”对话框

图 8-34 “凸出”效果前后对比

8.2.2 画笔描边

“画笔描边”滤镜组以使用不同的画笔和油晕进行描边，从而创建出具有绘画效果的图像外观。

1. 成角的线条

“成角的线条”滤镜可以使用成角描边重新绘制图像，用一个方向的线条绘制亮部区域，再用相反方向的线条绘制暗部区域。

打开素材文件“第 8 章\素材文件\蝶恋花 1.jpg”，执行“滤镜”→“滤镜库”→“画笔描边”→“成角的线条”命令，效果如图 8-35 所示。

图 8-35 “成角的线条”效果前后对比

2. 墨水轮廓

“墨水轮廓”滤镜能够以钢笔画的风格，用纤细的线条在原细节上重绘图像。

打开素材文件“第 8 章\素材文件\蝶恋花 1.jpg”，执行“滤镜”→“画笔描边”→“墨水轮廓”命令，效果如图 8-36 所示。

图 8-36　“墨水轮廓”效果前后对比

3. 喷溅

“喷溅”滤镜能够模拟喷枪，使图像产生笔墨喷溅的艺术效果。

打开素材文件“第 8 章\素材文件\蝶恋花 1.jpg”，执行“滤镜”→“画笔描边”→“喷溅”命令，效果如图 8-37 所示。

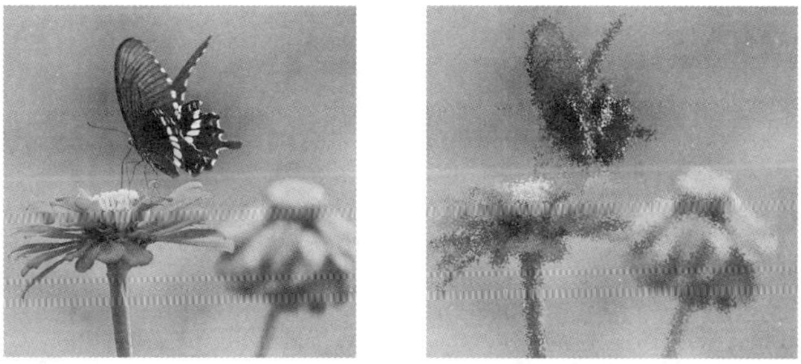

图 8-37　“喷溅”效果前后对比

4. 喷色描边

“喷色描边”滤镜可以使用图像的主导色用成角的、喷溅的颜色线条重新绘制图像。

打开素材文件“第 8 章\素材文件\蝶恋花 1.jpg”，执行“滤镜”→“画笔描边”→“喷色描边”命令，效果如图 8-38 所示。

图 8-38　“喷色描边”效果前后对比

5. 强化的边缘

“强化的边缘”滤镜可以强化图像的边缘。

打开素材文件“第 8 章\素材文件\蝶恋花 1.jpg”，执行“滤镜”→“画笔描边”→“强化的边缘”命令，效果如图 8-39 所示。

图 8-39 “强化的边缘”效果前后对比

6. 深色线条

“深色线条”滤镜可以用短而紧密的深色线条绘制暗部区域，用长的白色线条绘制亮部区域。

打开素材文件“第 8 章\素材文件\蝶恋花 1.jpg”，执行“滤镜”→“画笔描边”→“深色线条”命令，效果如图 8-40 所示。

图 8-40 “深色线条”效果前后对比

7. 烟灰墨

“烟灰墨”滤镜可以绘制日本画风格的绘画图像。

打开素材文件“第 8 章\素材文件\蝶恋花 1jpg”，执行“滤镜”→“画笔描边”→“烟灰墨”命令，效果如图 8-41 所示。

图 8-41 “烟灰墨”效果前后对比

8. 阴影线

“阴影线”滤镜可以保留原始图像的细节和特征。

打开素材文件“第 8 章素材文件\蝶恋花 1.jpg”，执行“滤镜”→“画笔描边”→“阴影线”命令，效果如图 8-42 所示。

图 8-42　“阴影线”效果前后对比

8.2.3　模糊

Photoshop 包括六种模糊画廊滤镜效果，模糊画廊滤镜可以使图像中过于清晰或对比度过于强烈的区域产生模糊效果。

1. 场景模糊

“场景模糊”滤镜可以对图片进行焦距调整，对图片全局或多个局部进行模糊处理。

打开素材文件“第 8 章素材文件\彩椒.jpg”，执行“滤镜”→“模糊”→“场景模糊”命令，效果如图 8-43 所示。

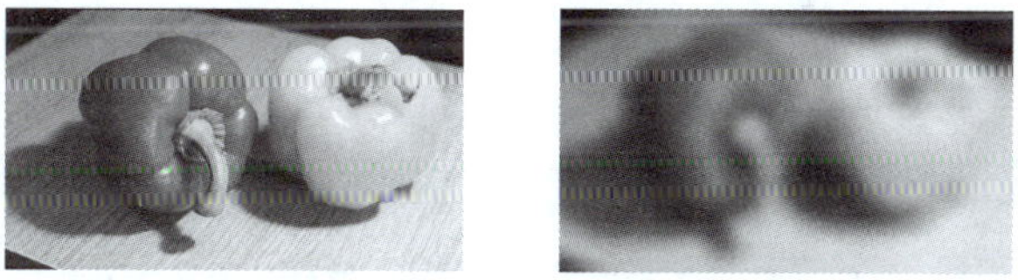

图 8-43　“场景模糊”效果前后对比

2. 光圈模糊

“光圈模糊”滤镜类似相机镜头对焦，焦点周围的图像会相应模糊。简单来说就是在画面中指定一个保持清晰的区域，由软件将区域外围作模糊处理。

打开素材文件“第 8 章\素材文件\彩椒.jpg”，执行“滤镜”→“模糊”→“光圈模糊”命令，画面中央会出现一个可以自由拖动的椭圆形区域，该区域的形状和大小可以自由改变，它用来界定清晰/模糊的范围；当然除了改变区域外，还可以改变模糊的量，数字越大则模糊程度越重。设置调整参数后效果如图 8-44 所示。

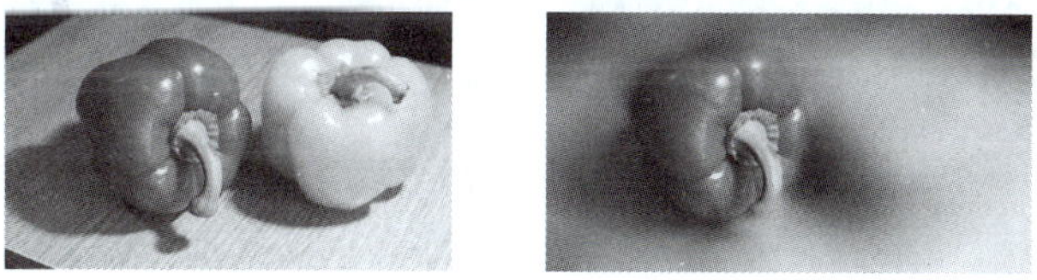

图 8-44　“光圈模糊”效果前后对比

3．移轴模糊

“移轴模糊”滤镜与光圈模糊并没有本质上的区别，只是控制区域由椭圆形变成了平行线。中央圆圈上下共四条直线定义了从清晰（原图）到模糊区的过渡范围，同样可以改变模糊的程度，四条水平直线也可以转动倾斜。

打开素材文件“第 8 章\素材文件\广角建筑.jpg”，执行“滤镜”→“模糊”→“移轴模糊”命令，效果如图 8-45 所示。

图 8-45　“移轴模糊”效果前后对比

4．高斯模糊

“高斯模糊”滤镜可以使图像产生一种朦胧效果。

打开素材文件“第 8 章\素材文件\广角建筑.jpg”，执行“滤镜”→“模糊”→“高斯模糊”命令，效果如图 8-46 所示。

图 8-46　“高斯模糊”效果前后对比

5．动感模糊

“动感模糊”滤镜可以根据指定方向的强度制作模糊图像。

打开素材文件“第 8 章\素材文件\广角建筑.jpg”，执行“滤镜”→“模糊”→“动感模糊”命令，效果如图 8-47 所示。

图 8-47　“动感模糊”效果前后对比

6. 表面模糊

“表面模糊”滤镜能够在保留边缘的同时模糊图像，可用来创建特殊效果并消除杂色或颗粒。

打开素材文件“第 8 章\素材文件\广角建筑.jpg”，执行“滤镜”→“模糊”→“表面模糊”命令，效果如图 8-48 所示。

图 8-48　“表面模糊”效果前后对比

7. 方框模糊

“方框模糊”滤镜可以基于相邻像素的平均值来模糊图像，生成类似方块状的特殊模糊效果。

打开素材文件“第 8 章\素材文件\广角建筑.jpg”，执行“滤镜”→“模糊”→“方框模糊”命令，效果如图 8-49 所示。

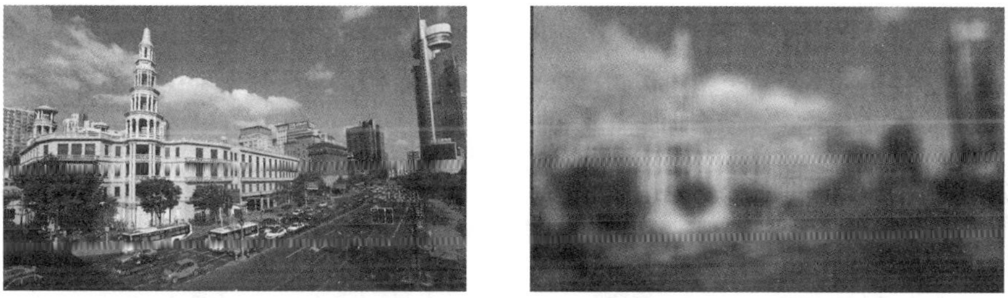

图 8-49　“方框模糊”效果前后对比

8. 模糊和进一步模糊

“模糊”和“进一步模糊”滤镜都是对图像进行轻微模糊。

打开素材文件“第 8 章\素材文件\蝶恋花 1.jpg”，执行“滤镜”→“模糊”→“进一步模糊”命令，效果如图 8-50 所示。

图 8-50　“进一步模糊”效果前后对比

9. 径向模糊

“径向模糊”滤镜可以模拟缩放或旋转的相机产生的模糊效果。

打开素材文件“第 8 章\素材文件\蝶恋花 1.jpg”，执行“滤镜”→“模糊”→“径向模糊”命令，效果如图 8-51 所示。

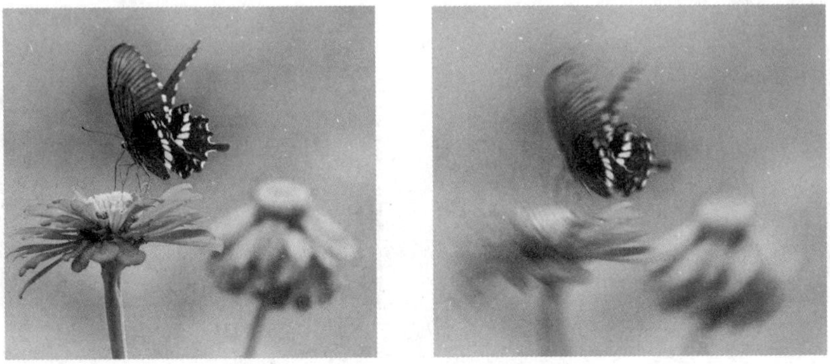

图 8-51 “径向模糊”效果前后对比

10. 平均

“平均”滤镜可以查找图像的平均颜色，然后以该颜色填充图像，创建平滑的外观。

打开素材文件“第 8 章\素材文件\蝶恋花 1.jpg”，执行“滤镜”→“模糊”→“平均”命令，效果如图 8-52 所示。

图 8-52 “平均”效果前后对比

11. 特殊模糊

“特殊模糊”滤镜提供了半径、阈值和模糊品质等设置选项，可以精确地模糊图像。

打开素材文件“第 8 章\素材文件\蝶恋花 1.jpg”，执行“滤镜”→“模糊”→“特殊模糊”命令，调整“特殊模糊”对话框参数，如图 8-53 所示；单击“确定”按钮，效果如图 8-54 所示。

12. 形状模糊

“形状模糊”滤镜可以使用指定的形状创建特殊的模糊效果。

打开素材文件“第 8 章\素材文件\蝶恋花 1.jpg”，执行“滤镜”→“模糊”→“形状模糊”命令，调整“形状模糊”对话框参数，如图 8-85 所示；单击“确定”按钮，效果如图 8-56 所示。

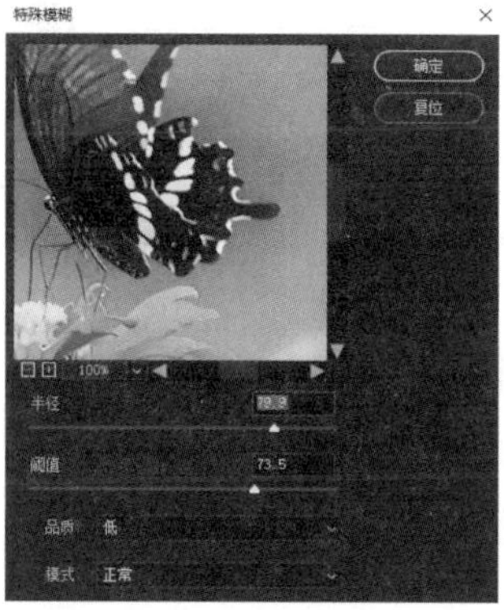

图 8-53　“特殊模糊”对话框

图 8-54　“特殊模糊”效果前后对比

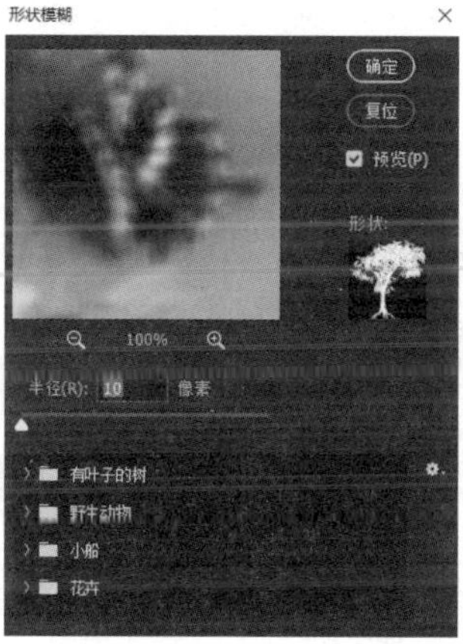

图 8-55　对话框

图 8-56　“形状模糊”效果前后对比

8.2.4 扭曲

扭曲滤镜是 Photoshop“滤镜”菜单下的一组滤镜，共 12 种。这一系列滤镜都是运用几何学的原理把一幅影像变形，以创造出三维效果或其他效果。每一个滤镜都能产生一种或数种特殊效果，但都离不开一个特点：对影像中所选择的区域进行变形、扭曲。

1. 波浪

“波浪”滤镜可以在图像上创建波浪起伏的波浪效果。

打开素材文件“第 8 章\素材文件\花海.jpg”，如图 8-57 所示，执行“滤镜”→“扭曲”→“波浪”命令，调整“波浪”对话框参数，如图 8-58 所示；单击“确定”按钮，效果如图 8-59 所示。

图 8-57　原图

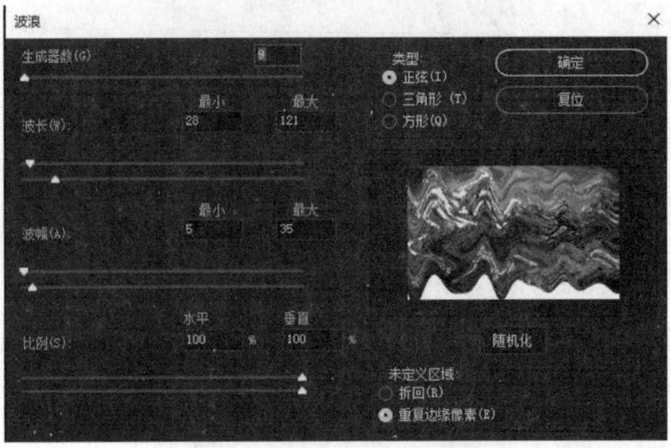

图 8-58　“波浪”对话框

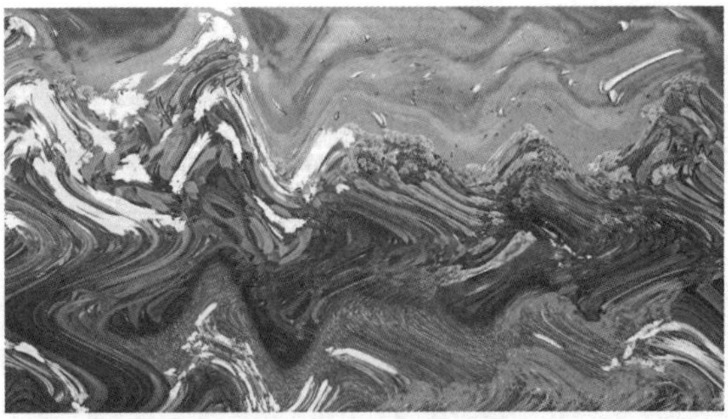

图 8-59　“波浪”效果

2. 波纹

“波纹”滤镜只能控制波纹的数量和波纹大小。

打开素材文件“第 8 章\素材文件\几何色块 1.jpg”，执行“滤镜”→“扭曲”→“波纹”命令，调整“波纹”对话框参数，如图 8-60 所示，单击“确定”按钮，效果如图 8-61 所示。

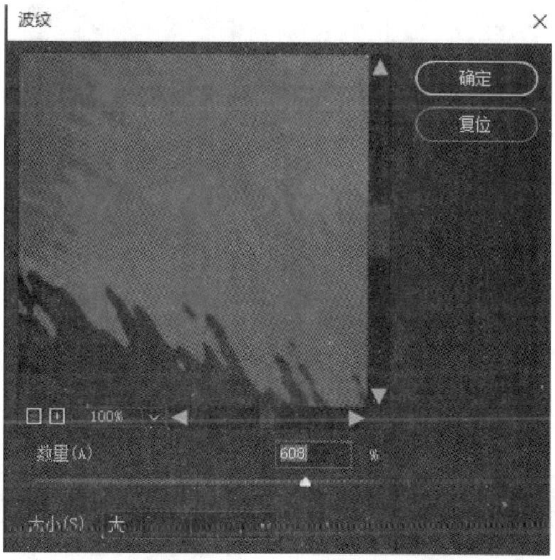

图 8-60　“波纹”对话框

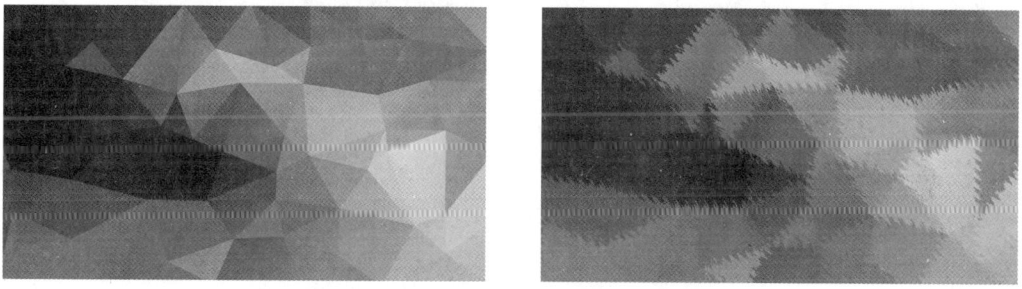

图 8-61　“波纹”效果前后对比

3. 极坐标

“极坐标”滤镜可将图像从平面坐标转换为极坐标，或者从极坐标转换成平面坐标。

打开素材文件“第 8 章\素材文件\几何色块 1.jpg”，执行“滤镜”→“扭曲”→“极坐标”命令，效果如图 8-62 所示。

图 8-62　“极坐标”效果前后对比

4. 挤压

打开素材文件“第 8 章\素材文件\几何色块 1.jpg”，执行“滤镜”→“扭曲”→“挤压”命令，调整“挤压”对话框参数，如图 8-63 所示，单击“确定”按钮，效果如图 8-64 所示。

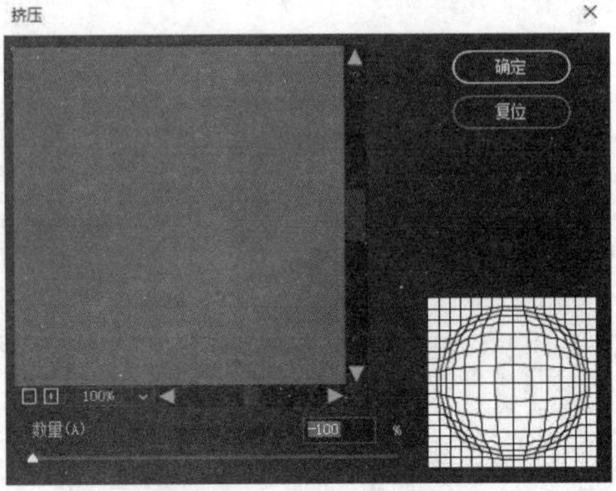

图 8-63 “挤压”对话框

图 8-64 “挤压”效果前后对比

5. 切变

“切变”滤镜是一种比较灵活的滤镜，我们可以按照自己设定的曲线来扭曲图像。

打开素材文件“第 8 章\素材文件\沙漠几何色块.jpg”，执行“滤镜”→“扭曲”→“切变”命令，调整“切变”对话框参数，如图 8-65 所示，单击“确定”按钮，效果如图 8-66 所示。

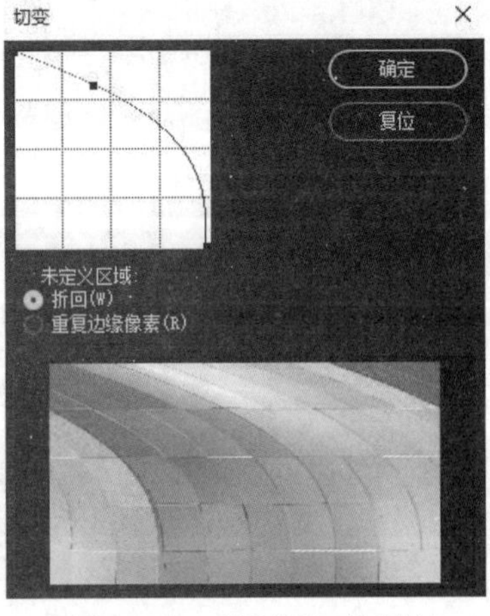

图 8-65 “切变”对话框

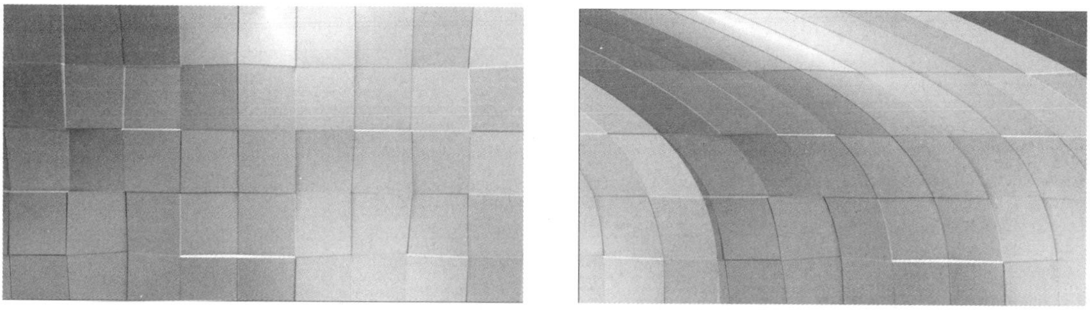

图 8-66　“切变”效果前后对比

6. 球面化

“球面化”滤镜可以扭曲图像以及伸展图像以适合选中的曲线，使图像产生 3D 效果。

打开素材文件“第 8 章\素材文件\几何色块.jpg”，执行“滤镜”→“扭曲”→“球面化”命令，调整“球面化”对话框参数，如图 8-67 所示，单击“确定”按钮，效果如图 8-68 所示。

图 8-67　“球面化”对话框

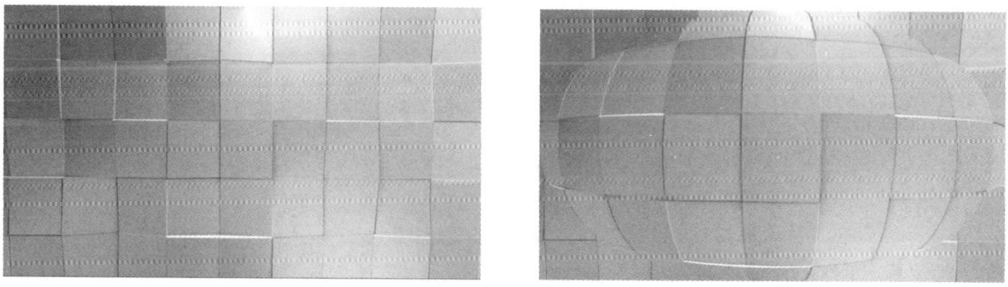

图 8-68　“球面化”效果前后对比

7. 水波

“水波”滤镜可以制作水波产生的涟漪效果。

打开素材文件“第 8 章\素材文件\荷花.jpg”，执行“滤镜”→“扭曲”→“水波”命令，调整“水波”对话框中的参数值，如图 8-69 所示，效果如图 8-70 所示。

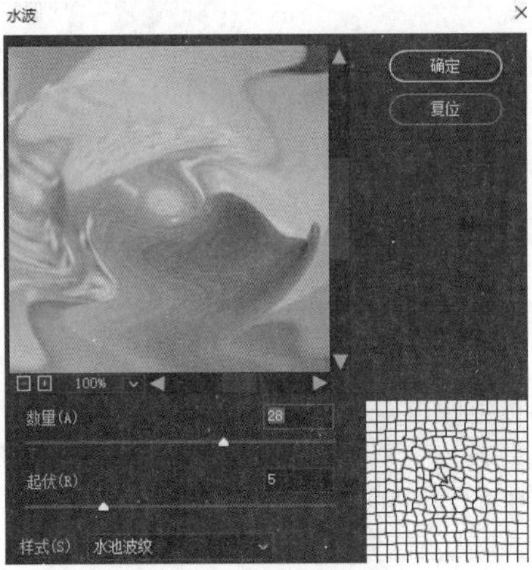

图 8-69 “水波”对话框

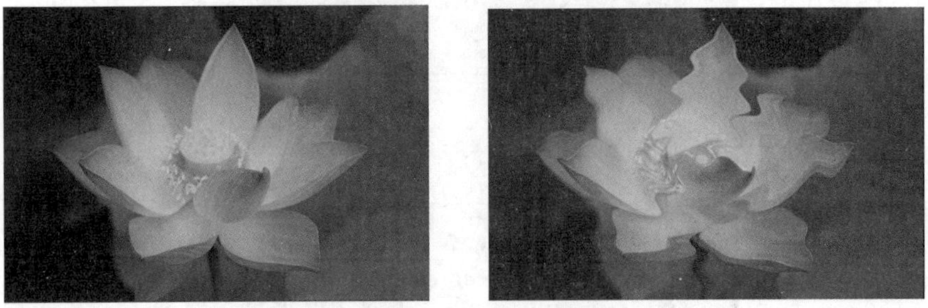

图 8-70 “水波”效果前后对比

8. 旋转扭曲

“旋转扭曲”滤镜可以将图像中心进行旋转扭曲。

打开素材文件“第 8 章\素材文件\荷花.jpg”，执行“滤镜”→“扭曲”→“旋转扭曲”命令，打开“旋转扭曲”对话框（如图 8-71 所示），在其中调整相应的参数，效果如图 8-72 所示。

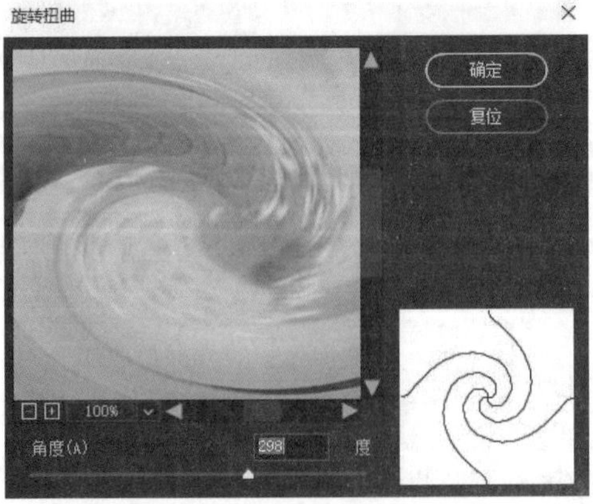

图 8-71 “旋转扭曲”对话框

图 8-72 “旋转扭曲”效果前后对比

9. 置换

“置换”滤镜可以根据另一张图片的亮度值使现有图像的像素重新排列并产生位移。

（1）打开素件文件“第 8 章\素材文件\彩椒.jpg”，另存为“彩椒.psd”。

（2）打开素件文件“第 8 章\素材文件\原色.jpg”，并执行“滤镜”→“扭曲”→“置换”命令，弹出“置换”对话框，调整参数，如图 8-73 所示。

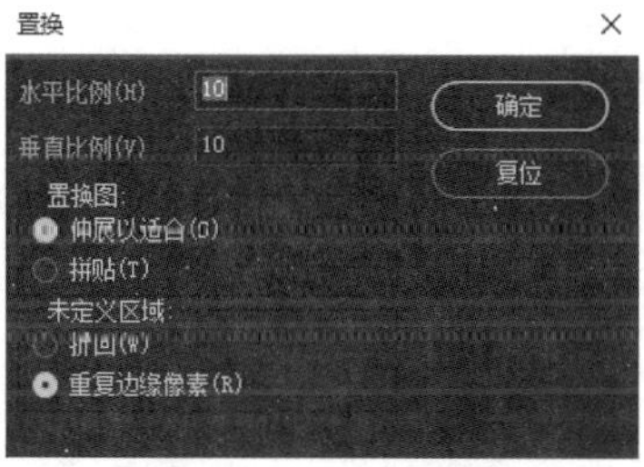

图 8-73 置换对话框

（3）单击“确定”按钮，选择之前所存储的“彩椒.psd”文件作为置换源，效果如图 8-74 所示。

图 8-74 “置换”效果前后对比

8.2.5 锐化

“锐化”滤镜命令通过增加相邻像素的对比度聚焦模糊的图像，使画面更加鲜明、清晰。

1. USM 锐化

“USM 锐化”滤镜通过增加图像边缘的对比度来锐化图像，该滤镜可以对摄影、扫描、重新取样或打印过程中产生的模糊效果进行校正。

打开素材文件“第 8 章\素材文件\静物 3.jpg”，执行“滤镜”→“锐化”→“USM 锐化”命令，调整“USM 锐化”对话框中的参数值，如图 8-75 所示，单击“确定”按钮，效果如图 8-76 所示。

图 8-75 “USM 锐化”对话框

图 8-76 “USM 锐化”效果前后对比

2. 进一步锐化

“进一步锐化”滤镜的工作原理为聚焦选区，来增大图像或选区像素之间的反差，提高对象的清晰度。

打开素材文件“第 8 章\素材文件\荷花 1.jpg”，执行“滤镜”→“锐化”→“进一步锐化”命令，反复几次后效果如图 8-77 所示。

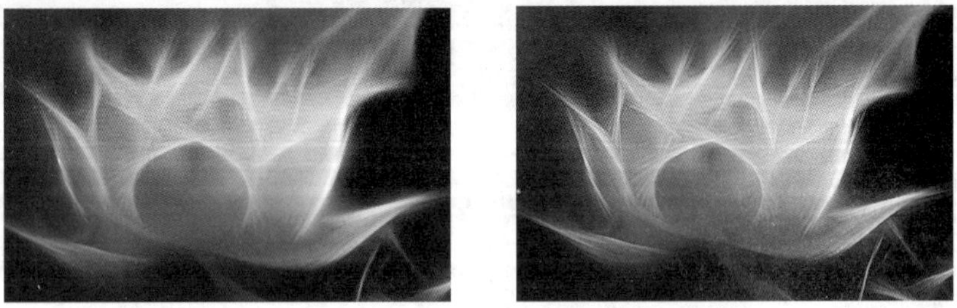

图 8-77 “进一步锐化”效果前后对比

3. 防抖

“防抖”滤镜可以把由于相机拍摄时抖动而产生的图像抖动虚化问题修整清晰。

打开素材文件“第 8 章\素材文件\荷花 1.jpg”，执行“滤镜”→“锐化”→“防抖”命令，调整“防抖”对话框中的参数值，如图 8-78 所示，单击“确定”按钮，效果如图 8-79 所示。

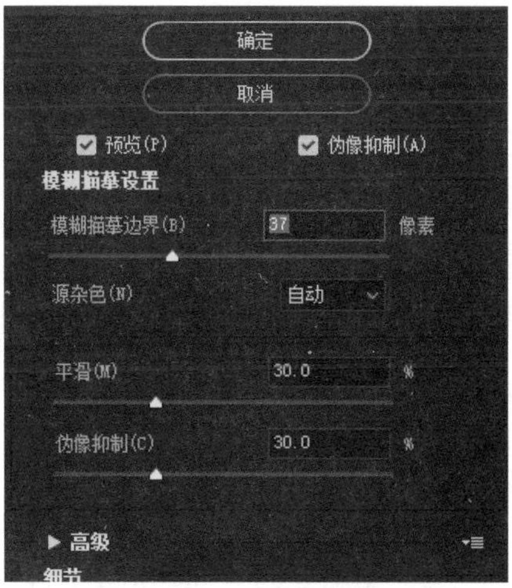

图 8-78　调整参数值

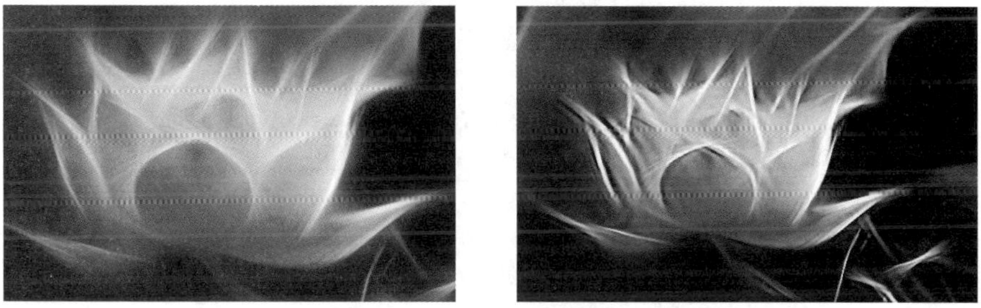

图 8-79　“防抖”效果前后对比

4. 锐化

“锐化”滤镜的效果比“进一步锐化”滤镜的效果弱一些。

打开素材文件“第 8 章\素材文件\荷花 1.jpg”，执行“滤镜”→“锐化”→“锐化”命令，效果如图 8-80 所示。

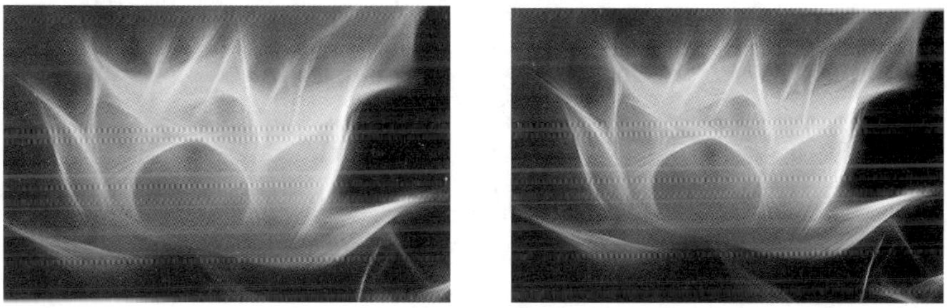

图 8-80　“锐化”效果前后对比

5. 锐化边缘

“锐化边缘”滤镜在保留整体平滑度的基础上只锐化图像的边缘。该滤镜在不指定数值情况下进行锐化。

打开素材文件“第 8 章\素材文件\荷花 1.jpg”，执行“滤镜”→“锐化”→“锐化边缘”命令，效果如图 8-81 所示。

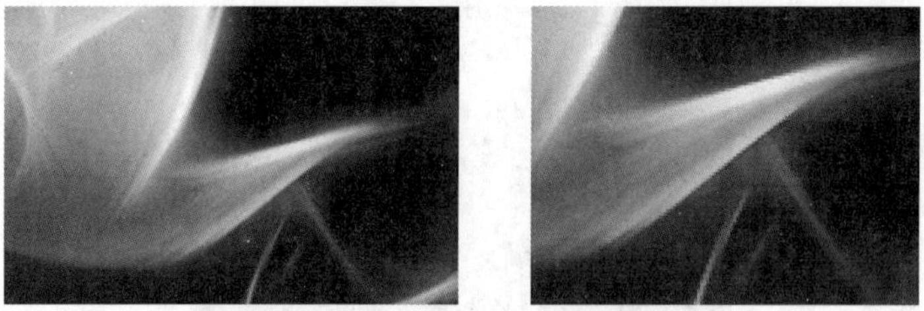

图 8-81 “锐化边缘”效果前后对比

6. 智能锐化

“智能锐化”滤镜具有控制功能，它能够进一步改善锐化后图像的边缘细节，从而减少阴影区的噪点及高光区因锐化过度出现的光晕。

打开素材文件“第 8 章\素材文件\草.jpg”，执行“滤镜”→“锐化”→“智能锐化”命令，调整“智能锐化”对话框中的参数值，如图 8-82 所示，单击“确定”按钮，效果如图 8-83 所示。

图 8-82 “智能锐化”对话框

图 8-83 “智能锐化”效果前后对比

8.2.6 素描

1. 半调图案

“半调图案”滤镜可以在保留连续色调范围的同时，模拟半调网屏效果。

打开素材文件“第 8 章\素材文件\帆船.jpg”，如图 8-84 所示，执行“滤镜”→“滤镜库”→“素描”→“半调图案”命令，调整“半调图案”对话框中的参数值，如图 8-85 所示，单击“确定”按钮，效果如图 8-86 所示。

图 8-84　原图

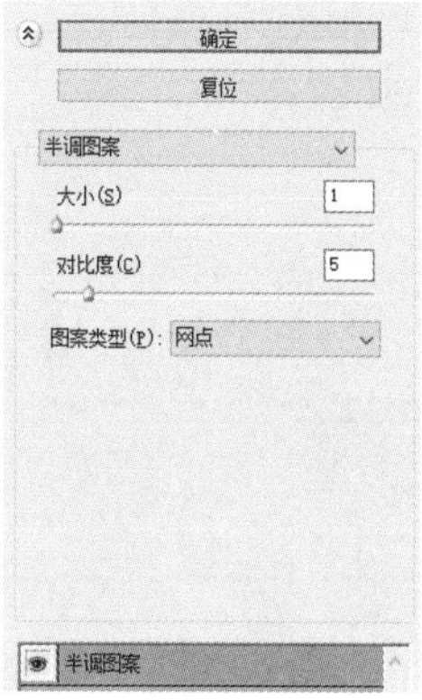

图 8-85　“半调图案”对话框

图 8-86　“半调图案”效果

2. 便条纸

“便条纸”滤镜可以简化图像。

打开素材文件“第 8 章\素材文件\蝶恋花 4.jpg”，执行“滤镜”→“滤镜库”→“素描”→“便条纸”命令，效果如图 8-87 所示。

图 8-87　“便条纸”效果前后对比

3. 粉笔和炭笔

“粉笔和炭笔”滤镜可以重绘高光和中间调，并使用粗糙粉笔绘制中间调的灰色背景。

打开素材文件“第 8 章\素材文件\蝶恋花 4.jpg”，执行“滤镜”→“滤镜库”→“素描”→“粉笔和炭笔”命令，调整“粉笔和炭笔”对话框中的参数值，如图 8-88 所示，单击“确定”按钮，效果如图 8-89 所示。

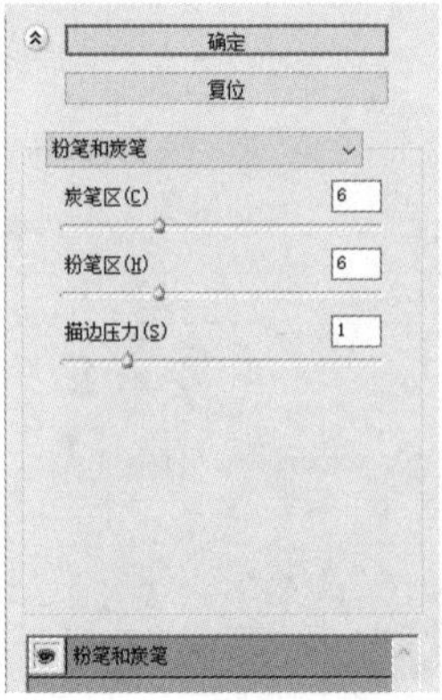

图 8-88 “粉笔和炭笔”对话框

图 8-89 “粉笔和炭笔”效果前后对比

4. 铬黄渐变

“铬黄”滤镜可以渲染图像，创建如擦亮的铬黄表面般的金属效果，高光在反射表面上是高点，阴影是低点。

打开素材文件“第 8 章\素材文件\蝶恋花 4.jpg.jpg”，执行“滤镜”→“滤镜库”→“素描”→“铬黄渐变”命令，调整“铬黄”对话框中的参数值，如图 8-90 所示，单击“确定”按钮，效果如图 8-91 所示。

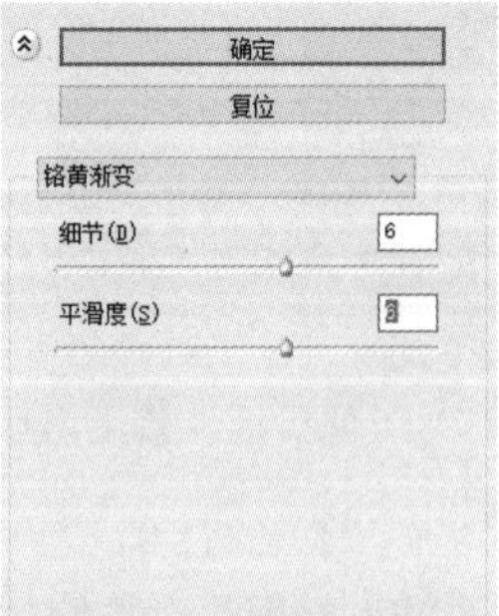

图 8-90 “铬黄渐变”对话框

图 8-91　“铬黄渐变”效果前后对比

5. 绘图笔

“绘图笔”滤镜使用细的、线状的油墨描边来捕捉原图像中的细节，前景为油墨，背景为纸张，以替换图像中的颜色。

打开素材文件“第 8 章\素材文件\蝶恋花 4.jpg”，执行“滤镜”→“滤镜库”→“素描”→“绘图笔”命令，调整“绘图笔”对话框中的参数值，如图 8-92 所示，单击“确定”按钮，效果如图 8-93 所示。

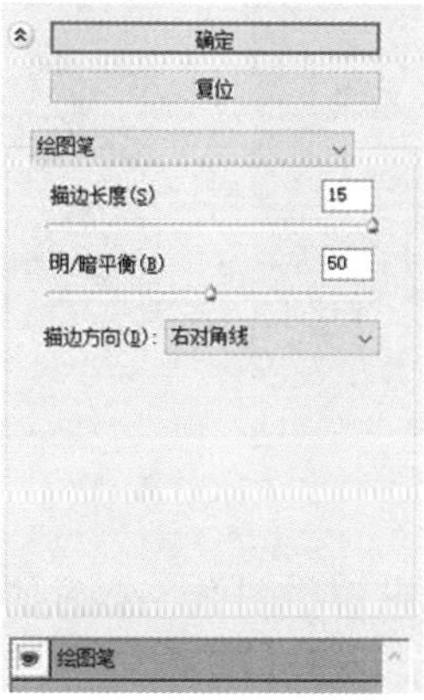

图 8-92　“绘图笔”对话框

图 8-93　“绘图笔”效果前后对比

6. 基底凸现

“基底凸现”滤镜可以变换图像，使之呈现浮雕的雕刻状和突出光照下变化各异的表面。

打开素材文件“第 8 章\素材文件\蝶恋花 4.jpg”，执行“滤镜”→“滤镜库”→“素描”

→“基底凸现”命令，调整“基底凸现”对话框中的参数值，如图 8-94 所示，单击“确定”按钮，效果如图 8-95 所示。

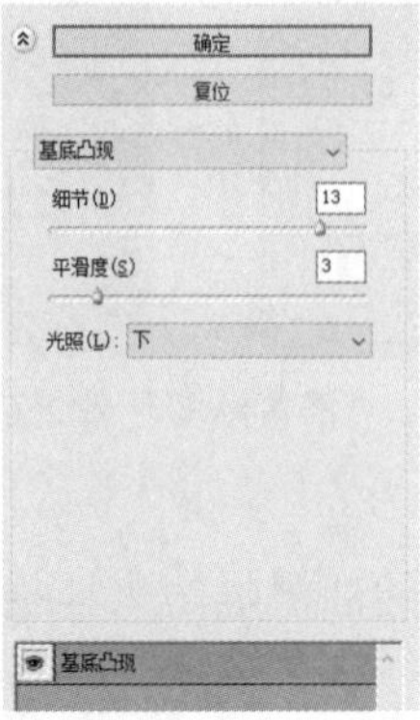

图 8-94 “基底凸现”对话框

图 8-95 “基底凸现”效果前后对比

7. 石膏效果

“石膏效果”滤镜可以按 3D 效果塑造图像，然后使用前景色与背景色为结果图像着色，图像中的暗区凸起，亮区凹陷。

打开素材文件“第 8 章\素材文件\蝶恋花 4.jpg”，执行“滤镜”→“滤镜库”→“素描”→“石膏效果”命令，调整“石膏效果”对话框中的参数值，如图 8-96 所示，单击“确定”按钮，效果如图 8-97 所示。

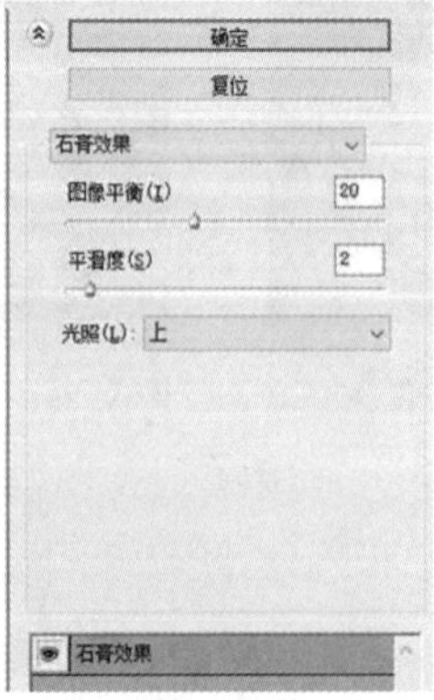

图 8-96 “石膏效果”对话框

图 8-97　“石膏效果”效果前后对比

8. 水彩画纸

“水彩画纸”是素描滤镜组中唯一能够保留原图像颜色的滤镜。

打开素材文件“第 8 章\素材文件\蝶恋花 4.jpg”，执行“滤镜”→“滤镜库”→“素描”→“水彩画纸”命令，调整“水彩画纸”对话框中的参数值，如图 8-98 所示，单击“确定”按钮，效果如图 8-99 所示。

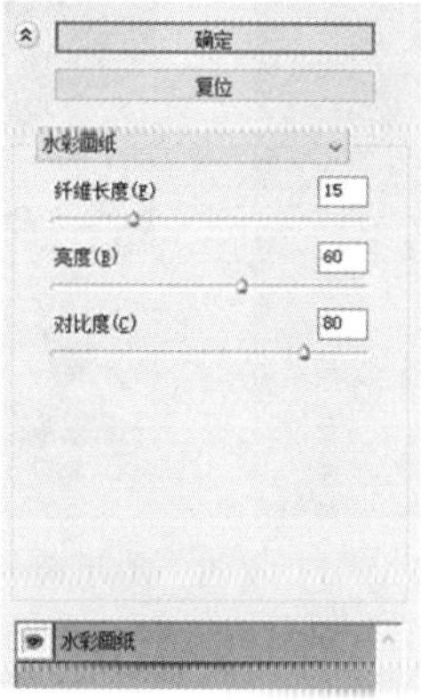

图 8-98　“水彩画纸”对话框

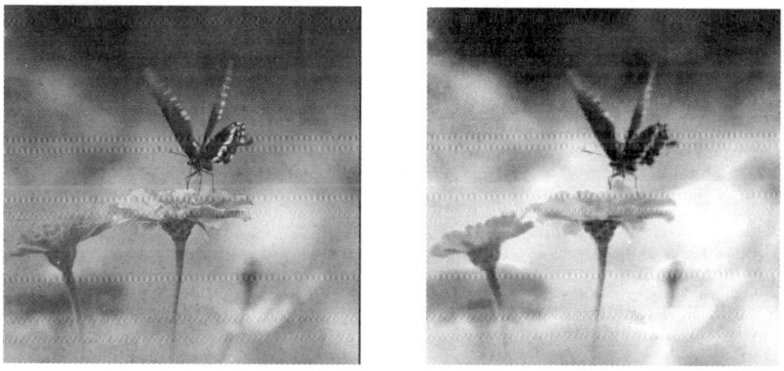

图 8-99　“水彩画纸”效果前后对比

9. 撕边

“撕边”滤镜可以重组图像，使图像由粗糙、撕破的纸片组成，然后使用前景色与背景色为图像着色。

打开素材文件“第 8 章\素材文件\蝶恋花 4.jpg”，执行“滤镜”→“滤镜库”→“素描”

→“撕边”命令，调整“撕边”对话框的参数值，如图 8-100 所示，单击“确定”按钮，效果如图 8-101 所示。

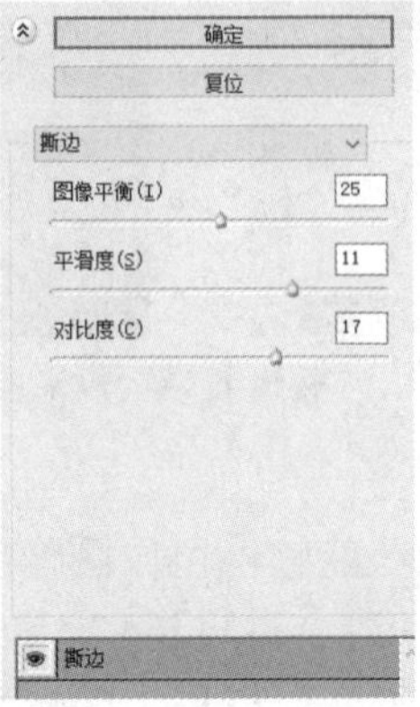

图 8-100 “撕边”对话框

图 8-101 “撕边”效果前后对比

10. 炭笔

“炭笔”滤镜可以产生色调分离的涂抹效果。

打开素材文件“第 8 章\素材文件\瓷瓶 1.jpg”，执行“滤镜”→“滤镜库”→“素描”→“炭笔”命令，调整“炭笔”对话框中的参数值，如图 8-102 所示，单击“确定”按钮，效果如图 8-103 所示。

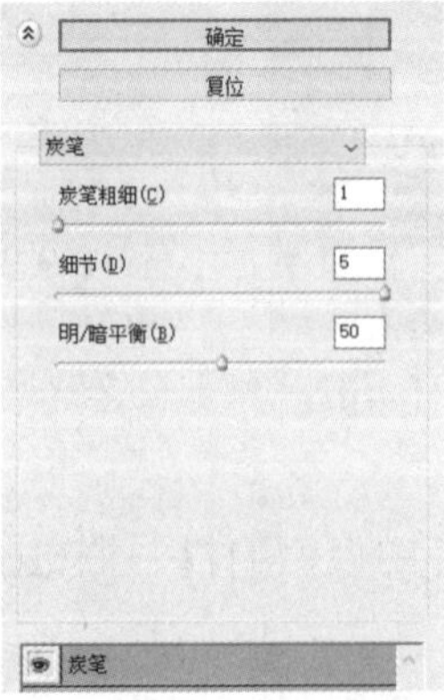

图 8-102 “炭笔”对话框

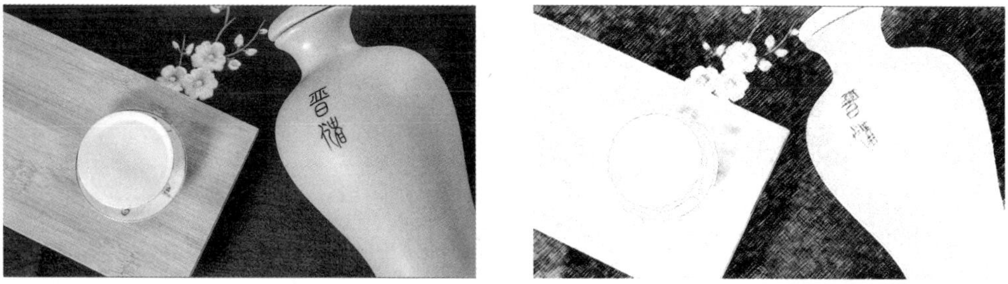

图 8-103　“炭笔”效果前后对比

11. 炭精笔

“炭精笔”滤镜可以在图像上模拟浓黑和纯白的炭精笔纹理，暗区使用前景色，亮区使用背景色。

打开素材文件“第 8 章\素材文件\瓷瓶 1.jpg”，执行“滤镜”→“滤镜库”→“素描”→“炭精笔”命令，调整“炭精笔”对话框的参数值，如图 8-104 所示，单击“确定”按钮，效果如图 8-105 所示。

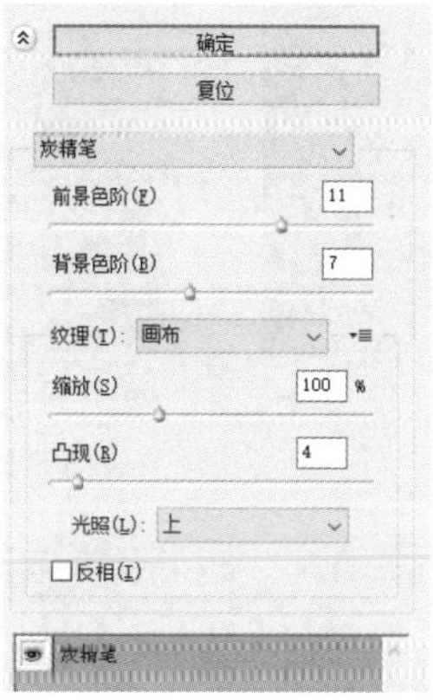

图 8-104　“炭精笔”对话框

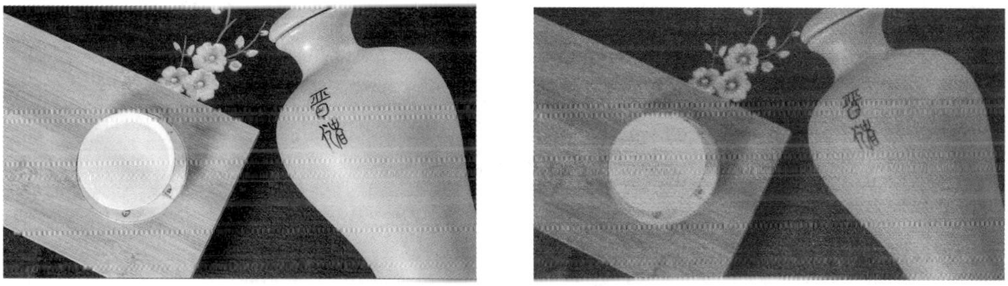

图 8-105　“炭精笔”效果前后对比

12. 图章

“图章”滤镜可以对图像进行简化，使图像看起来与图章盖印的效果相似。

打开素材文件“第 8 章\素材文件\瓷瓶 1.jpg”，执行“滤镜”→“滤镜库”→“素描”→“图章”命令，调整“图章”对话框中的参数值，如图 8-106 所示，单击“确定”按钮，效果如图 8-107 所示。

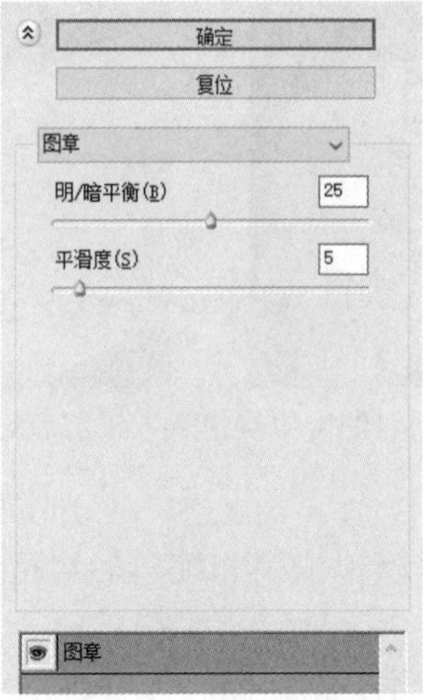

图 8-106　“图章”对话框

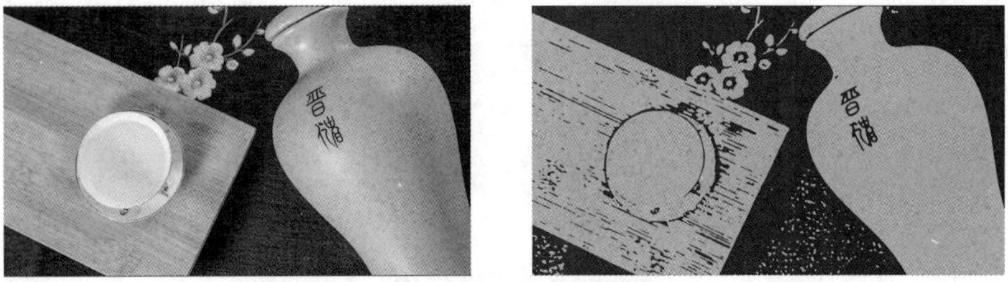

图 8-107　“图章”效果前后对比

13. 网状

“网状”滤镜模拟胶片乳胶的可控制收缩和扭曲来创建图像，使之在阴影区呈结块状，在高光区呈轻微颗粒状。

打开素材文件“第 8 章\素材文件\瓷瓶 1.jpg”，执行“滤镜”→“滤镜库”→“素描”→“网状”命令，调整“网状”对话框中的参数值，如图 8-108 所示，单击“确定”按钮，效果如图 8-109 所示。

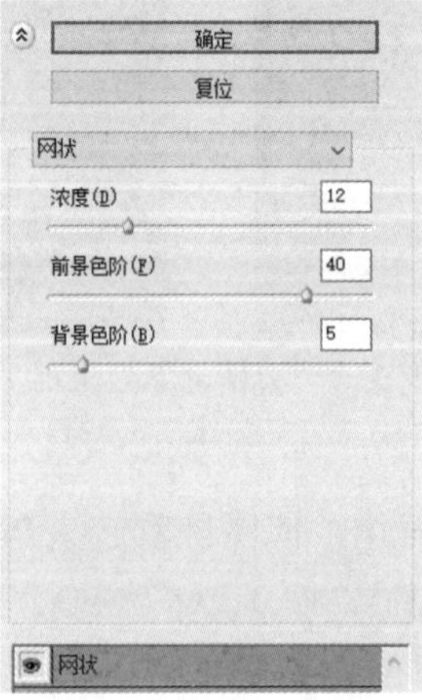

图 8-108　“网状”对话框

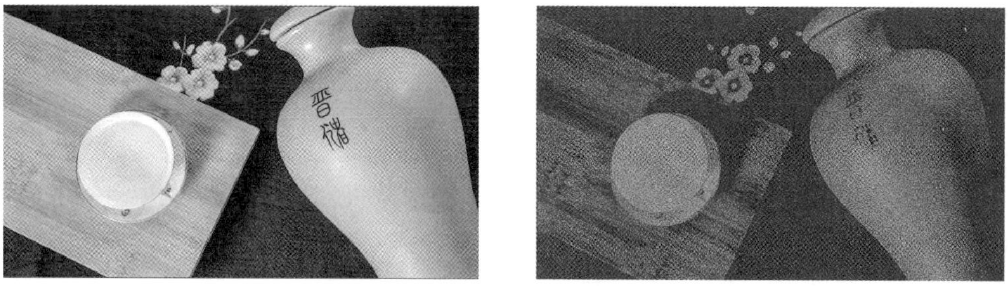

图 8-109　“网状”效果前后对比

14. 影印

“影印”滤镜可以模拟影印图像，使画面产生类似印刷的效果。

打开素材文件“第 8 章\素材文件\瓷瓶 1.jpg”，执行“滤镜”→“滤镜库”→“素描”→“影印”命令，调整“影印”对话框中的参数值，如图 8-110 所示，单击“确定”按钮，效果如图 8-111 所示。

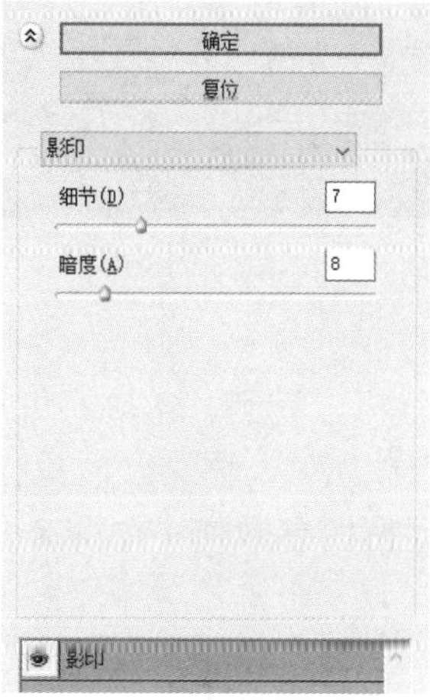

图 8-110　“影印”对话框

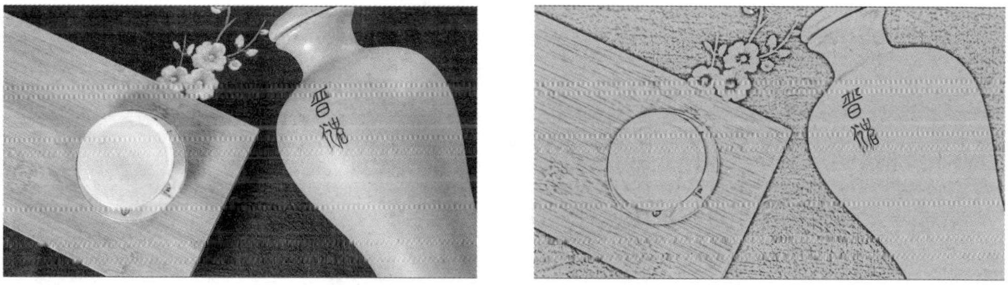

图 8-111　“影印”效果前后对比

8.2.7　纹理

“纹理”滤镜的主要功能是使图像产生各种纹理过渡的变形效果，常用来创建图像的凹凸纹理和材质效果，可使图像表面具有深度感或物质感。

1. 龟裂缝

“龟裂缝”滤镜可以将图像绘制在一个高凸现的石膏表面上，以等高线生成精细的网状裂缝。

打开素材文件“第 8 章\素材文件\人物.jpg”，执行“滤镜”→“滤镜库”→“纹理”→“龟裂缝”命令，调整“龟裂缝”对话框中的参数值，如图 8-112 所示，单击“确定”按钮，效果如图 8-113 所示。

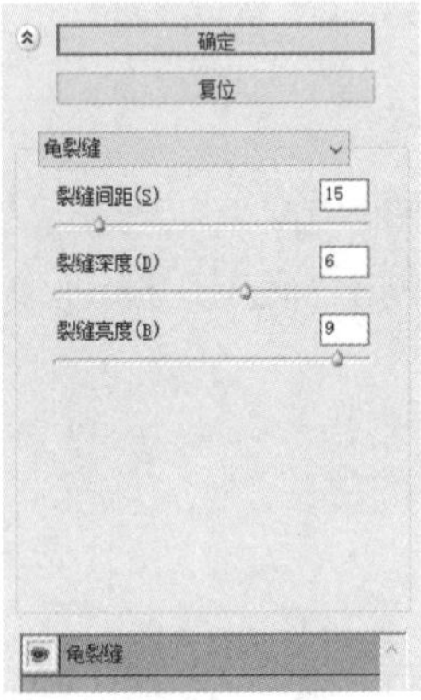

图 8-112 “龟裂缝”对话框

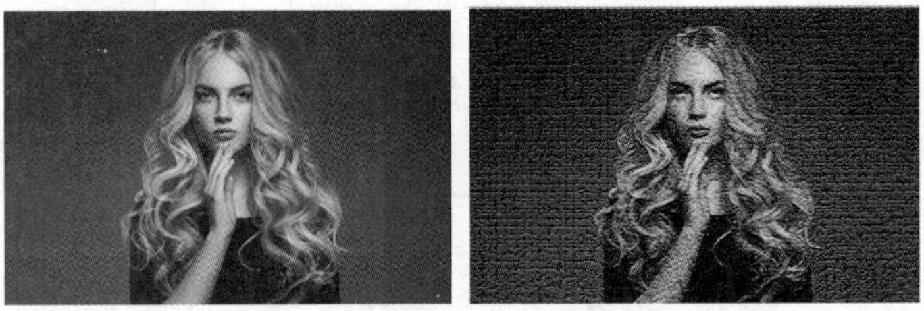

图 8-113 “龟裂缝”效果前后对比

2. 颗粒

“颗粒”滤镜可以使用常规、软化、喷洒、结块、斑点等不同的颗粒在图像中添加纹理。

下面打开素材文件“第 8 章\素材文件\人物.jpg”，执行“滤镜”→“滤镜库”→“纹理”→“颗粒”命令，调整“颗粒”对话框的参数值，如图 8-114 所示，单击“确定”按钮，效果如图 8-115 所示。

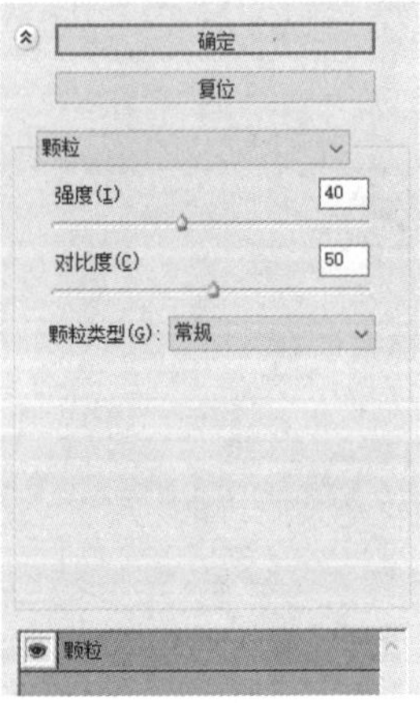

图 8-114 “颗粒”对话框

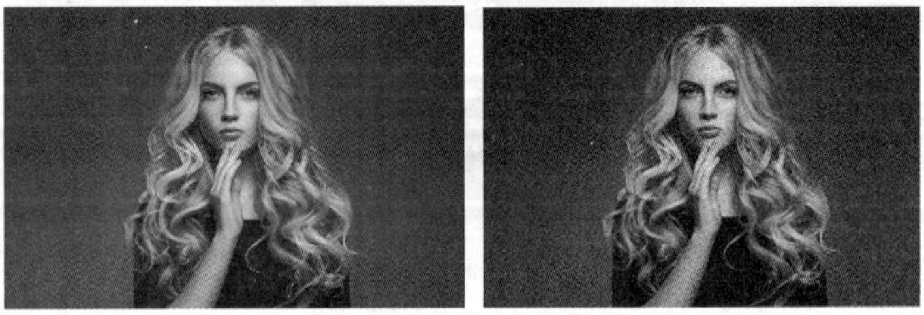

图 8-115 “颗粒”效果前后对比

3. 马赛克拼贴

“马赛克拼贴”滤镜可以渲染图像，使图像看起来像是由小的碎片或拼贴组成，然后加深拼贴之间缝隙的颜色。

打开素材文件“第 8 章\素材文件\人物.jpg”，执行“滤镜”→“滤镜库”→“纹理”→“马赛克拼贴”命令，调整“马赛克拼贴”对话框中的参数值，如图 8-116 所示，单击“确定”按钮，效果如图 8-117 所示。

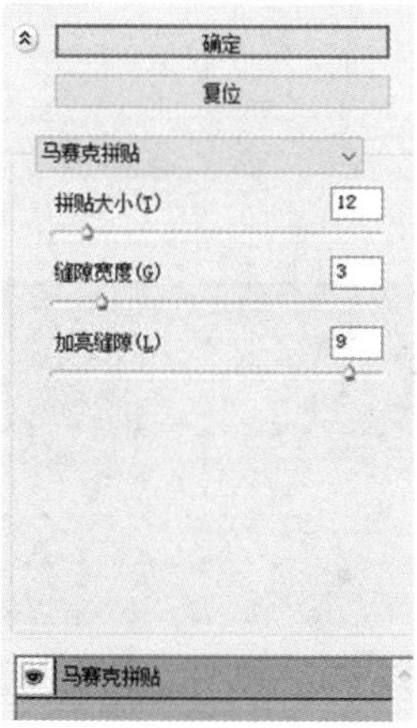

图 8-116　“马赛克拼贴”对话框

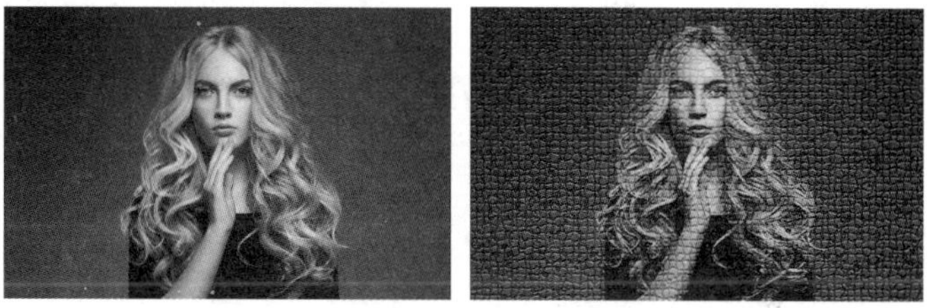

图 8-117　“马赛克拼贴”效果前后对比

4. 拼缀图

“拼缀图”滤镜可以将图像分成规则排列的正方形块，每一个方块使用该区域的主色填充，该滤镜可随机减小或增大拼贴的深度，以模拟高光和阴影。

打开素材文件“第 8 章\素材文件\人物.jpg”，执行“滤镜”→“滤镜库”→“纹理”→“拼缀图”命令，调整“拼缀图”对话框的参数值，如图 8-118 所示，单击“确定”按钮，效果如图 8-119 所示。

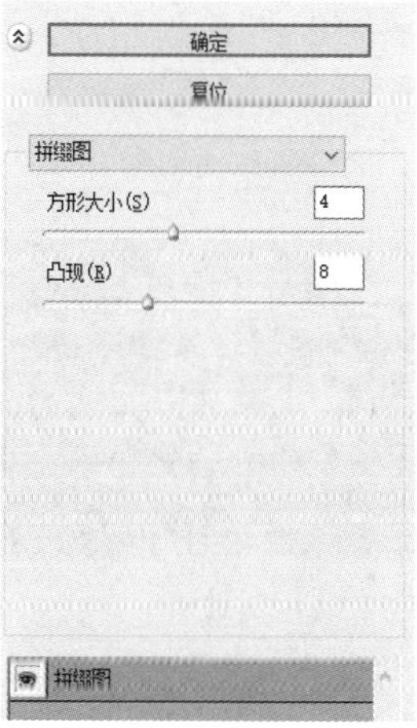

图 8-118　“拼缀图”对话框

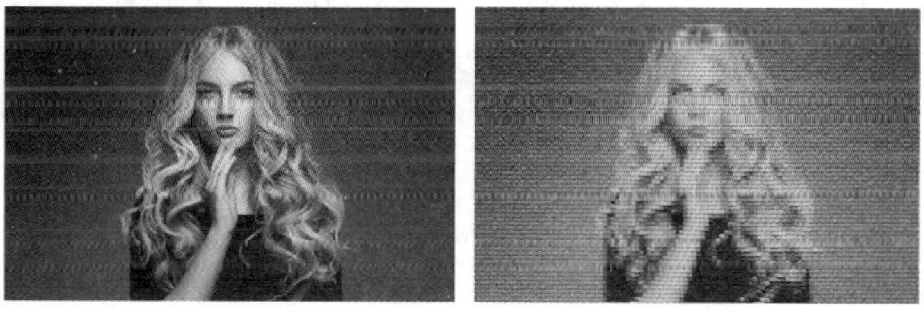

图 8-119　“拼缀图”效果前后对比

5. 染色玻璃

“染色玻璃”滤镜可以将图像重新绘制成单色的相邻单元格，色块之间的缝隙用前景色填充，使图像看起来像彩色玻璃。

打开素材文件“第 8 章\素材文件\人物.jpg”，执行“滤镜”→“滤镜库”→“纹理”→“染色玻璃”命令，调整“染色玻璃”对话框中的参数值，如图 8-120 所示，单击“确定”按钮，效果如图 8-121 所示。

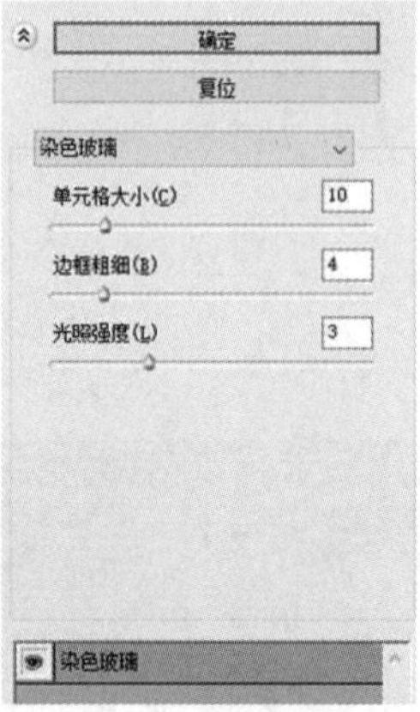

图 8-120 “染色玻璃”对话框

图 8-121 “染色玻璃”效果前后对比

6. 纹理化

“纹理化”滤镜可以生成各种纹理，在图像中添加可选择纹理的纹理质感。

打开素材文件“第 8 章\素材文件\人物.jpg”，执行“滤镜”→“滤镜库”→“纹理”→“纹理化”命令，调整“纹理化”对话框中的参数值，如图 8-122 所示，单击“确定”按钮，效果如图 8-123 所示。

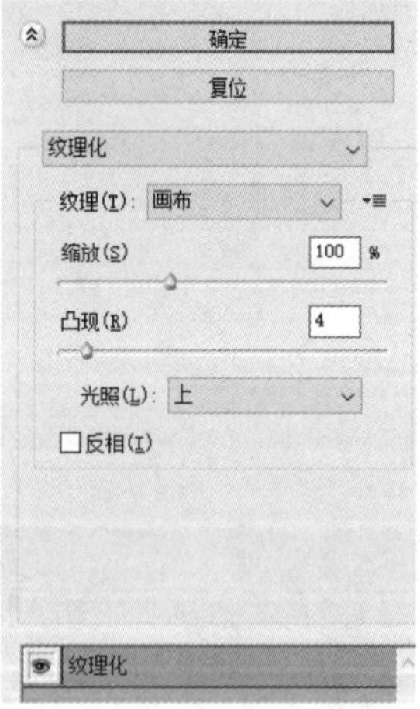

图 8-122 “纹理化”对话框

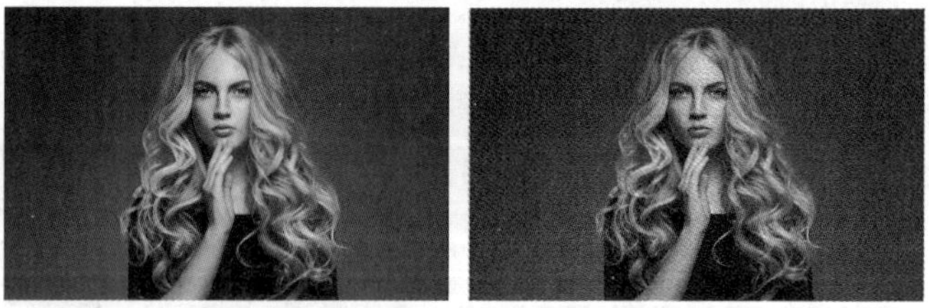

图 8-123 “纹理化”效果前后对比

8.2.8 像素化

“像素化”滤镜可以将图像中颜色相近的像素结成块，或将图像平面化。

1. 彩块化

“彩块化”滤镜使相近的像素或纯色的像素结成颜色相近的像素块，使用该滤镜可以使扫描的图像贴近于手绘图像效果。

打开素材文件“第 8 章\素材文件\人物 2.jpg”，执行“滤镜”→“像素化”→“彩块化”命令，效果如图 8-124 所示。

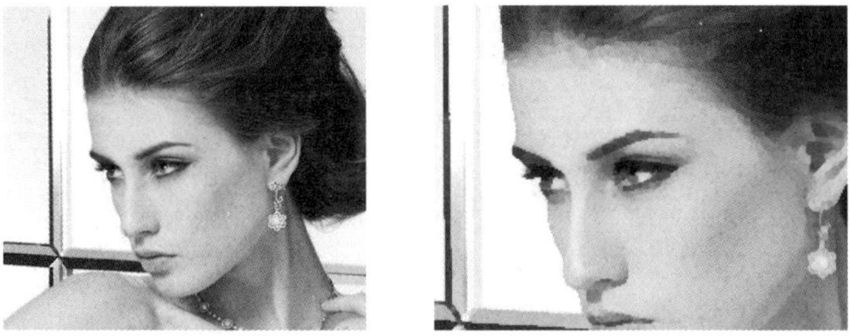

图 8-124　“彩块化”效果前后对比

2. 彩色半调

“彩色半调”滤镜用于模拟在图像的每个通道上使用放大的半调网屏的效果，该滤镜会将图像上的颜色通道全部转变为着色网点。

打开素材文件“第 8 章\素材文件\人物 2.jpg”，执行“滤镜”→“像素化”→“彩色半调”命令，调整“彩色半调”对话框中的参数值，如图 8-125 所示，单击“确定”按钮，效果如图 8-126 所示。

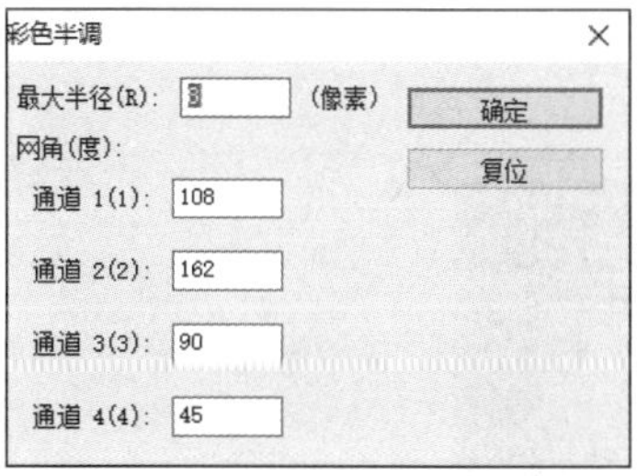

图 8-125　“彩色半调”对话框

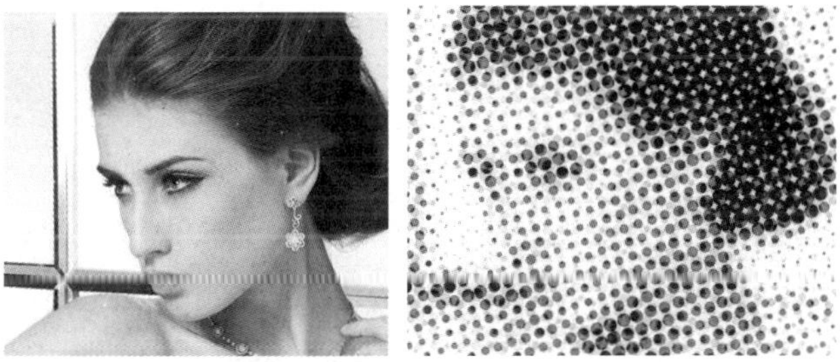

图 8-126　“彩色半调”效果前后对比

3. 点状化

“点状化”滤镜的工作原理是将图像中的颜色分解为随机分布网点。

打开素材文件“第 8 章\素材文件\雪山.jpg”，执行“滤镜”→“像素化”→“点状化”命令，调整“点状化”对话框中的参数值，如图 8-127 所示，单击“确定”按钮，效果如图 8-128 所示。

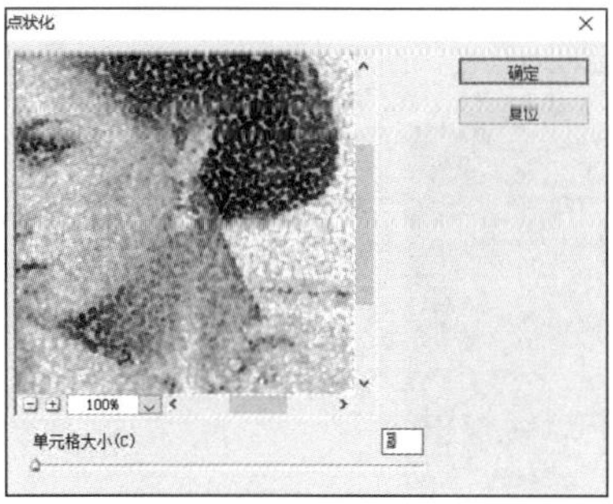

图 8-127　“点状化”对话框

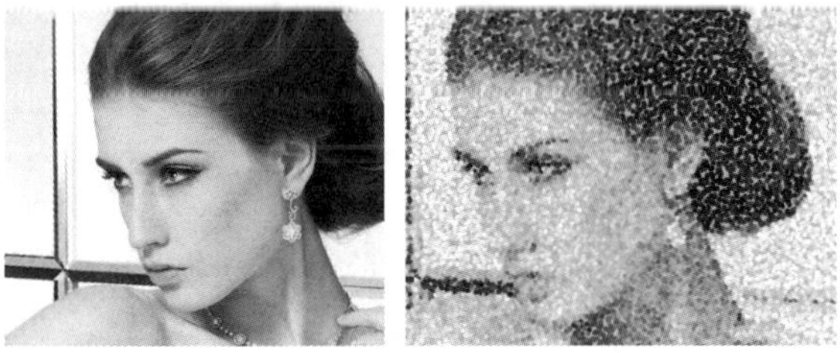

图 8-128　“点状化”效果前后对比

4. 晶格化

“晶格化”滤镜是像素结块形成多边形色块。可以制作出层次感较强的效果。

打开素材文件“第 8 章\素材文件\人物 2.jpg”，执行“滤镜”→“像素化”→“晶格化”命令，调整“晶格化”对话框中的参数值，如图 8-129 所示，单击“确定”按钮，效果如图 8-130 所示。

图 8-129 “晶格化”对话框

图 8-130 “晶格化”效果前后对比

5. 马赛克

“马赛克”滤镜可使像素结为方块。

打开素材文件“第 8 章\素材文件\人物 4.jpg”，执行“滤镜”→“像素化”→“马赛克”命令，效果如图 8-131 所示。

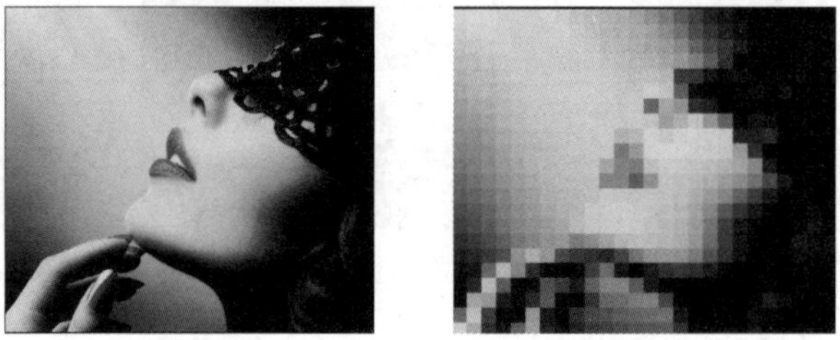

图 8-131 “马赛克”效果前后对比

6. 碎片

“碎片”滤镜可以将选区的图像的像素创建为 4 个副本，将它们平均分配，并使其互相偏移，形成一种不聚焦的图像效果。

打开素材文件“第 8 章\素材文件\人物 4.jpg”，执行“滤镜”→“像素化”→“碎片”命令，效果如图 8-132 所示。

图 8-132 “碎片”效果前后对比

7. 铜版雕刻

“铜版雕刻”滤镜可以在图像中随机生成各种不规则直线、曲线和斑点，产生铜版画风格图像。

打开素材文件“第 8 章\素材文件\人物 4.jpg”，执行“滤镜”→“像素化”→“铜版雕刻”命令，调整“铜版雕刻”对话框中的参数值，如图 8-133 所示，单击“确定”按钮，效果如图 8-134 所示。

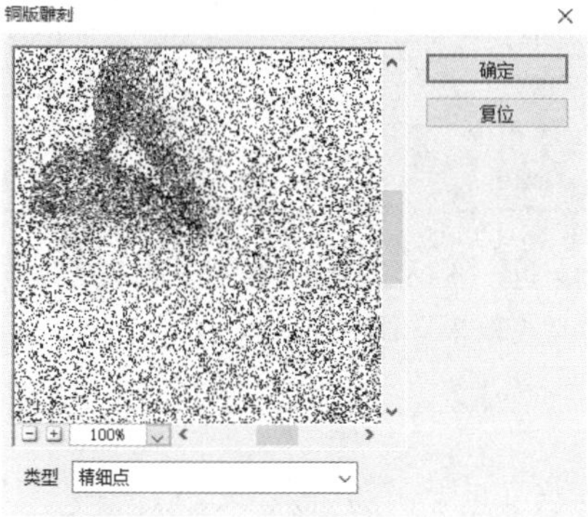

图 8-133　“铜版雕刻”对话框

图 8-134　“铜版雕刻”效果前后对比

8.2.9　渲染

“渲染”滤镜可以在图像中创建云彩图案、折射图案和模拟光的放射，也可在 3D 空间中操作对象，并从灰度文件创建纹理填充以产生类似 3D 的光照效果。

1. 分层云彩

“分层云彩”滤镜可以使用介于前景色与背景色之间的随机值生成云彩图案。

打开素材文件“第 8 章\素材文件\人物 5.jpg”，执行“滤镜”→“渲染”→“分层云彩”命令，效果如图 8-135 所示。

图 8-135　“分层云彩”效果前后对比

2. 光照效果

“光照效果”滤镜可以改变受光区域的光照效果或通过光照得到特殊材质效果。

打开素材文件“第 8 章\素材文件\人物 6.jpg”，执行“滤镜”→“渲染”→“光照效果”命令，设置“光照效果”对话框参数值，如图 8-136 所示，单击“确定”按钮，效果如图 8-137 所示。

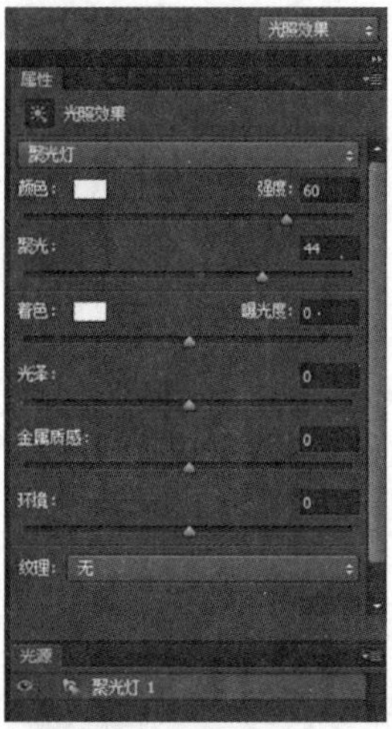

图 8-136 “光照效果”对话框

图 8-137 “光照效果”效果前后对比

3. 镜头光晕

“镜头光晕”滤镜可以模拟光照射到相机镜头所产生的反光效果。

打开素材文件“第 8 章\素材文件\人物 6.jpg”，执行“滤镜”→“渲染”→“镜头光晕”命令，设置“镜头光晕”对话框参数值，如图 8-138 所示，单击“确定”按钮，效果如图 8-139 所示。

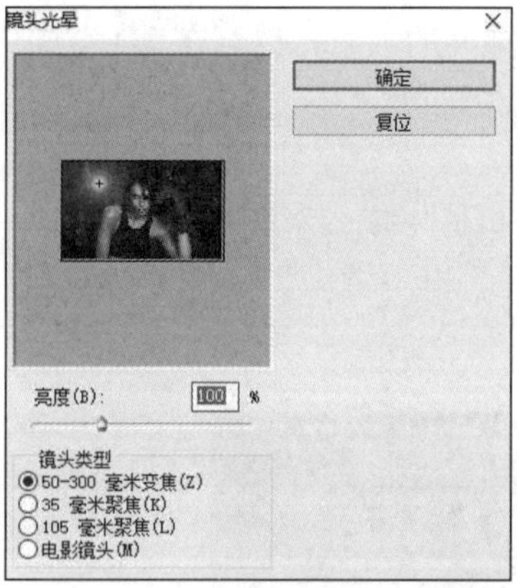

图 8-138 “镜头光晕”对话框

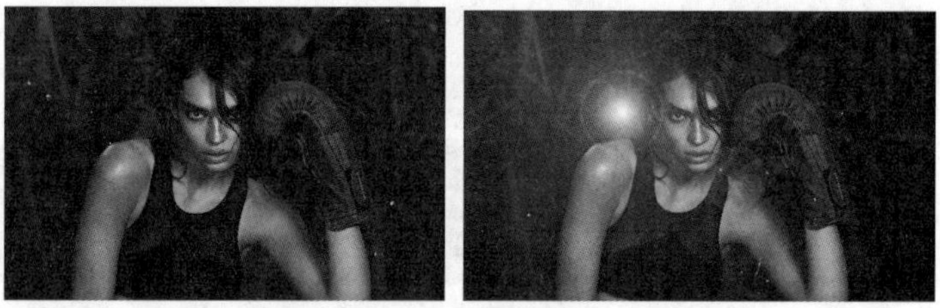

图 8-139 “镜头光晕”效果前后对比

4. 纤维

“纤维”滤镜可以使用前景色和背景色创建出编织纤维的效果。此滤镜多用于创建仿旧、树皮或自然景象的效果。

打开素材文件“第 8 章\素材文件\人物 8.jpg”，执行“滤镜”→“渲染”→“纤维”命令，设置“纤维”对话框参数值，如图 8-140 所示，单击“确定”按钮，效果如图 8-141 所示。

5. 云彩

“云彩”滤镜可以使用介于前景色与背景色之间的随机值生成柔和的云层图案。

下面打开素材文件“第 8 章\素材文件\林间海葵.jpg”，执行“滤镜”→“渲染”→“云彩”命令，效果如图 8-142 所示。

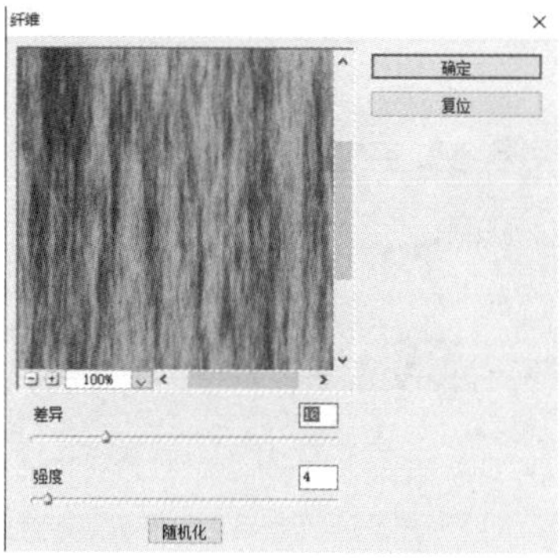

图 8-140　“纤维”对话框

图 8-141　“纤维”效果前后对比

图 8-142　“云彩”效果前后对比

8.2.10　艺术效果

“艺术效果”滤镜用于表现一种具有艺术特色的绘画效果，使用“艺术效果”子菜单中的滤镜可以模仿自然或传统介质效果，为美术或商业项目制作出绘画效果或特殊效果。

1．壁画

“壁画”滤镜应用于粗略涂抹的小块颜料重绘画面，使图像呈现粗糙的绘画风。

打开素材文件“第 8 章\素材文件\风景 1.jpg”，执行“滤镜”→“滤镜库”→“艺术效果”→“壁画”命令，设置“壁画”对话框参数值，如图 8-143 所示，单击“确定”按钮，效果如图 8-144 所示。

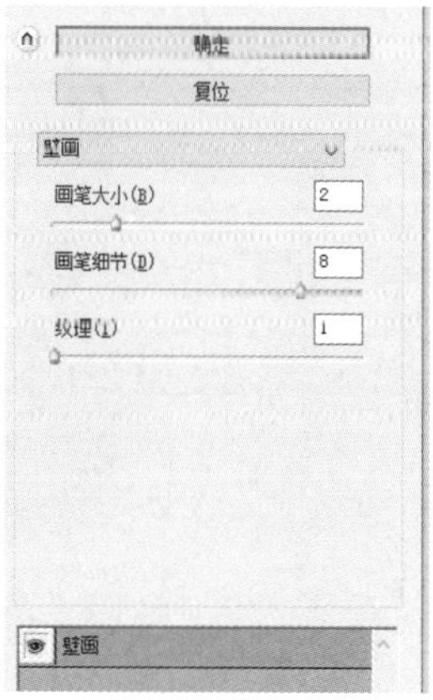

图 8-143　“壁画”对话框

图 8-144 “壁画”效果前后对比

2. 彩色铅笔

“彩色铅笔”滤镜模拟彩色铅笔的绘画风格。

打开素材文件“第 8 章\素材文件\人物 3.jpg”，执行“滤镜”→“艺术效果”→“彩色铅笔”命令，设置“彩色铅笔”对话框参数值，如图 8-145 所示，单击“确定”按钮，效果如图 8-146 所示。

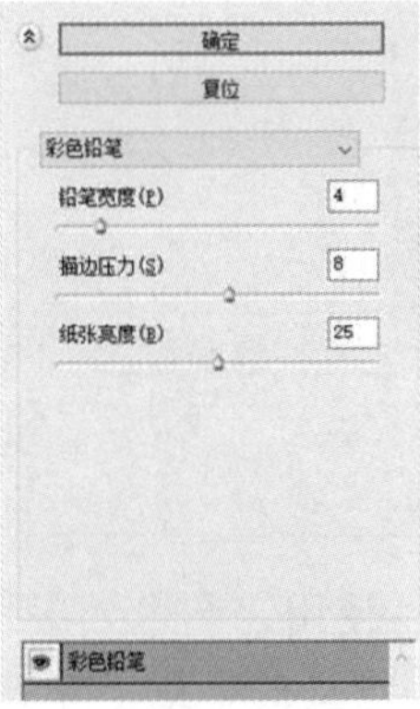

图 8-145 “彩色铅笔”对话框

图 8-146 “彩色铅笔”效果前后对比

3. 粗糙蜡笔

“粗糙蜡笔”滤镜可以模拟在带有纹理的纸张上使用蜡笔绘制的效果。

打开素材文件“第 8 章\素材文件\人物 3.jpg”，执行“滤镜”→“艺术效果”→“粗糙蜡笔”命令，设置“粗糙蜡笔”对话框参数值，如图 8-147 所示，单击“确定”按钮，效果如图 8-148 所示。

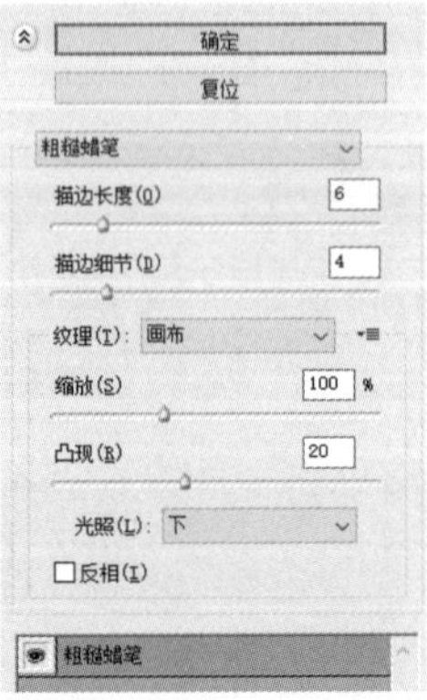

图 8-147 “粗糙蜡笔”对话框

图 8-148 “粗糙蜡笔”效果前后对比

4. 底纹效果

“底纹效果”滤镜通过选择不同的纹理材质，使图像产生一种在带有纹理的纸张上绘制的效果。

打开素材文件“第 8 章\素材文件\荷花.jpg”，执行“滤镜”→“艺术效果”→“底纹效果”命令，设置“底纹效果”对话框参数值，如图 8-149 所示，单击“确定”按钮，效果如图 8-150 所示。

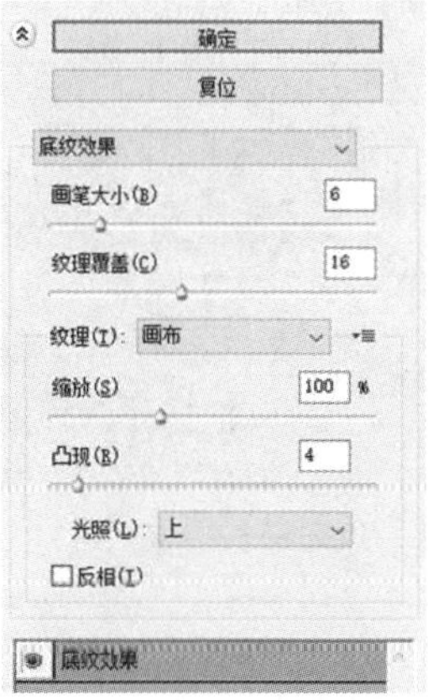

图 8-149　“底纹效果”对话框

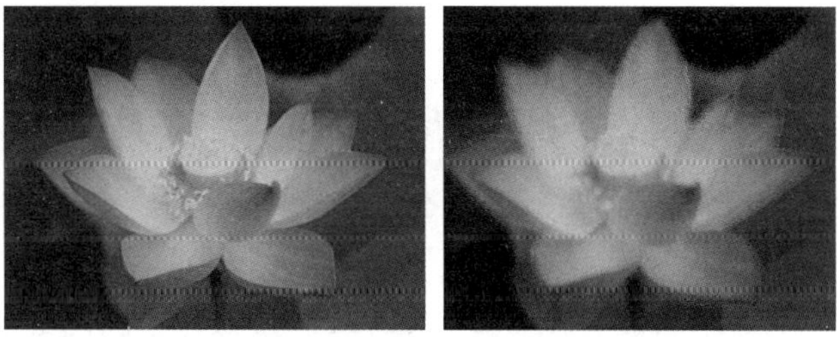

图 8-150　“底纹效果”效果前后对比

5. 干画笔

“干画笔”滤镜采用干画笔技术绘制图像的效果。

打开素材文件“第 8 章\素材文件\荷花.jpg”，执行“滤镜”→“艺术效果”→“干画笔”命令，设置“干画笔”对话框参数值，如图 8-151 所示，单击“确定”按钮，效果如图 8-152 所示。

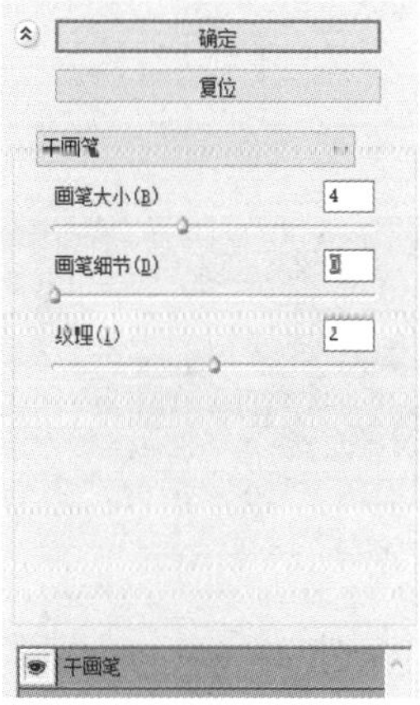

图 8-151　“干画笔”对话框

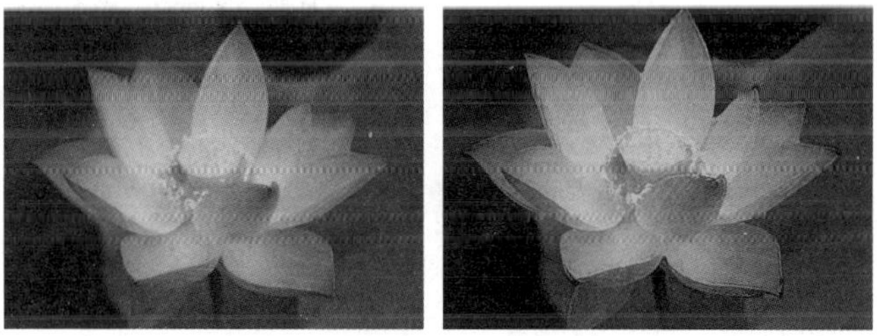

图 8-152　“干画笔”效果前后对比

6. 海报边缘

“海报边缘”滤镜对图像进行色调分离，使用黑色线条描绘图像边缘产生一种超现实主义风格的图像效果。

打开素材文件“第 8 章\素材文件\静物 1.jpg”，执行“滤镜”→“艺术效果”→“海报边缘”命令，设置“海报边缘”对话框参数值，如图 8-153 所示，单击“确定”按钮，效果如图 8-154 所示。

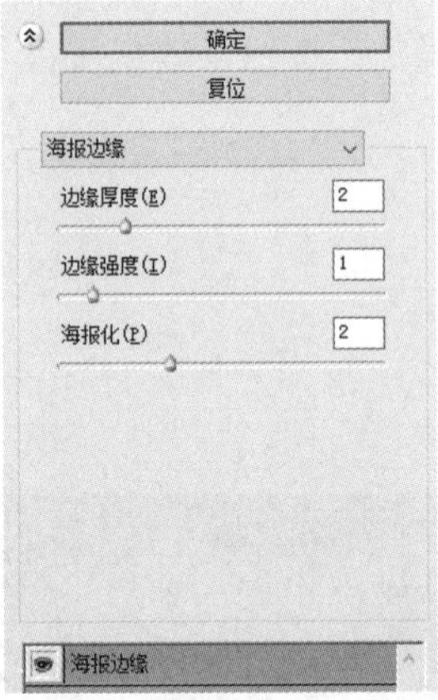

图 8-153 “海报边缘”对话框

图 8-154 “海报边缘”效果前后对比

7. 海绵

“海绵”滤镜用颜色对比强烈、纹理较重的区域创建图像，模拟海绵在纸张上绘制的图像效果。

打开素材文作“第 8 章\素材文件\彩椒.jpg”，执行“滤镜”→“艺术效果”→“海绵”命令，设置“海绵”对话框参数值，如图 8-155 所示，单击“确定”按钮，效果如图 8-156 所示。

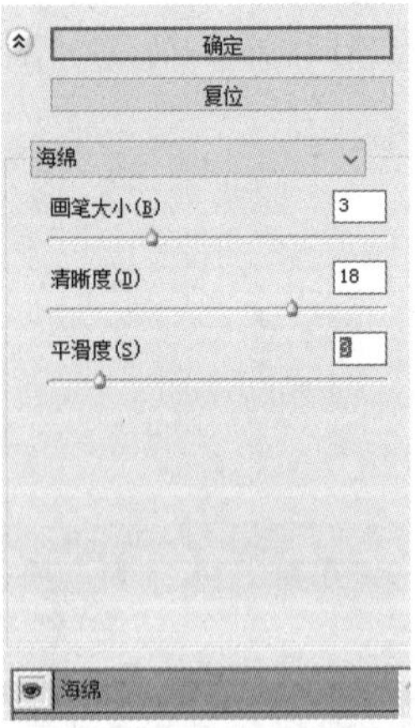

图 8-155 “海绵”对话框

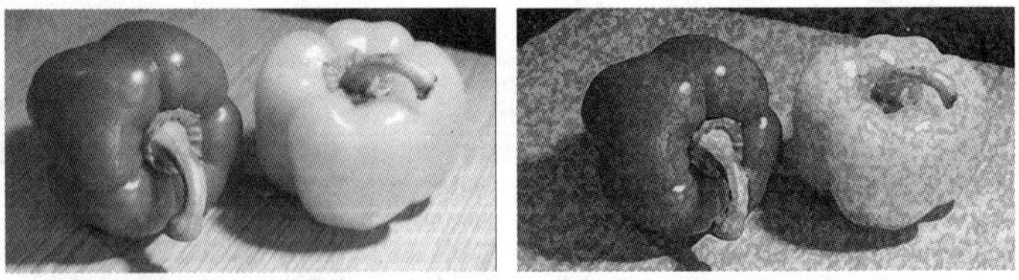

图 8-156 效果

8. 绘画涂抹

“绘画涂抹”滤镜可以使用简单、没有处理光照、暗光、宽锐化、宽模糊和火花等不同类型的画笔创建绘画效果。

打开素材文件“第 8 章\素材文件\人物 7.jpg”，执行“滤镜”→“艺术效果”→“绘画涂抹”命令，设置“绘画涂抹”对话框参数值，如图 8-157 所示，单击“确定”按钮，效果如图 8-158 所示。

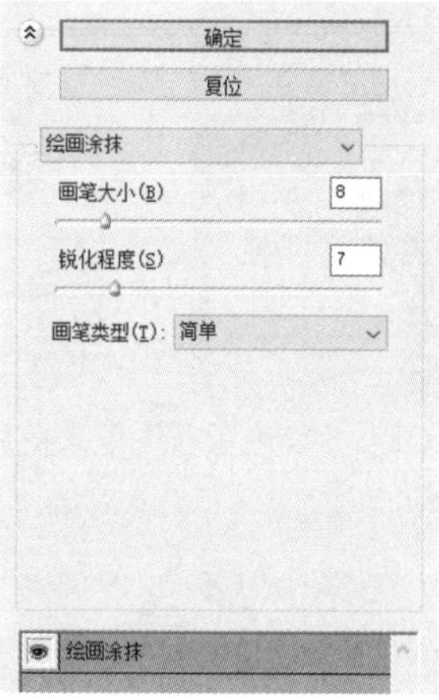

图 8-157　“绘画涂抹”对话框

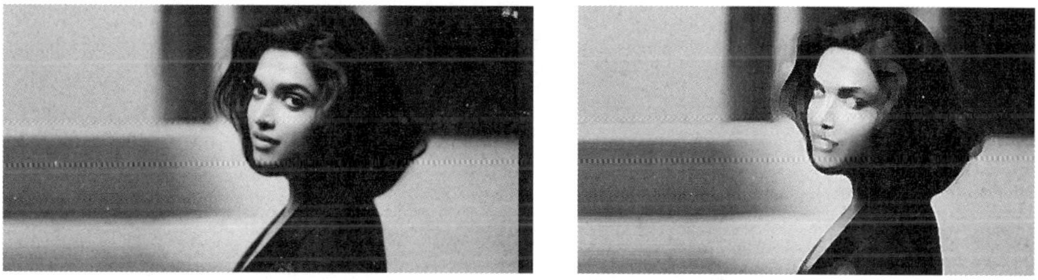

图 8-158　“绘画涂抹”效果前后对比

9. 胶片颗粒

“胶片颗粒”滤镜将平滑的图像应用于阴影和中间色调，将一种更平滑、饱和度更高的图案添加到亮区。

打开素材文件“第 8 章\素材文件\人物 7.jpg”，执行“滤镜”→“艺术效果”→“胶片颗粒”命令，设置“胶片颗粒”对话框参数值，如图 8-159 所示，单击“确定”按钮，效果如图 8-160 所示。

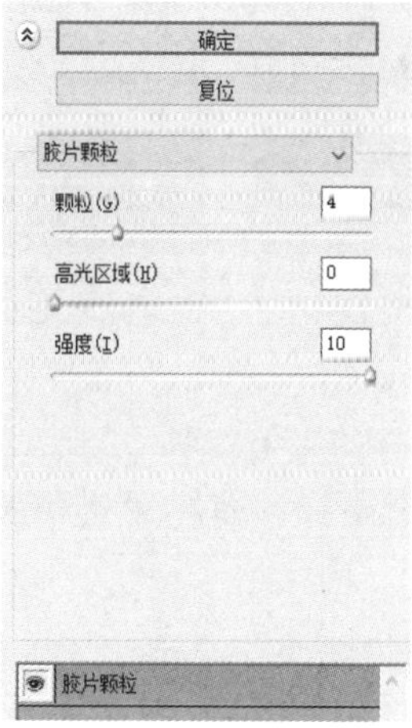

图 8-159　“胶片颗粒”对话框

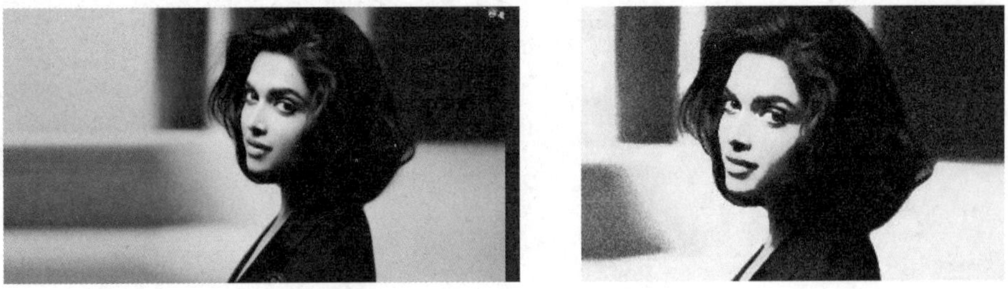

图 8-160 “胶片颗粒”效果前后对比

10. 木刻

“木刻”滤镜可以使图像看上去像是由从彩纸上剪下的边缘粗糙的剪纸片组成的。

打开素材文件“第 8 章\素材文件\静物 2.jpg”，执行“滤镜”→“艺术效果”→“木刻”命令，设置“木刻”对话框参数值，如图 8-161 所示，单击“确定”按钮，效果如图 8-162 所示。

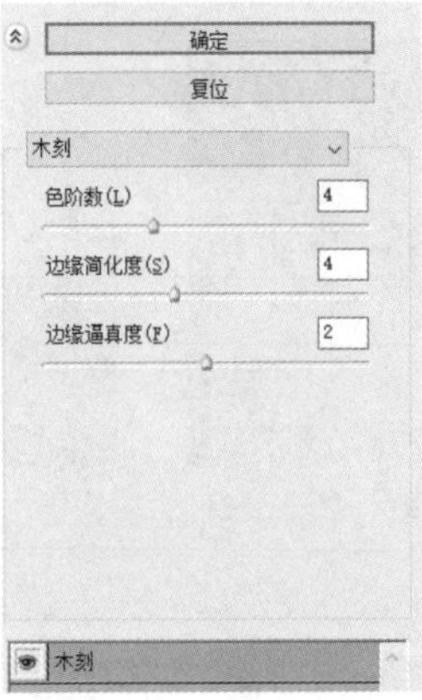

图 8-161 “木刻”对话框

图 8-162 “木刻”效果前后对比

11. 霓虹灯光

“霓虹灯光”滤镜可以在柔化图像外观时给图像着色，在图像中产生彩色氖光灯照射的效果。

打开素材文件“第 8 章\素材文件\蝶恋花 2.jpg”，执行“滤镜”→“艺术效果”→“霓虹灯光”命令，设置“霓虹灯光”对话框参数值，如图 8-163 所示，单击“确定”按钮，效果如图 8-164 所示。

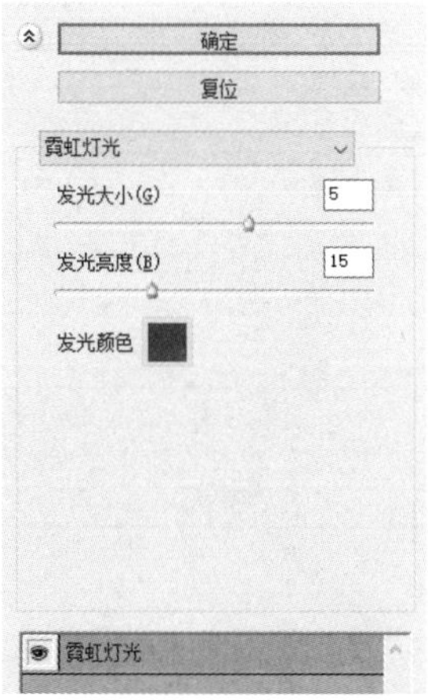

图 8-163　“霓虹灯光”对话框

图 8-164　“霓虹灯光”效果前后对比

12. 水彩

“水彩”滤镜能够让图像绘制出水彩的效果。

打开素材文件“第 8 章\素材文件\蝶恋花 2.jpg”，执行“滤镜”→“艺术效果”→“水彩”命令，设置“水彩”对话框参数值，如图 8-165 所示，单击“确定”按钮，效果如图 8-166 所示。

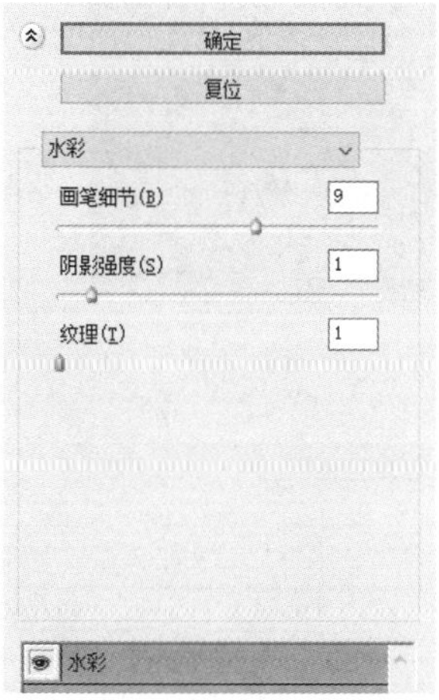

图 8-165　“水彩”对话框

图 8-166　“水彩”效果前后对比

13. 塑料包装

“塑料包装”滤镜可以给图像涂上一层光亮的塑料，以强调表面细节。

打开素材文件“第 8 章\素材文件\风景 1.jpg”，执行“滤镜”→“艺术效果”→“塑料包装”命令，设置“塑料包装”对话框参数值，如图 8-167 所示，单击“确定”按钮，效果如图 8-168 所示。

14. 调色刀

“调色刀”滤镜可以减少图像的细节以生成描绘的很淡的画布效果，并显示出纹理。

下面打开素材文件“第 8 章\素材文件\广告.jpg”，执行“滤镜”→“艺术效果”→“调色刀”命令，设置“调色刀”对话框参数值，如图 8-169 所示，单击“确定”按钮，效果如图 8-170 所示。

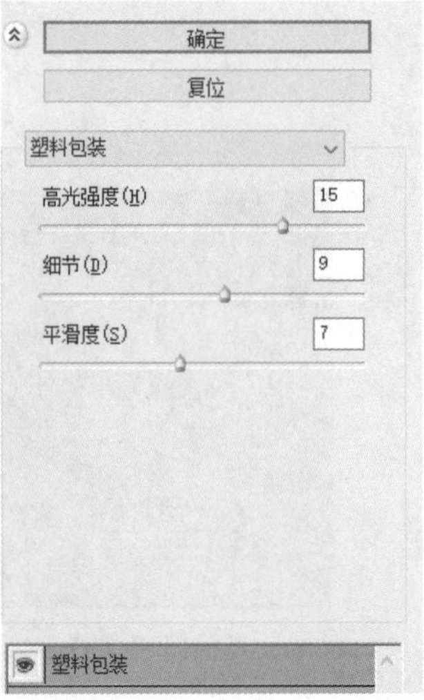

图 8-167　“塑料包装”对话框

图 8-168　“塑料包装”效果前后对比

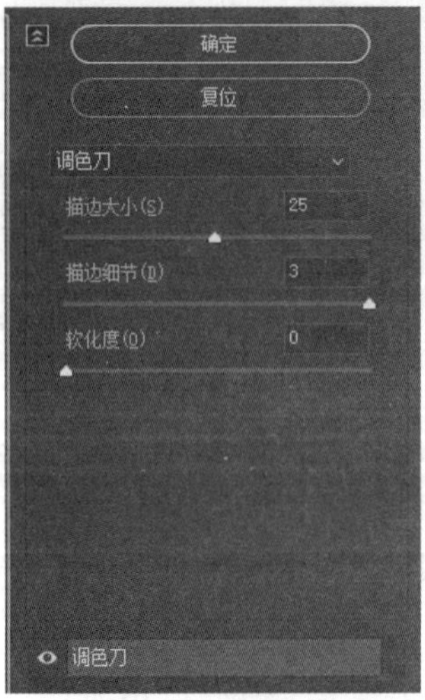

图 8-169　“调色刀”对话框

图 8-170　“调色刀”效果前后对比

15. 涂抹棒

“涂抹棒”滤镜可以柔化图像亮部区域，使整个图像显示出涂抹扩散的效果。

打开素材文件“第 8 章\素材文件\广告.jpg”，执行“滤镜”→“艺术效果”→“涂抹棒”命令，设置“涂抹棒”对话框参数值，如图 8-171 所示，单击“确定”按钮，效果如图 8-172 所示。

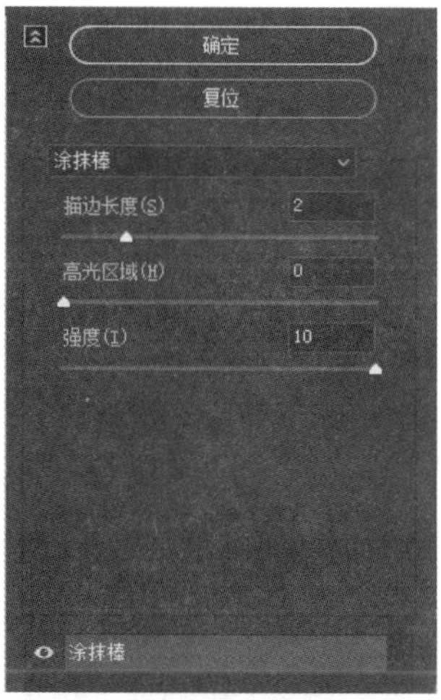

图 8-171 “涂抹棒”对话框

图 8-172 “涂抹棒”效果前后对比

8.2.11 杂色

“杂色”滤镜有五种，分别为“减少杂色”“蒙尘与划痕”“去斑”“添加杂色”“中间值”滤镜，主要用于矫正图像处理过程（如扫描）的瑕疵。

1. 减少杂色

“减少杂色”滤镜可影响整个图像或各种通道的设置保留边缘，同时减少杂色。

打开素材文件“第 8 章\素材文件\杂色.jpg”，执行“滤镜”→“杂色”→“减少杂色”命令，设置“减少杂色”对话框参数值，如图 8-173 所示，单击“确定”按钮，效果如图 8-174 所示。

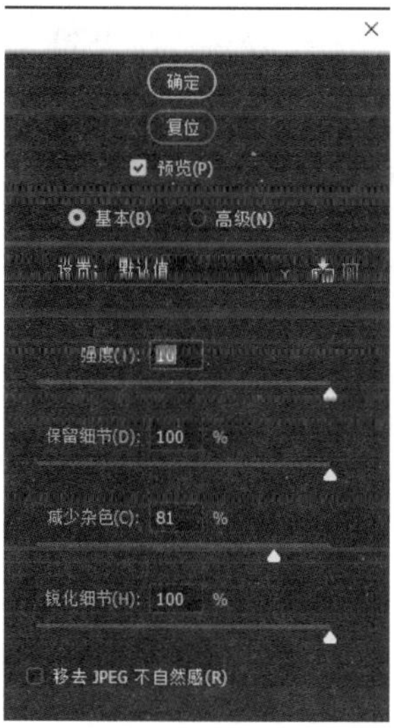

图 8-173 “减少杂色”对话框

图 8-174 “减少杂色”效果前后对比

2. 蒙尘与划痕

“蒙尘与划痕”滤镜可以通过更改不同的像素来减少杂色，该滤镜对于去除扫描图像中的杂点和折痕特别有效。

打开素材文件“第 8 章\素材文件\杂色.jpg”，执行“滤镜”→“杂色”→“蒙尘与划痕”命令，设置“蒙尘与划痕”对话框参数值，如图 8-175 所示，单击“确定”按钮，效果如图 8-176 所示。

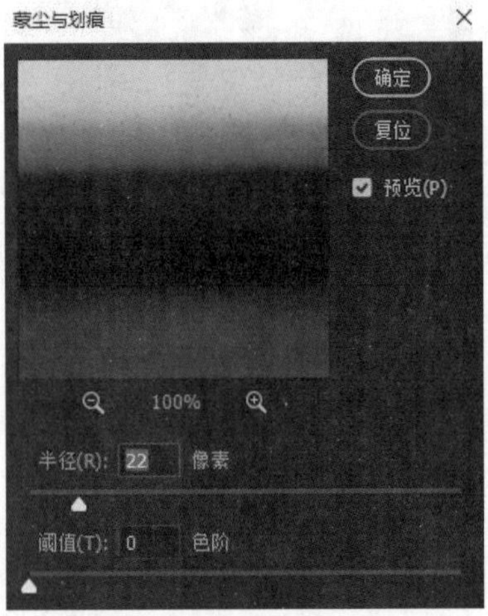

图 8-175 “蒙尘与划痕”对话框

图 8-176 “蒙尘与划痕”效果前后对比

3. 去斑

“去斑”滤镜可以检测图像边缘发生显著颜色变化的区域，并模糊除边缘外的所有选区，消除图像中的斑点，同时保留细节。

打开素材文件“第 8 章\素材文件\斑模特.jpg”，执行“滤镜”→“杂色”→“去斑”命令，效果如图 8-177 所示。

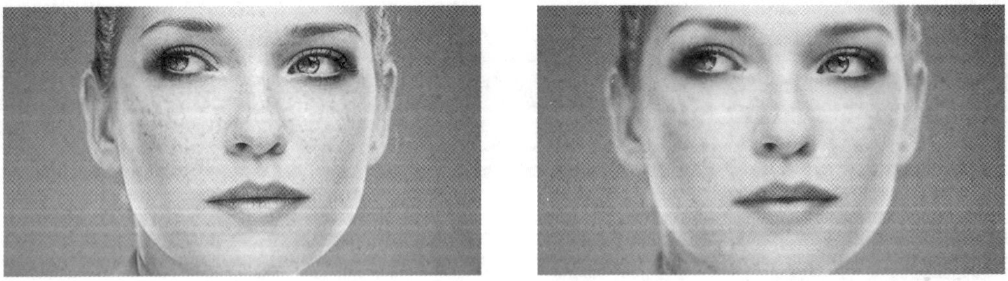

图 8-177 “去斑”效果前后对比

4. 添加杂色

“添加杂色”滤镜可以将随机的像素应用于图像，模拟在高速胶片上拍照的效果。

打开素材文件“第 8 章\素材文件\肌理.jpg”，执行“滤镜”→“杂色”→“添加杂色”命令，设置“添加杂色”对话框参数值，如图 8-178 所示，单击“确定”按钮，效果如图 8-179 所示。

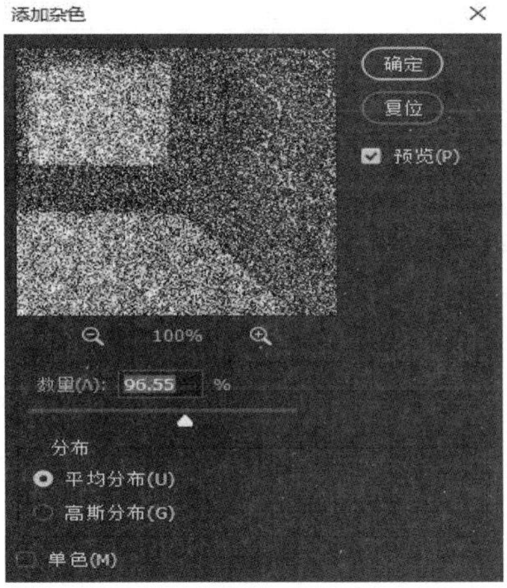

图 8-178　“添加杂色”对话框

图 8-179　“添加杂色”效果前后对比

5. 中间值

“中间值”滤镜通过混合选区中像素的亮度来减少图像的杂色。

打开素材文件“第 8 章\素材文件\纹理.jpg”，执行“滤镜”→“杂色”→“中间值”命令，设置“中间值”对话框参数值，如图 8-180 所示，单击“确定”按钮，效果如图 8-181 所示。

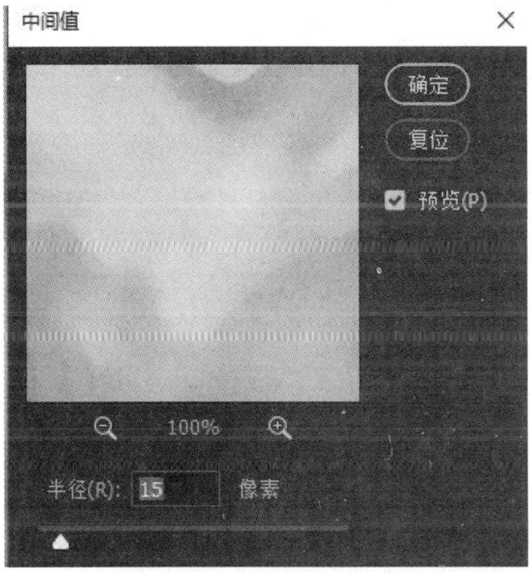

图 8-180　“中间值”对话框

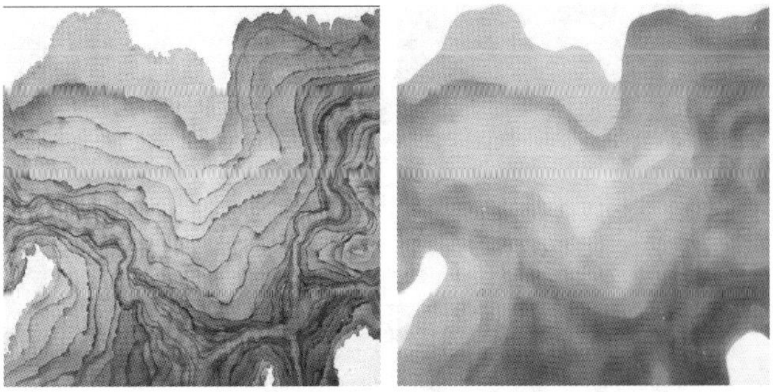

图 8-181　“中间值”效果前后对比

8.2.12　其他

“其他”滤镜组中的滤镜可以改变构成图像的像素排列，并可以创建自己的滤镜，使用滤镜修改蒙版，在图像中使选区发生位移和快速调整颜色。

1. 高反差保留

“高反差保留”滤镜可以在有强烈颜色转变发生的地方按指定的半径保留边缘细节，并且不显示图像的其余部分。

打开素材文件“第 8 章\素材文件\枫叶.jpg”，执行“滤镜”→“其他”→“高反差保留”命令，调整“高反差保留”对话框参数，如图 8-182 所示，效果如图 8-183 所示。

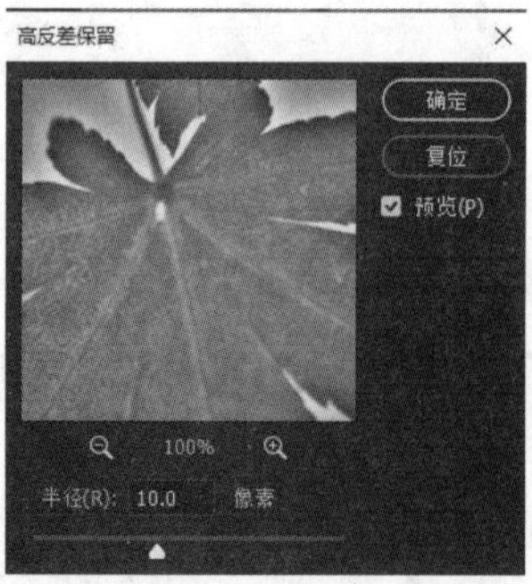

图 8-182 “高反差保留”对话框

图 8-183 “高反差保留”效果前后对比

2. 位移

“位移”滤镜可以水平或垂直偏移图像，对于有偏移生成的空缺区域，还可以用不同的方式来填充。

打开素材文件“第 8 章\素材文件\枫叶.jpg”，执行“滤镜”→“其他”→“位移”命令，调整“位移”对话框中“水平”参数值，如图 8-184 所示，效果如图 8-185 所示。再调整“位移”对话框中“垂直”参数，如图 8-186 所示，最后效果如图 8-187 所示。

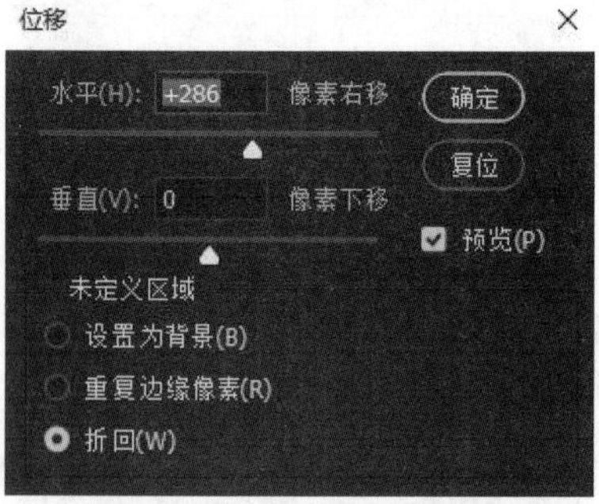

图 8-184 调整“水平”参数值

图 8-185 “水平位移”效果前后对比

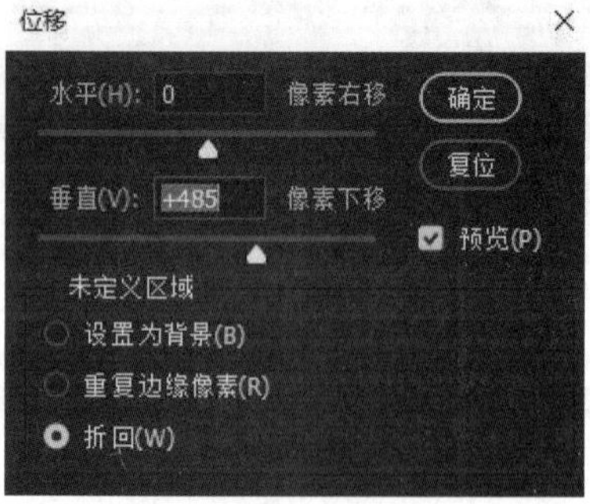

图 8-186 调整“垂直”参数值

图 8-187 “垂直位移”效果前后对比

3. 自定

“自定”滤镜可以提供自定义滤镜效果，可以改变图像中的每个像素的亮度值。

打开素材文件“第 8 章\素材文件\路灯.jpg”，执行“滤镜”→“其他”→“自定”命令，调整“自定”对话框参数值，如图 8-188 所示，效果如图 8-189 所示。

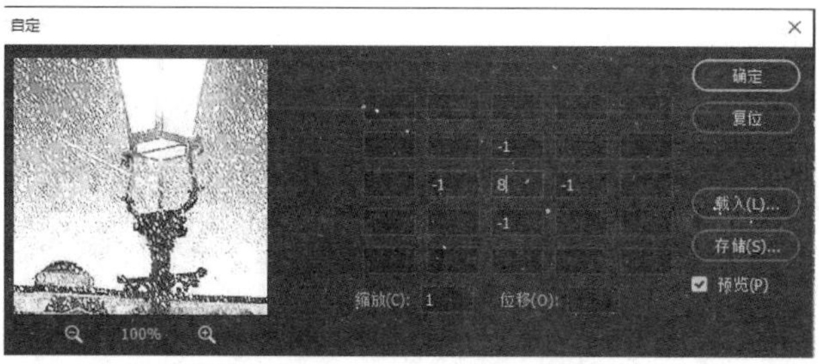

图 8-188　“自定”对话框

图 8-189　“自定”效果前后对比

4. 最大值

“最大值”滤镜可以在指定的半径内用周围像素的最高亮度值替换当前像素的亮度值，可扩展白色区域和阻塞黑色区域。

打开素材文件“第 8 章\素材文件\路灯.jpg”，执行“滤镜”→“其他”→“最大值”命令，调整“最大值”对话框参数值，如图 8-190 所示，效果如图 8-191 所示。

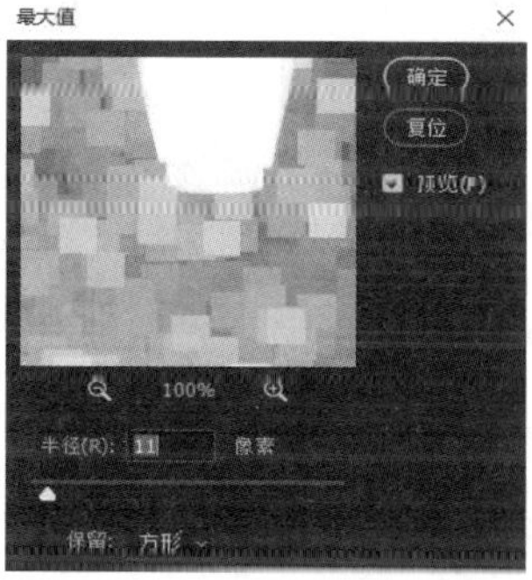

图 8-190　“最大值”对话框

图 8-191　“最大值”效果前后对比

5. 最小值

“最小值”滤镜可以在指定的半径内用周围像素的最低亮度值替换当前像素的亮度值，可扩展黑色区域和阻塞白色区域。

打开素材文件“第 8 章\素材文件\路灯.jpg”，执行“滤镜”→“其他”→“最小值”命令，调整“最小值”对话框参数值，如图 8-192 所示，效果如图 8-193 所示。

6. HSB/HSL

“HSB/HSL”滤镜可以改变图像的映射通道。

打开素材文件“第 8 章\素材文件\枫叶.jpg”，执行“滤镜”→“其他”→HSB/HSL 命令，调整“HSB/HSL 参数”对话框参数值，如图 8-194 所示，效果如图 8-195 所示。

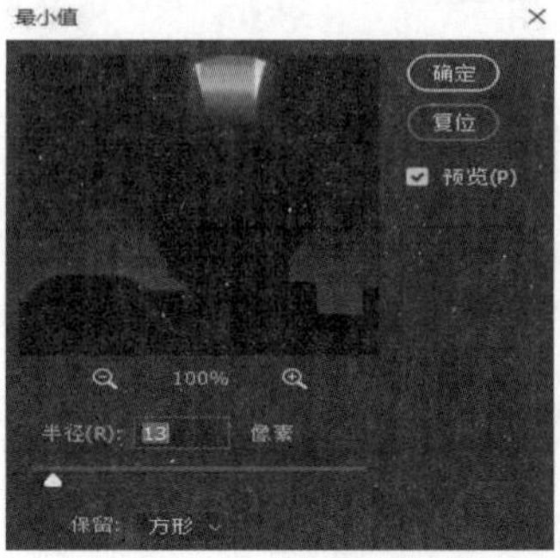

图 8-192　“最小值”对话框

图 8-193　“最小值”效果前后对比

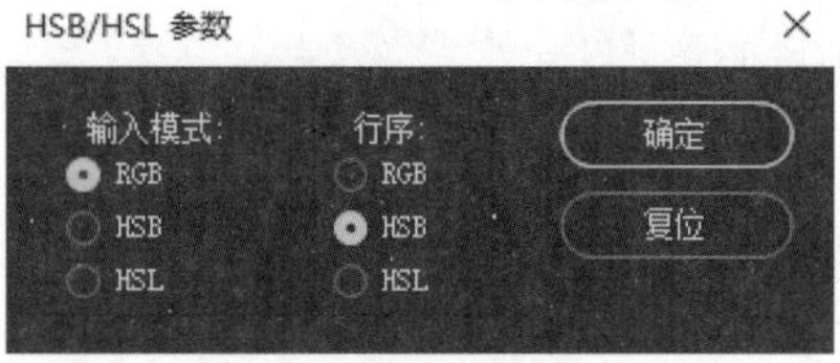

图 8-194　“HSB/HSL 参数”对话框

图 8-195　HSB/HSL 效果前后对比

8.2.13　外挂滤镜

“外挂滤镜”可以轻松完成各种特效，并能够创造出内置滤镜无法实现的神奇效果。

实战演练一：油画效果制作

运用滤镜制作一张图片，该例的原图与最终效果如图 8-196 所示，具体操步骤如下：

图 8-196　原图与最终油画效果

（1）执行“文件”→“打开”命令，打开素材文件“第 8 章\素材\啤酒杯.jpg”。

（2）执行“滤镜”→“滤镜库”→“艺术效果”→“干画笔”命令，弹出如图 8-197 所示的“干画笔”对话框，修改“画笔大小”“画笔细节”及“纹理”数值分别为 3、9 和 1，然后单击“确定”按钮。

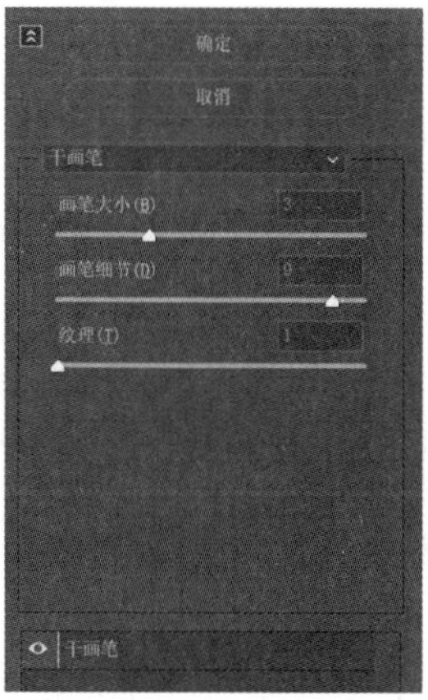

图 8-197　“干画笔”对话框

（3）执行“图像”→“调整”→“色彩平衡”命令，弹出“色彩平衡”对话框，参照图 8-198 调整参数，使图像色彩更偏向暖黄色，单击“确定”按钮，效果如图 8-199 所示。

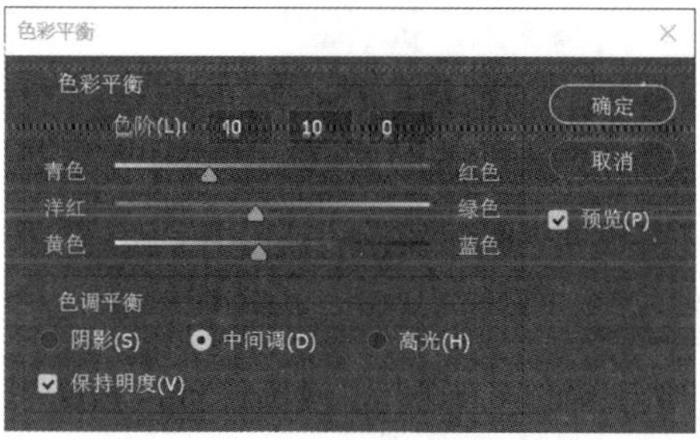

图 8-198　“色彩平衡”对话框

图 8-199　效果图

（4）执行“滤镜”→“扭曲”→“挤压”命令，弹出如图 8-200 所示的“挤压”对话框，参照图调整参数，产生挤压变形效果，效果如图 8-201 所示。

图 8-200　“挤压”对话框

图 8-201　挤压效果

（5）执行“文件”→“存储为”命令，将当前图像保存到计算机中。

实战演练二：水波效果制作

本实例主要介绍使用“渲染”“模糊”“扭曲”等滤镜命令及“色彩平衡”命令，制作逼真的水波效果。最终效果如图 8-202 所示。

图 8-202 水波效果

（1）执行“文件”→“新建”命令，新建一个名为“水波效果制作.psd”的文件，参数设置如图 8-203 所示。

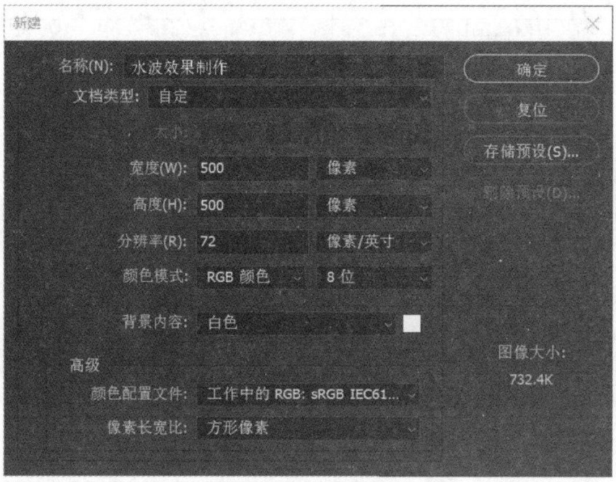

图 8-203 新建文件

（2）新建一个图层，将前景色和背景色分别设置为黑色和白色，执行“滤镜”→“渲染”→“云彩”命令，得到如图 8-204 所示的效果。

（3）执行“滤镜”→“模糊”→“径向模糊”命令，参数设置如图 8-205 所示，单击“确定”按钮。执行“滤镜”→“模糊”→“高斯模糊”命令，参数设置如图 8-206 所示，得到如图 8-207 所示的效果。

图 8-204 云彩效果

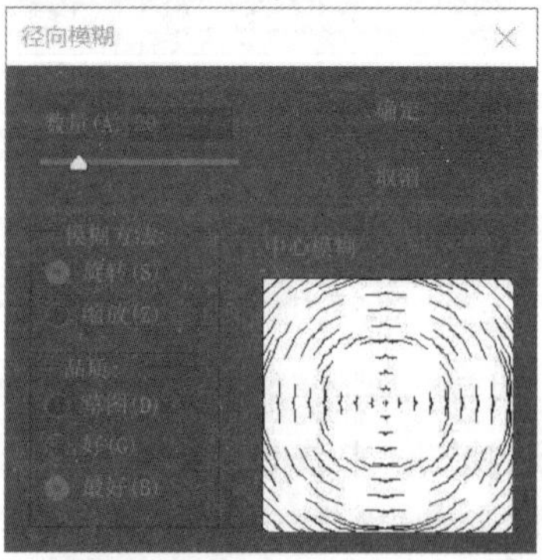

图 8-205 “径向模糊”对话框

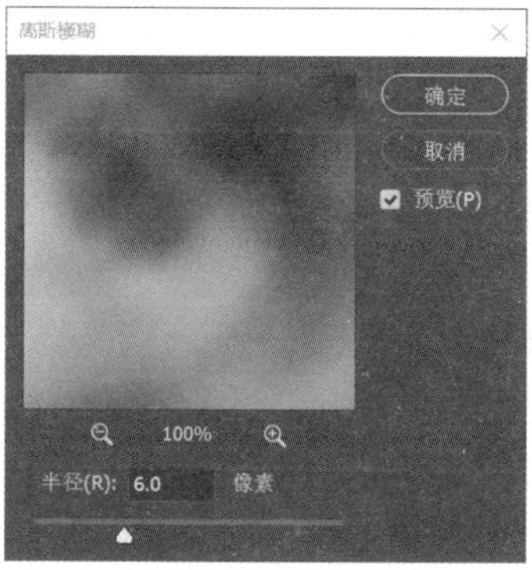

图 8-206　“高斯模糊”对话框

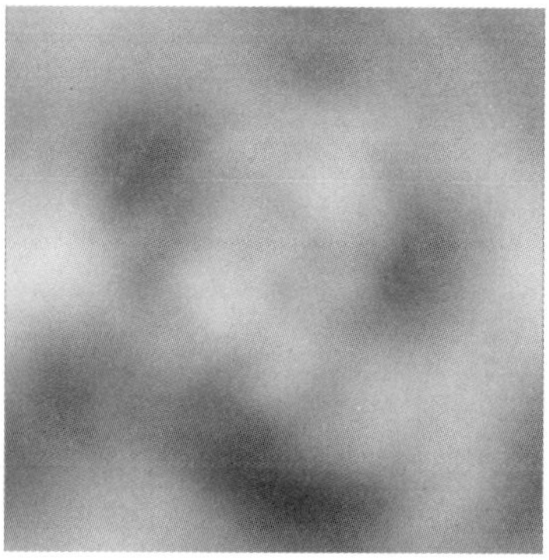

图 8-207　模糊效果

（4）执行“滤镜”→“滤镜库”→“素描”→“铬黄渐变”命令，参数设置如图 8-208 所示，得到如图 8-209 所示的效果。

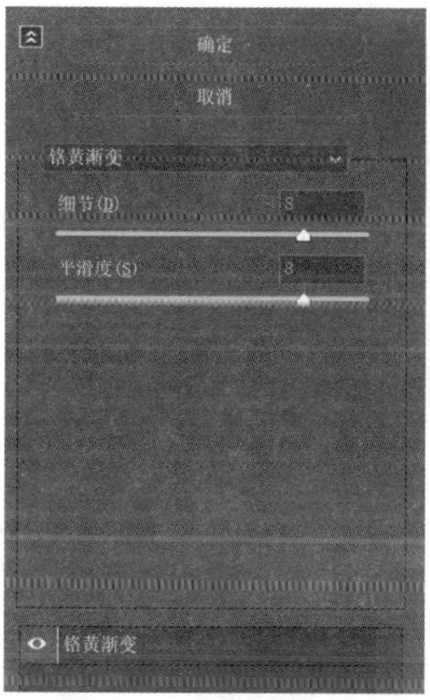

图 8-208　“铬黄”对话框

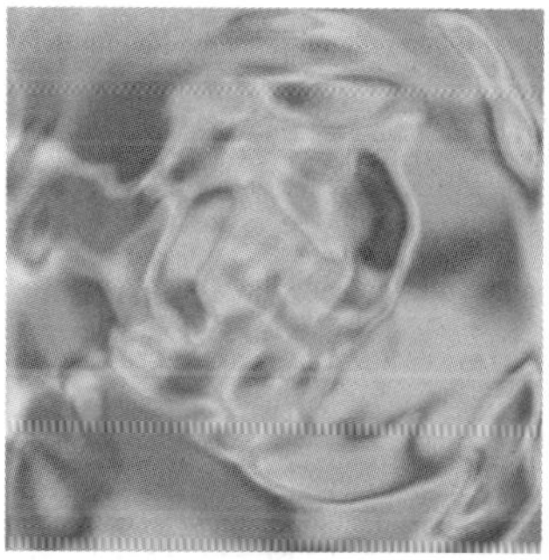

图 8-209　铬黄效果

（5）执行“滤镜”→“扭曲”→“旋转扭曲”命令，参数设置如图 8-210 所示。执行“滤镜”→“扭曲”→“水波”命令，参数设置如图 8-211 所示。得到如图 8-212 所示的效果。

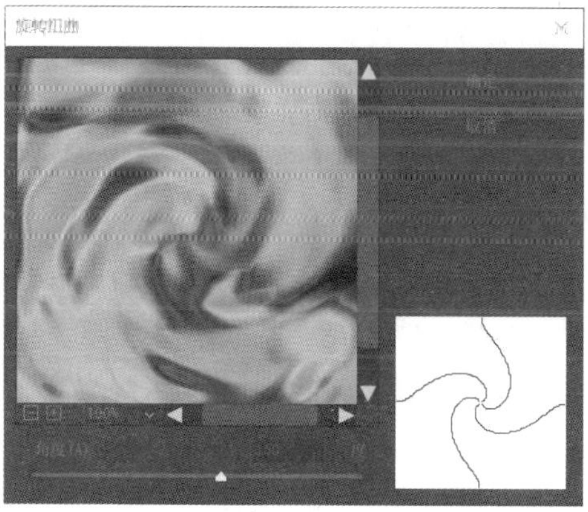

图 8-210　“旋转扭曲”对话框

图 8-211　“水波”对话框

图 8-212　扭曲效果

（6）选择“图像”→“调整”→“色彩平衡”命令，对图像进行色彩调整处理，参数设置如图 8-213 所示，单击“确定”按钮得到如图 8-202 所示的效果。

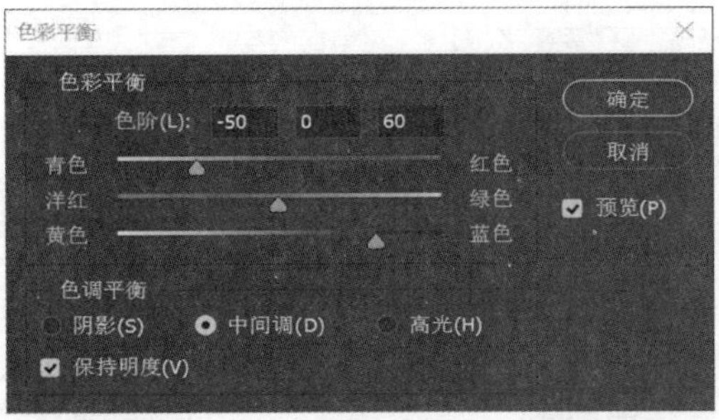

图 8-213　“色彩平衡”对话框

实战演练三：炫彩效果制作

炫彩效果如图 8-214 所示，具体操作步骤如下：

图 8-214　炫彩效果

（1）执行“文件”→“新建”命令，新建一个名为“炫彩效果制作.psd”的文件，参数设置如图 8-215 所示。

（2）新建一个图层，将前景色和背景色分别设置为黑色和白色。执行“滤镜”→“渲染”→“云彩”命令，得到如图 8-216 所示的效果。

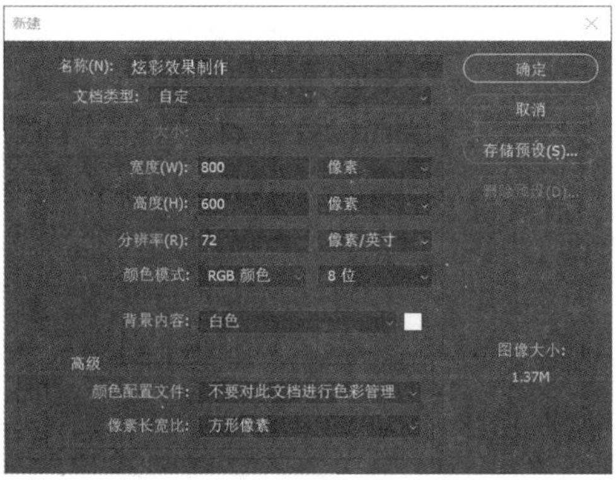

图 8-215　新建文件

图 8-216　云彩效果

（3）执行“滤镜”→“像素化”→“铜版雕刻”命令，参数设置如图 8-217 所示，效果如图 8-218 所示。

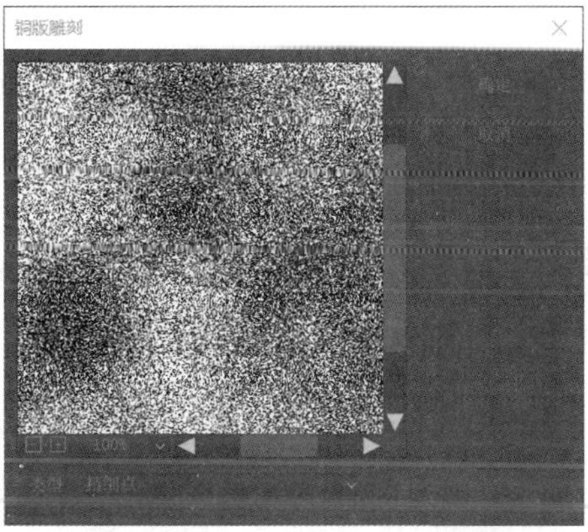

图 8-217　“铜版雕刻”对话框

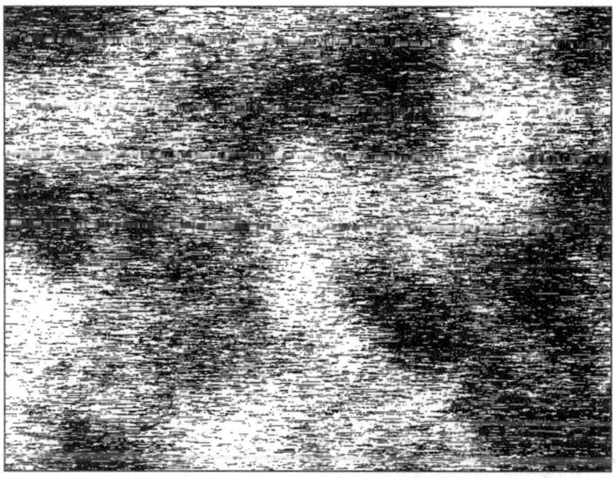

图 8-218　铜版雕刻效果

（4）执行“滤镜”→“模糊”→“径向模糊”命令，参数设置如图 8-219 所示，执行两次该操作，得到如图 8-220 所示的效果。

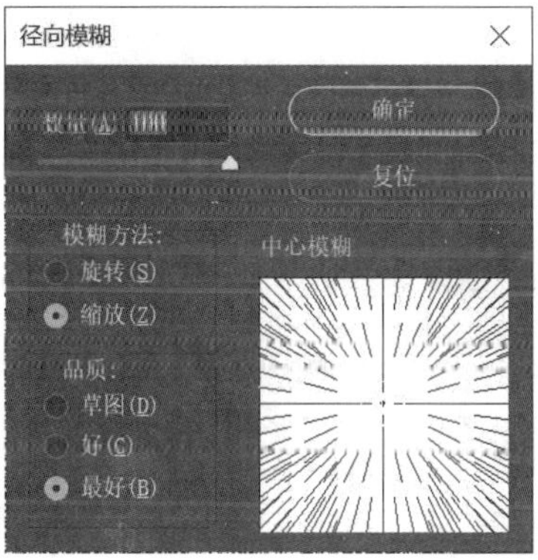

图 8-219　“径向模糊”对话框

图 8-220　径向模糊效果

（5）执行“滤镜”→“扭曲”→“旋转扭曲”命令，参数设置如图 8-221 所示，得到如图 8-222 所示的效果。

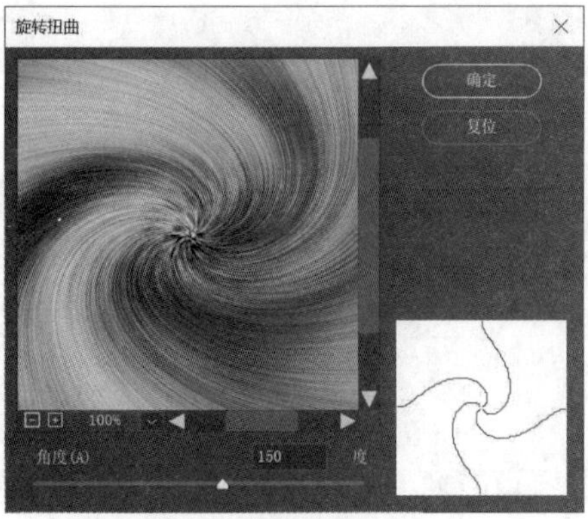

图 8-221 “旋转扭曲”对话框（1）

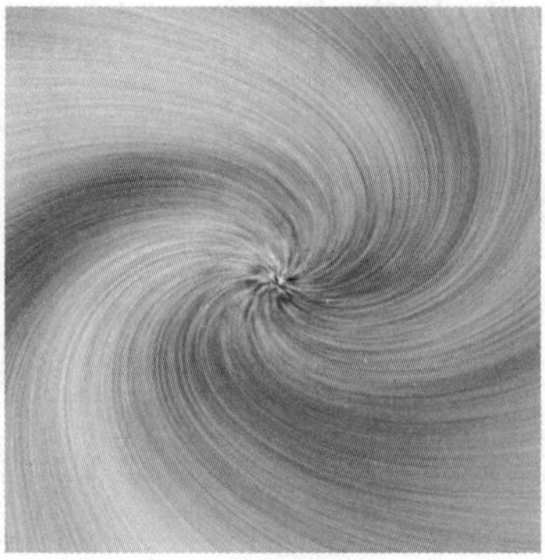
图 8-222 扭曲效果（1）

（6）复制当前图层，执行“滤镜”→“扭曲”→“旋转扭曲”命令对复制的图层进行操作，参数设置如图 8-223 所示。完成后，在“图层”面板左上角的“图层混合模式”下拉列表中选择“变亮”选项，得到如图 8-224 所示的效果。

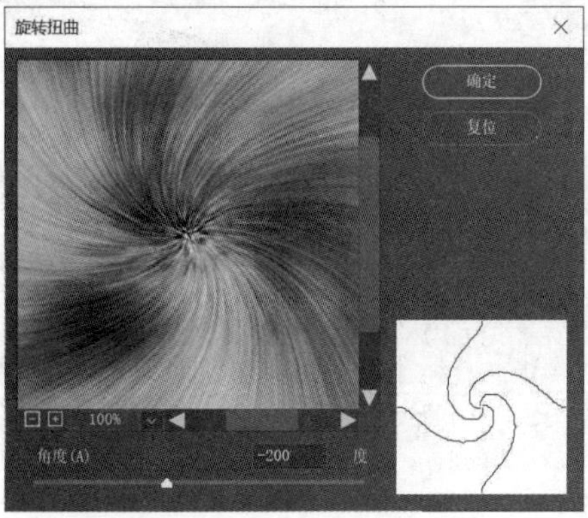

图 8-223 “旋转扭曲”对话框（2）

图 8-224 扭曲效果（2）

（7）执行“图像”→“调整”→“色相/饱和度”命令，对图像进行着色处理，参数设置如图 8-225 所示，得到如图 8-226 所示的效果。

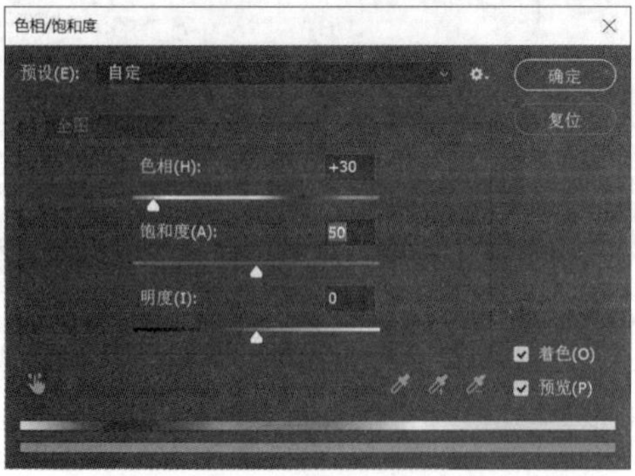

图 8-225 “色相/饱和度”对话框（1）

图 8-226 着色效果（1）

（8）选中“图层”，执行“图像”→“调整”→“色相/饱和度”命令，参数设置如图 8-227 所示，得到如图 8-228 所示的效果。

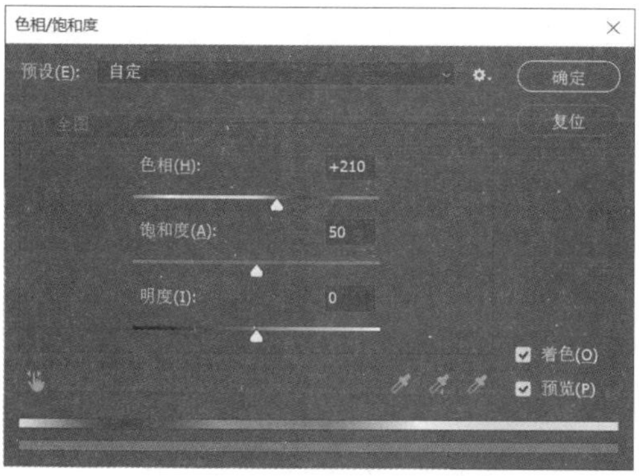

图 8-227　“色相/饱和度”对话框（2）

图 8-228　着色效果（2）

（9）执行“图层”→“合并可见图层”命令，将图层合并。执行“滤镜”→“锐化”→“USM 锐化”命令，参数设置如图 8-229 所示，最终得到如图 8-214 所示的效果。

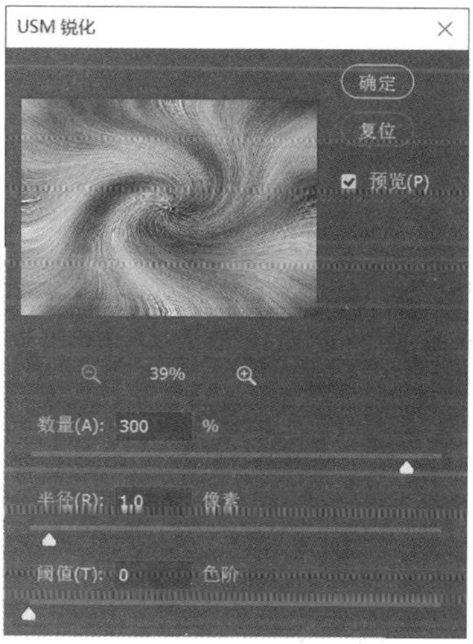

图 8-229　“USM 锐化”对话框

本章小结

本章要求读者熟悉滤镜的各种效果，利用这些效果并结合其他工具制作出奇特的效果。通过本章的学习，读者应熟练掌握修改图像内容、遮盖图像缺点的方法，能够在原图像的基础上创作画面效果。

思考与练习

1．滤镜的作用是什么？
2．如何运用“滤镜”命令抽取图像？
3．怎样绘制图案纹理？

参考文献

[1] 郑华，王文雅．Photoshop 图形图像处理案例教程[M]．北京：北京邮电大学出版社，2021．
[2] 罗文军．Photoshop 图形图像处理[M]．重庆：重庆大学出版社，2020．
[3] 刘华．图形图像处理项目教程[M]．重庆：重庆大学出版社，2016．
[4] 卓志宏．平面设计实用教程[M]．北京：电子工业出版社，2010．
[5] 刘志强．计算机应用基础教程[M]．北京：机械工业出版社，2009．
[6] 李妍，曲欣．计算机图像图形处理[M]．北京：电子工业出版社，2013．